机械制造技术基础

主　编　汪通悦　许兆美
副主编　程　伟

北京理工大学出版社
BEIJING INSTITUTE OF TECHNOLOGY PRESS

内 容 简 介

本书从应用型本科教育的特点出发,结合国家级特色专业建设点、江苏省品牌专业——机械设计制造及其自动化专业的建设以及这几年高校"机械制造技术基础"课程教学改革的实际需要编写而成。本书是"十三五"江苏省高等学校重点教材,教材编号为 2016 - 2 - 061。

全书共分为 7 章,包括绪论、金属切削原理、切削加工方法与金属切削机床、机床夹具设计原理、机械加工及其质量控制、工艺规程设计、现代制造技术综述等内容。以机械制造工艺过程和金属切削原理的基本理论、基本知识、加工质量为主线,将有关的金属切削基本理论,加工方法及机床、刀具、夹具等基本知识进行优化整合,突出应用。

本书可供高等工业院校机械设计制造及其自动化、机械工程及自动化、工业工程(工程管理)、材料成型及控制工程、机械电子工程等专业的学生作为教材;也可供从事机械制造、机械设计工作的工程技术人员参考。

图书在版编目(CIP)数据

机械制造技术基础/汪通悦,许兆美主编. —北京:北京理工大学出版社,2017.7
ISBN 978 - 7 - 5682 - 4610 - 1

Ⅰ.①机… Ⅱ.①汪… ②许… Ⅲ.①机械制造工艺 Ⅳ.①TH16

中国版本图书馆 CIP 数据核字(2017)第 194631 号

出版发行/北京理工大学出版社有限责任公司

社　　址/北京市海淀区中关村南大街 5 号

邮　　编/100081

电　　话/(010)68914775(总编室)
　　　　　(010)82562903(教材售后服务热线)
　　　　　(010)68948351(其他图书服务热线)

网　　址/http://www.bitpress.com.cn

经　　销/全国各地新华书店

印　　刷/三河市天利华印刷装订有限公司

开　　本/787 毫米×1092 毫米　1/16

印　　张/19　　　　　　　　　　　　　　　责任编辑/封　雪

字　　数/447 千字　　　　　　　　　　　　文案编辑/党选丽

版　　次/2017 年 7 月第 1 版　2017 年 7 月第 1 次印刷　　责任校对/周瑞红

定　　价/75.00 元　　　　　　　　　　　　责任印制/李志强

图书出现印装质量问题,请拨打售后服务热线,本社负责调换

前　言

　　"机械制造技术基础"是机械工程类专业教学指导委员会推荐设置的一门综合性的主干技术基础课。通过学习本课程，要求学生掌握机械制造技术的基本知识和基本理论，了解机械制造技术的最新发展动态，为后续专业课的学习和毕业设计（论文）以及毕业后从事机械设计与制造方面的工作打下基础。

　　本书是一本以机械制造工艺过程和金属切削原理的基本理论、基本知识、加工质量为主线，将有关的金属切削基本理论、加工方法及机床、刀具、夹具等基本知识进行优化整合的技术基础课教材。

　　本书讲授前，希望学生已经过"金工实习"环节的培训，并在学习过程中与实验、生产实习等实践性环节相配合，以强化学习效果。有些内容也可采用系列讲座的方式进行教学，通过研讨使学生了解制造技术的新进展。全书按 48～80 学时教学计划编写，各校在使用时可酌情增减有关内容。

　　本书由淮阴工学院汪通悦、许兆美担任主编，淮阴工学院程伟担任副主编。第一章、第三章、第七章由汪通悦编写，第四章、第五章、第六章由许兆美编写，第二章由程伟编写。本书在编写过程中得到了北京理工大学出版社许多专家、同仁的大力支持和帮助，参考了许多教授、专家的有关文献、图表。在此，谨向他们表示衷心感谢。

　　本教材获得"江苏高校品牌专业建设工程资助项目（PPZY2015B121）"资助。

　　限于编者的水平，书中不足或错误之处在所难免，恳请广大读者批评指正（Email：wangtongyue@ hyit. edu. cn）。

编　者

目　　录

第一章 绪 论

本章知识要点：

1. 制造及制造业；

2. 制造业的发展历程及地位。

  导学： 图 1-1 所示为神舟十号飞船的照片，它由许多零部件组成。那么这些零件是如何得到的？制造业的发展情况及在国民经济中的地位又如何？

图 1-1   神舟十号飞船图片

第一节   制造业及其在国民经济中的地位

一、制造与制造业

  制造是人类赖以生存与发展的主要生产活动之一，是指人类运用一定的知识、手段与方法，将原材料转化为所需产品的过程。

  制造有狭义和广义之分。狭义制造即传统意义上的制造，又称"小制造"，指的是将原材料或半成品变成产品直接起作用的那部分工作内容，包括毛坯制造、零件加工、产品装配、检验、包装、运输等"物"的具体操作；广义制造又称"大制造"，制造过程包括从市场分析、经营决策、工程设计、加工装配、质量控制、销售运输、售后服务直至产品回收等的全过程。总部设在法国巴黎的机械工程领域学术地位最高的国际学术组织——国际生产工程科学院（CIRP）将"制造"定义为：制造包括制造企业的产品设计、材料选择、制造生产、质量保证、管理和营销等一系列有内在联系的运作和活动，即认为制造是一个系统工程，制造系统中包含三种形态的流动过程：一是物质流，主要指由毛坯到产品的有形物质的流动；二是信息流，主要指生产活动的设计、规划、调度和控制等；三是资金流或能量流，主要包括成本管理、利润规划及费用流动等，以保证生产活动的正常进行。

制造业是所有与制造有关的行业的全称，指对制造资源（原材料、设备、资金、技术、信息和人力等）按照市场需求，通过制造过程转化为可供人们使用和利用的工具、工业品与生活消费产品的行业。美国将机械、电子、轻工、纺织、冶金、化工等行业列为制造业（第二产业中除建筑、建材、能源、电力外）。

机械制造业是制造业最主要的组成部分，是为各行各业的用户创造和提供机械产品的行业，包括机械产品的开发、设计、制造生产、应用和售后服务全过程。目前，机械制造业承担着两大重要任务：一是直接为最终消费者提供各种生活、生产必需的消费品；二是担当国民经济的"装备部"，为国民经济各行业提供生产技术装备。机械制造业也是任何其他高新技术实现科学及工业价值的最佳集合点，例如，快速原型成型机、并联机床、智能结构与系统等，已经远远超出了纯机械的范畴，是集机械、电子、控制、计算机、材料等众多技术于一体的现代机械设备。可见，机械制造业是国民经济持续发展的基础，任何行业的发展，必须依靠机械制造业的支持。

二、机械制造技术的发展历程

机械制造技术的历史源远流长，发展到今天的成就，凝聚了世界各国人民的心血和聪明才智，如我国早在公元前 2000 年左右就制成了纺织机械。但早期设备的运动都由人力或畜力驱动，实际上并不能称为一种完整的机器。

18 世纪中叶蒸汽机的发明，产生了第一次工业大革命。机械技术与蒸汽动力技术相结合，出现了以动力驱动为特征的制造方式，引起了制造技术的革命性变化。而后，随着发电机和电动机的发明，进入了电器化时代，电作为新的动力源，大大改变了机器的结构，提高了生产效率。这个阶段制造业发展的一个标志，就是出现了各种基本类型的机械加工机床。

电力的广泛使用和 19 世纪末内燃机的发明引发了第二次工业大革命，也引起了制造业的又一次革命。20 世纪初制造业产生了以汽车制造为代表的批量生产模式，随后出现了流水生产线和自动机床，1931 年建立了具有划时代意义的汽车装配生产线，实现了以刚性自动化为特征的大批量生产方式，并在 20 世纪 50 年代逐渐进入鼎盛时期，对经济发展、社会结构以及生活方式等，产生了深刻的影响。

自 20 世纪 60 年代起，市场竞争加剧，制造企业的生产方式开始向多品种、中小批量生产方式转变，大规模生产方式面临新的挑战。随着计算机技术的迅速发展和应用，数控机床（技术）、加工中心、计算机辅助设计与制造（CAD/CAM）、柔性制造系统（FMS）等高效、高精度、高自动化的现代制造技术等得到了迅速发展和应用。20 世纪 80 年代以后，为适应科学技术的快速发展和经济全球化的格局，出现了许多先进的制造理论和制造系统模式，如制造资源规划（MRPII）、计算机集成制造系统（CIMS）、精益生产、敏捷制造、虚拟制造、智能制造和绿色制造等。

问题：制造资源规划（MRPII）、计算机集成制造系统（CIMS）、精益生产、敏捷制造等理论和模式的内涵（主要精髓）是什么？请参考有关文献回答。

2013 年 4 月的汉诺威工业博览会上，德国发布了《实施"工业 4.0"战略建议书》，引起了世界的广泛关注。"工业 4.0"是德国政府确定的面向 2020 年的国家高科技战略计划，旨在提升制造业的智能化水平和德国工业的竞争力，建立具有适应性、资源效率及人因工程学的智慧工厂，在商业流程及价值流程中整合客户及商业伙伴，使德国在新一轮工业革命中占领先机，其技术基础是网络实体系统及物联网。该战略已经得到德国科研机构和产业界的广泛认同，认为这是以智能制造为主导的第四次工业革命，或革命性的生产方法，西门子公司已经开始将这一概念引入其工业软件开发和生产控制系统。

问题：几次工业革命的标志主要体现在哪里？所带来的革命性变化是什么？

我国虽在机械制造技术发展早期，为此作出了一些举世瞩目的贡献，但由于封建主义的压迫和帝国主义的侵略，我国的机械工业长期处于停滞和落后状态，新中国成立前，全国约有 9 万台简陋机床、少数几个机械修配厂，技术水平和生产率低下。新中国成立 60 多年来，我国已建立起了一个比较完整的机械工业体系，具有较强的成套设备制造能力。大型的水电、火电机组核心设备、钻探采矿设备、造船、高速列车技术等已达到世界先进水平，20 世纪六七十年代"两弹一星"的问世以及 21 世纪的"嫦娥探月工程""神舟号"遨游太空，更代表了我国机械工业很高的技术水平。但与工业发达国家相比，我国机械制造业的整体水平和国际竞争能力仍有较大的差距。比如我国国民经济建设和高新技术产业所需的许多重大装备仍然依赖于进口；具有自主知识产权的"高、精、尖"的机电产品少，核心技术仍然掌握在国外企业手中。制造业的人均生产率较低，为美国、日本、德国的 4% ~ 5%；企业对市场需求的快速响应能力不高，我国新产品开发周期平均为 18 个月，而美、日、德等工业发达国家平均为 4 ~ 6 个月。为尽快缩短与世界先进水平的差距，我国的机械制造业要有强烈的危机感和紧迫感，要积极参与新一轮产业革命，发展先进制造技术，掌握核心高新技术，提高整体竞争能力。

在全球范围内，机械制造技术正朝着精密化、自动化、柔性化、集成化、智能化和清洁化方向发展，并将日益与材料科技、电子科技、信息科技、环保科技、管理科技等实现高度交叉和融合。

三、制造业与机械制造业在国民经济中的地位

制造业是国民经济的支柱产业，是国民经济的主体，是立国之本、兴国之器、强国之基，直接体现了一个国家的生产力水平，是区分国家发达程度（发展中国家、发达国家等）的重要因素。据统计，美国社会财富的 68% 由制造业提供，日本国民生产总值约 50% 由制造业创造，我国工业总产值的 40% 来自制造业。另外，制造业还向国民经济的各个部门提供技术装备，是整个工业、科技与国防的基石，是带动经济发展、提高国民生活水平、推动科学技术进步、巩固国家安全的物质基础。这一点为不少国家经济发展的历史所证明，比如美国，第二次世界大战以后，由于其拥有当时最先进的制造技术，一跃而成为世界第一经济大国。但从 20 世纪 70 年代开始，一度把制造业看作"夕阳工业"，将发展重心由制造业转向纯高科技产业及第三产业，忽视制造技术的提高与发展，致使制造业急剧滑坡，产品竞争实力下降，结果使美国在汽车、家电的生产方面受到了日本的有力挑战，失去了国际、国内的许多市场，导致了 20 世纪 90 年代初的经济衰退。这一严重形势引起了美国政府与企业界的恐慌与重视，先后花费数百万美元，进行了大量的调查研究。美国决策层先后制订了一系列振兴制造业的计划，如 1991 年白宫科技政策办公室发表的《美国国家关键技术》报告，

提出的"对于国家繁荣与国家安全至关重要的"22 项技术中就有 4 项属于制造技术（材料加工、计算机一体化制造技术、智能加工设备、微型和纳米制造技术）；1993 年 2 月，克林顿在硅谷发表的《促进美国经济增长的技术——增强经济实力的新方向》报告，指出"制造业仍是美国的经济基础""要促进先进制造技术的发展"；美国还将 1994 年确定为"先进制造技术年"，制造技术是美国财政当年财政重点扶持的唯一领域。这些计划和措施，促进了先进制造技术在美国的应用和发展，带动了美国经济的全面复苏，重新夺回了许多原来失去的市场。

　　制造业对国民经济的重要性引起了各国的高度关注，特别是 2008 年美国"次贷危机"后，全球进入后金融危机时代，发达国家"再工业化"趋势明显，纷纷调整经济和科技发展战略，拟重归以先进制造为代表的实体经济。奥巴马上台不久，在 2009 年 4 月就启动"教育创新计划"，并指出"为美国的制造业而奋斗就是为美国的未来而奋斗"。2012 年 2 月美国国家科学技术委员会发布了《先进制造业国家战略计划》，联邦预算大幅地增加了对先进制造的支持，启动了先进制造技术突破性竞争力研发、技术创新和先进制造伙伴关系计划等一揽子高端装备制造支持政策。2014 年，奥巴马发起成立的先进制造业合作委员会，对未来制造划出了 11 个技术领域，认为这些领域（传感、测量和过程控制，材料设计、合成与加工，数字制造技术，可持续制造，纳米制造，柔性电子制造，生物制造，增材制造，工业机器人，先进成形与连接技术，先进的生产和检测装备）将对制造业竞争力起到关键作用，应当成为全国研发行动的重点。2014 年，美国政府还宣布一次性投资 10 亿美元，建立一个由 15 个各领域的制造创新研究所（IMI 研究所）构成的国家制造业创新网络，以确保美国领跑 21 世纪制造业。欧盟公布《欧洲 2020 战略》将改变欧洲工业化未来的关键使能技术作为重点领域之一，以保持欧洲制造业的竞争力、先进制造技术的领先地位，环保产品开发与制造以及产品与加工的领先地位。日本政府加快发展协同式机器人、无人化工厂来提升制造业的国际竞争力，并计划耗资 1 万亿日元向国内制造商购买机械设备和工厂，通过向企业新投资提供资金的方式来增强日本工业竞争力。可见，发达国家"再工业化"的着眼点是先进制造技术，瞄准的是高端制造装备，谋求的是产业结构高级化。

　　新中国成立后，我国政府历来重视制造业对国民经济的支撑作用，特别是改革开放以来，大量引进国外先进技术，使我国制造业总量还是制造业技术水平都有很大的提高，中国制造业有了显著的发展，全球到处可见"中国制造"，已成为"世界工厂"。这也带动了经济的高速腾飞，我国已经成为仅次于美国的第二大经济体。国家也通过各种科技创新计划中的"制造领域"等相关专项如国家科技重大专项、国家重点基础研究发展计划（即 973 计划）、国家高技术研究发展计划（即 863 计划）、国家科技支撑计划等来跟踪、吸收、超越世界先进制造水平。2014 年 10 月 10 日，中德双方签订的《中德合作行动纲要：共塑创新》中，有关"工业 4.0"合作的内容共有 4 条，第一条就明确提出工业生产的数字化就是"工业 4.0"，这对于未来中德经济发展具有重大意义，两国政府应为企业参与该进程提供政策支持。2015 年 5 月，我国正式发布《中国制造 2025》规划，为把我国打造成现代化的工业强国描绘出清晰的路线图。这些都将为振兴我国制造业，进而实现国家富强、民族振兴、人民幸福的中华民族伟大复兴的中国梦奠定了扎实的基础。

　　问题：我国的"863 计划""973 计划""国家科技重大专项""国家科技支撑计划"等各种科技创新计划的最初宗旨是什么？请参阅有关文献回答。

第二节 生产类型及其工艺特征

由于市场对于机械产品的需求量有大有小，所以企业要根据市场需求和自身的生产能力制订生产计划。在计划期内应当生产的产品产量和进度计划称为生产纲领。大多数企业的计划期一般为一年，所以生产纲领一般指年产量。零件的生产纲领 N 常按下式计算：

$$N = Qn(1 + a)(1 + b)$$

式中　Q——产品的年产量，台/年；

　　　n——每台产品中该零件的数量，件/台；

　　　a，b——零件生产备品率、废品率，（％）。

一、生产类型

生产纲领的大小和零件本身的特性（如轻重、大小、结构复杂程度、精度要求等）决定了产品（或零件）的生产类型，而各种生产类型又具有不同的工艺特征。

根据工厂（车间或班组）生产专业化程度的不同，参考如表 1-1 所示的数据，可将生产类型划分为单件生产、成批生产和大量生产三种。

表 1-1　机械产品生产类型与生产纲领的关系

生产类型		零件生产纲领（件/年）		
		重型机械	中型机械	轻型机械
单件生产		≤5	≤20	≤100
成批生产	小批生产	>5~100	>20~200	>100~500
	中批生产	>100~300	>200~500	>500~5 000
	大批生产	>300~1 000	>500~5 000	>5 000~50 000
大量生产		>1 000	>5 000	>50 000

1. 单件生产

单个地生产不同的产品，很少重复，例如重型机器制造、专用设备制造、新产品试制等。

2. 成批生产

一年中轮番周期地制造一种或几种不同的产品，每种产品均有一定的数量，制造过程具有一定的重复性。每期制造的同一产品（或零件）的数量称为生产批量。批量的大小主要根据生产纲领、零件的特征、流动资金的周转速度及仓库的容量等情况来确定。

3. 大量生产

产品的品种较少，数量很大，大多数工作按照一定的节拍重复地进行某一零件某一工序的加工，例如汽车、手表、手机等的制造。

按照批量的大小,成批生产又可分为小批生产、中批生产和大批生产。由于大批生产的工艺特点接近大量生产,小批生产的特点接近单件生产,因此生产类型也可分为大批大量生产、中批生产、单件小批生产。

表1-1中的零件型别可参考表1-2中的数据确定。

表1-2 不同机械产品的零件质量型别

机械产品类别	零件质量/kg		
	重型零件	中型零件	轻型零件
电子工业机械	>30	4~30	≤4
机床	>50	15~50	≤15
重型机械	>2000	100~2000	≤100

二、不同生产类型的工艺特征

不同生产类型具有不同的工艺特征,各种生产类型下的工艺特征如表1-3所示。

表1-3 不同生产类型的工艺特征

项目	单件、小批生产	中批生产	大批、大量生产
加工对象	品种多,经常变换	周期性变换	品种较少,常固定不变
毛坯及余量	广泛采用木模手工造型铸造、自由锻等。毛坯精度低,加工余量大	部分采用金属模铸造、部分模锻等。毛坯精度和余量中等	广泛采用金属模机器造型和模锻。毛坯精度高、余量小
机床设备及其布置	广泛采用通用机床,重要零件采用数控机床或加工中心,机群式排列	部分采用通用机床,部分采用专用机床或数控机床等,按零件类别分段排列	广泛采用专机,流水线或自动线布置
工艺装备	以通用工装为主,必要时采用专用工装	广泛采用专用夹具,部分采用专用的刀、量具	广泛采用高效专用工装
装夹方式	通用夹具装夹或划线找正装夹	部分采用专用夹具装夹,少数采用划线找正装夹	高效专用夹具装夹
装配方式	广泛采用修配法	大多数采用互换法	互换法
操作水平	要求高	一般要求	要求较低
工艺文件	工艺过程卡	一般工艺过程卡,重要工序要有工序卡	工艺过程卡、工艺卡、工序卡
生产率	低	一般	高
加工成本	高	一般	低

在同一个工厂（分厂、车间）中，可能同时存在几种不同生产类型的生产，判断一个工厂（分厂、车间）的生产类型应根据该厂（分厂、车间）的主要工艺过程的性质确定。

一般情况下，生产同一个产品，大批生产要比中批生产、小批生产的生产效率高，性能稳定，质量可靠，成本低。对批量较小的产品，可以通过改进产品结构，实现标准化、系列化或推广成组技术等工作，将大批生产中广泛采用的高效加工方法和设备推广到中、小批生产中去。

随着科学技术的发展和市场需求的变化，传统的大批大量生产往往不能很好地适应市场对产品及时更新换代的需求，多品种中、小批量生产的比例逐渐上升，生产类型的划分也要发生相应的变化。另外，随着数控加工的普及，各种生产类型的工艺特征也会发生相应变化。

第三节 本课程的内容、学习要求、特点及学习方法

一、课程内容和学习要求

本课程主要研究机械产品生产过程中的机械加工过程及其系统，内容包括金属切削过程中的基本原理、基本规律；零件成形方法及机械加工装备（机床、刀具、夹具）的结构特点及应用；加工质量及控制方法；机械加工工艺和装配工艺；典型的先进制造技术等。

通过本课程的学习，要求学生能对机械制造有一个总体的了解和把握，能掌握金属切削过程中的基本原理、基本规律；能根据具体零件选择加工方法与机床、刀具、夹具及加工参数；掌握机械加工精度和表面质量分析的基本理论及基本知识；具备制定工艺规程的能力；初步具备分析解决现场工艺问题的能力；对机械制造技术的发展趋势有一定的了解。

二、本课程的特点及学习方法

机械制造技术基础课程的综合应用性高，需要学生先期学习机械制图、机械设计、工程力学、工程材料、金属工艺学、互换性与技术测量等课程，加之课程的实践性很强，与生产实际联系十分密切。因此，学习本课程时，要从工程应用的角度去理解和掌握，不能完全照搬理论和公式，要在掌握机械制造的基本概念、机械制造的基本方法的基础上，注意了解常用机械装备的典型结构和应用，注意理论联系实际，加强实践性环节，通过生产实习、课程实验、电化教学、现场教学及工厂调研等来更好地与实际相结合，以加深理解所学内容并培养分析和解决问题的能力。

复习思考题

1-1 简述机械制造业的重要性表现在哪些方面。你认为我国制造业尚有哪些差距？

1-2 何谓生产纲领？按生产纲领，生产类型可分为哪几种？不同生产类型有何工艺特征？

1-3 试确定生产类型：某机床有限公司加工卧式车床丝杠（长为1 600 mm，直径为40 mm，丝杠精度等级为8级，材料为Y40Mn）；年产量：6 000台车床；备品率：5%；废品率：0.5%。

第二章　金属切削原理

本章知识要点：

1. 切削用量三要素；
2. 刀具标注角度、工作角度与材料；
3. 金属切削过程（切屑形成、切削力、切削温度、刀具磨损等）；
4. 切削力及其影响因素；
5. 切削热、切削温度及其影响因素；
6. 刀具磨损及刀具使用寿命；
7. 材料的切削加工性；
8. 合理选择切削条件。

前期知识：

复习"机械工程材料""材料力学""金工实习"等课程以及实践环节知识。

导学： 图2－1所示为切削加工过程中可能形成的切屑，为什么会形成这些不同形状的切屑？与哪些因素有关？如何采取措施来控制切屑？加工过程中产生的切削力、切削热、刀具磨损都受哪些因素影响？材料的切削加工性如何改善？

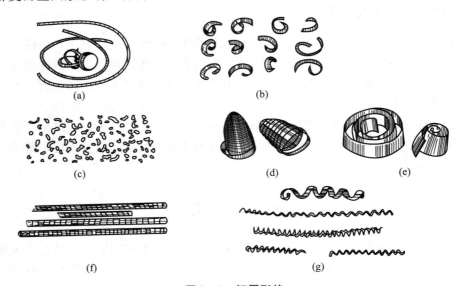

(a)　　　　　　　　　　　　　　(b)

(c)　　　　　(d)　　　　　(e)

(f)　　　　　　　　　(g)

图2－1　切屑形状

（a）带状屑；（b）C形屑；（c）崩碎屑；

（d）宝塔状卷屑；（e）发条状卷屑；（f）长紧卷屑；（g）螺旋状卷屑

第一节　概　　述

一、切削运动与切削加工表面

金属切削加工是用刀具从工件表面上切除多余的金属，从而获得所要求的几何形状、尺寸精度和表面质量的加工。在切削加工过程中，刀具与工件之间必须有相对运动，即切削运动。切削运动按其所起的作用可分为主运动和进给运动。

主运动是从工件上切除多余金属层所必需的基本运动。主运动的主要特征是速度最高、消耗的功率最多。在各种切削加工方法中，主运动只有一个。在图 2-2 所示的外圆车削中，工件的回转运动为主运动。主运动的速度称为切削速度，用 v_c 表示。

进给运动是与主运动相配合，使新的金属切削层不断地投入切削的运动。进给运动的速度较小，消耗的功率较少。进给运动可以有一个或几个。在外圆车削中，刀具沿工件轴线方向的直线运动为进给运动。进给运动的速度称为进给速度，用 v_f 表示。

主运动和进给运动合成后的运动，称为合成切削运动 v_e，可以表示为：

$$\vec{v}_e = \vec{v}_c + \vec{v}_f \tag{2-1}$$

切削过程中，在刀具和工件之间的相对切削运动的作用下，工件表面上的金属层不断地被刀具切除而变为切屑，从而在工件上形成新的表面。在此过程中，工件上出现三个不断变化的表面。

1. 待加工表面

工件上即将被切除的表面。

2. 已加工表面

工件上已经切除多余金属层后所形成的新表面。

3. 加工表面

工件上切削刃正在切削着的表面。它是待加工表面和已加工表面之间的过渡表面。

上述定义也适用于其他类型的切削加工。

图 2-2　外圆车削运动和加工表面
1—待加工表面；2—加工表面；
3—已加工表面

二、切削用量

切削用量是指切削速度 v_c、进给量 f（或进给速度 v_f）和背吃刀量（切削深度）a_p，三者又称为切削用量三要素。

1. 切削速度 v_c

刀具切削刃上选定点相对于工件的主运动速度。切削刃上各点的速度是不相等的，切削速度 v_c 一般指切削刃上的最大切削速度，单位为 m/s 或 m/min，在图 2-2 中其表达式为

$$v_c = \frac{\pi d n}{1\,000} \tag{2-2}$$

式中　d——工件的直径，mm；

　　　n——工件的转速，r/s 或 r/min。

2. 进给量 f（进给速度 v_f）

进给量 f 是工件或刀具每回转一周时二者沿进给方向的相对位移，单位为 mm/r；进给速度 v_f 是单位时间内的进给位移量，单位为 mm/s（或 mm/min）。对于刨削、插削等主运动为往复直线运动的加工，进给是间歇进行的，单位为毫米/双行程。对于铣刀、铰刀、拉刀、齿轮滚刀等多刃刀具（齿数用 z 表示）还应规定每齿进给量 f_z，单位是毫米/齿。

进给量 f、进给速度 v_f 和每齿进给量 f_z 三者之间的关系为

$$v_f = fn = f_z z n \tag{2-3}$$

3. 背吃刀量（切削深度）a_p

在同时垂直于主运动和进给运动方向组成的工作平面内，测量的刀具主切削刃与工件的接触长度的投影值称为背吃刀量（切削深度）a_p，单位为 mm。在外圆车削中，背吃刀量就是工件已加工表面和待加工表面间的垂直距离，即

$$a_p = \frac{d_w - d_m}{2} \tag{2-4}$$

式中　d_w——工件上待加工表面直径，mm；

d_m——工件上已加工表面直径，mm。

三、切削层参数

在切削过程中，刀具的切削刃在一次走刀中切下的工件材料层，称为切削层。切削层的截面尺寸参数称为切削层参数，如图 2-3 所示。切削层参数通常在与主运动方向相垂直的平面内观察和度量。切削层参数有切削层公称厚度 h、切削层公称宽度 b 和切削层公称横截面积 A。

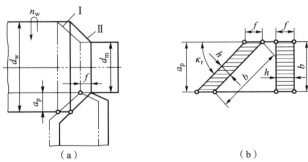

图 2-3　切削层及参数

（a）切削层；（b）切削层参数

1. 切削层公称厚度 h

切削层公称厚度 h 是在垂直于过渡表面测量的切削层尺寸，即相邻两过渡表面之间的距离，简称为切削厚度（mm）。切削厚度反映了切削刃单位长度上的切削负荷。车外圆时，如车刀主切削刃为直线，则

$$h = f \sin \kappa_r \tag{2-5}$$

式中　κ_r——车刀的主偏角。

2. 切削层公称宽度 b

切削层公称宽度 b 是沿过渡表面测量的切削层尺寸，简称为切削宽度，单位为 mm。切

削宽度反映了切削刃参加切削的工作长度。车外圆时，如车刀主切削刃为直线，则

$$b = \frac{a_p}{\sin\kappa_r} \qquad\qquad (2-6)$$

3. 切削层公称横截面积 A

切削层公称横截面积 A 是切削层公称厚度与切削层公称宽度的乘积，简称为切削面积（mm²）。其计算公式为

$$A = hb = fa_p \qquad\qquad (2-7)$$

提要：1. 切削用量三要素、切削表面、切削层参数是最基本的概念，一定要熟练掌握它们的含义及相关计算方法，后面多处要用到这些概念以及用来进行分析比较。

2. 此处出现了一个参数 κ_r，称为刀具的主偏角，为便于介绍切削层参数的计算，先使用了这个参数，下一节就会讲述其含义及表示方法。

第二节 刀具的几何角度与材料

一、刀具的几何角度

1. 刀具切削部分的结构要素

尽管金属切削刀具的种类繁多，结构各异，但它们的基本功能都是切除金属，因此其切削部分的几何形状与参数都具有共同的特征。外圆车刀是最基本、最典型的刀具，故通常以外圆车刀为代表来介绍刀具切削部分的结构要素，如图 2-4 所示。其各部分定义如下：

（1）前刀面

前刀面是指切屑沿其流出的刀具表面。

（2）后刀面

后刀面是指刀具上与工件过渡表面相对的表面。

（3）副后刀面

副后刀面是指刀具上与已加工表面相对的表面。

（4）主切削刃

主切削刃是指前刀面与主后刀面的交线，它完成主要的切削工作，也称为主刀刃。

（5）副切削刃

副切削刃是指前刀面与副后刀面的交线，它配合主切削刃切削，也称为副刀刃。

（6）刀尖

刀尖是指主切削刃和副切削刃的连接点，它可以是短的直线段或圆弧。

其他各类刀具，如刨刀、钻头、铣刀等，都可看成车刀的演变和组合。

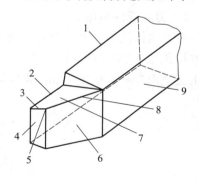

图 2-4 车刀切削部分的结构要素
1—刀柄；2—切削部分；3—副切削刃；
4—副后刀面；5—刀尖；6—后刀面；
7—前刀面；8—主切削刃；9—底面

2. 刀具标注角度的参考系

刀具要从工件上切下金属，必须具有一定的切削角度。把刀具同工件和切削运动联系起来确定的刀具角度，称为刀具的工作角度。在设计、绘制和制造刀具时所标注的角度称为标注角度，它实质上是在假定条件下的工作角度。为了确定切削角度，也即确定刀具前面、后

面及切削刃的空间位置，首先应建立参考系，要引入三个互相垂直的参考平面。相应地，刀具角度参考系又分为刀具标注角度参考系和刀具工作角度参考系。

在确定刀具标注角度参考系时做两个假定：

①假定运动条件　只考虑进给运动方向，而不考虑其大小。

②假定安装条件　刀具安装基准面垂直于主运动方向；刀柄中心线与进给运动方向垂直；刀尖与工件中心轴线等高。

最常用的刀具标注角度参考系是正交平面参考系，其通常由基面、切削平面和正交平面这三个相互垂直的参考平面构成，如图 2-5 所示。

（1）基面 p_r

基面是指通过切削刃上某一选定点并与该点切削速度方向相垂直的平面，见图 2-5。基面通常平行于刀具的安装定位平面（底面）。

（2）切削平面 p_s

切削平面是指通过主切削刃上某一选定点，与主切削刃相切并垂直于该点基面的平面，见图 2-5。

（3）正交平面 p_o

正交平面是指通过主切削刃上某一选定点，同时垂直于基面和切削平面的平面，见图 2-5。

常用的标注刀具角度的参考系还有法平面参考系、背平面（切深）参考系和假定工作平面（进给）参考系。

图 2-5　正交平面参考系
1—工件；2—基面 p_r；3—车刀；4—底面；
5—正交平面 p_o；6—切削平面 p_s；
7—已加工表面；8—加工表面；
9—待加工表面

3. 刀具标注角度

在刀具标注角度参考系中确定的切削刃与各刀面的方位角度，称为刀具标注角度。以普通车刀为例，在正交平面参考系中主要标注角度如图 2-6 所示。

图 2-6　外圆车刀正交平面刀具标注角度
1—已加工表面；2—加工表面；3—待加工表面

（1）前角 γ_o

前角 γ_o 是指在正交平面中测量的基面和前刀面之间的夹角。前角表示前刀面的倾斜程度，有正、负和零值三种情况。前刀面在基面之下时前角为正，在基面之上时前角为负，前刀面与基面平行时前角为零。

（2）后角 α_o

后角 α_o 是指在正交平面中测量的切削平面和后刀面之间的夹角。后角表示主后面的倾斜程度，一般为正值。

（3）主偏角 κ_r

主偏角 κ_r 是指在基面内测量的主切削刃在基面上的投影与进给运动方向的夹角。主偏角一般为正值。

（4）副偏角 κ_r'

副偏角 κ_r' 是指在基面内测量的副切削刃在基面的投影和进给反方向在基面上投影之间的夹角。副偏角一般为正值。

（5）刃倾角 λ_s

刃倾角 λ_s 是指在切削平面内测量的主切削刃与基面间的夹角。主切削刃与基面平行时，λ_s 为零；刀尖在主切削刃上最高点时 λ_s 为正值；刀尖在主切削刃上最低点时 λ_s 为负值。

在上述角度中，用这四个角度——κ_r、λ_s、γ_o 和 α_o 便可确定主切削刃及其毗邻的前、后刀面方位。其中 γ_o 和 λ_s 确定前刀面方位，κ_r 和 α_o 确定后刀面方位，κ_r 和 γ_o 确定切削刃方位，即所谓的"一刃四角"。同理，副切削刃及其毗邻的前刀面、后刀面也需要用四个角度——副偏角 κ_r'、副刃倾角 λ_s'、副前角 γ_o' 和副后角 α_o' 来决定其方位。但由图 2-4 可知，主、副切削刃共处在同一个前刀面上，因此没有必要再标注副前角 γ_o' 和副刃倾角 λ_s'。

（6）副后角 α_o'

副后角 α_o' 是指在副切削刃的正交平面中测量的副切削平面和副后刀面之间的夹角。同样，副后角表示副后刀面的倾斜程度，一般也为正值。

综上所述，普通外圆车刀切削部分由三个刀面、二个切削刃和一个刀尖组成。在正交平面系中要表示它们的空间方位，需要六个独立的标注角度，称为基本角度，其他的角度称为派生角度，可以根据标注角度进行换算。

提要：刀具标注角度参考系、定义及其判别（正、负）等是学习的重点，后面切削条件的选择等要围绕这些角度开展；也是学习的难点，需要有较强的空间想象力。

4. 刀具工作角度

在实际切削时，由于进给运动的影响和刀具安装位置的变化，基面、切削平面和正交平面位置会发生变化，刀具标注角度也会改变。切削过程中实际的基面、切削平面和正交平面组成的参考系称为刀具工作参考系，由此确定的刀具角度就是工作角度，也称为实际角度。研究刀具工作角度的变化趋势，对刀具的设计、制造和优化具有重要的指导意义。

（1）进给运动对刀具工作角度的影响

①横向进给。图 2-7 所示为横向切断时的情

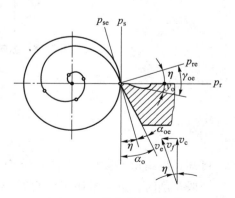

图 2-7　横向进给对刀具工作角度的影响

况，当不考虑进给运动的影响时，按切削速度 v_c 的方向确定的基面和切削平面分别为 p_r 和 p_s；考虑进给运动的影响后，按合成切削速度 v_e 的方向确定的工作基面和工作切削平面分别为 p_{re} 和 p_{se}，使刀具的工作前角增大，而工作后角减小。

$$
\left.\begin{aligned}
\gamma_{oe} &= \gamma_o + \eta \\
\alpha_{oe} &= \alpha_o - \eta \\
\eta &= \frac{\arctan f}{\pi d}
\end{aligned}\right\} \tag{2-8}
$$

式中　γ_{oe}，α_{oe}——工作前角和工作后角。

可见，当进给量 f 增大时，会引起 η 值增大；当切削刃接近中心时，d 急剧减小，η 值增长得很快，工作后角将由正变负，致使工件最后被挤断。

②纵向进给。如图 2-8 所示车螺纹时，若考虑进给运动，工作切削平面 P_{se} 为切于螺旋面的平面，刀具工作角度参考系 p_{se}-p_{re} 倾斜一个 η 角，从而使刀具进给剖面内的工作前角 γ_{fe} 变大、工作后角 α_{fe} 变小，同样会使正交平面内的前角变大，后角变小。

图 2-8　纵向进给对刀具工作角度的影响

$$
\left.\begin{aligned}
\gamma_{fe} &= \gamma_o + \eta \\
\alpha_{fe} &= \alpha_o - \eta \\
\tan\eta &= \frac{f}{\pi d_w}
\end{aligned}\right\} \tag{2-9}
$$

可知，进给量 f 越大，工件直径 d_w 越小，则工作角度值的变化就越大。

一般车削时，进给量比工件直径小很多，由进给运动所引起的 η 值很小，其影响常可忽略。但是在车削大螺距螺纹或蜗杆时，进给量 f 很大，故 η 值较大；车端面或切断时，因直径不断变小，此时应考虑它对刀具工作角度的影响。

（2）刀具安装位置对刀具工作角度的影响

①刀具安装高低。如果刀尖高于或低于工件轴线，则此时的切削速度方向发生变化，引起基面和切削平面的位置改变，从而使车刀的实际切削角度发生变化，如图2-9所示。刀尖高于工件轴线时，工作切削平面变为p_{se}，工作基面变为p_{re}，则工作前角γ_{oe}增大，工作后角α_{oe}减小；刀尖低于工件轴线时，工作角度的变化正好相反。

$$\left.\begin{array}{l}\gamma_{pe} = \gamma_p \pm \theta \\ \alpha_{pe} = \alpha_p \mp \theta \\ \tan\theta = \dfrac{h}{\sqrt{\left(\dfrac{d}{2}\right)^2 - h^2}}\end{array}\right\} \qquad (2-10)$$

式中　h——刀尖高于或低于工件轴线的距离，mm；

　　　d——工件直径，mm。

图2-9　刀具安装高低对刀具工作角度的影响

②刀柄中心线与进给方向不垂直。当车刀刀柄的中心线与进给方向不垂直时，车刀的主偏角κ_r和副偏角κ_r'将发生变化。刀柄右斜（见图2-10），将使工作主偏角κ_{re}增大，工作副偏角κ_{re}'减小；如果刀柄左斜，则κ_{re}减小，κ_{re}'增大。

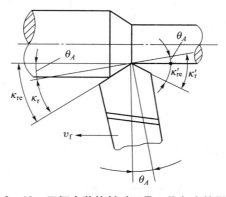

图2-10　刀柄安装偏斜对刀具工作角度的影响

二、刀具的材料

刀具切削性能的好坏，首先取决于刀具切削部分的材料。随着技术的不断进步，人类不断开发和使用新的刀具材料，使切削效率得到了极大的提高，为解决难加工材料切削加工问题创造了有利条件。

1. 刀具材料应具备的基本性能

在切削过程中，刀具在高温、高压下工作，同时刀具切削部分与切屑、工件表面都产生强烈的摩擦，工作条件极为恶劣，因此刀具材料必须满足以下基本要求。

（1）高的硬度

刀具材料的硬度必须高于工件材料的硬度，以便切入工件。刀具材料的常温硬度，一般要求在 60HRC 以上。

（2）高的耐磨性

高的耐磨性即刀具抵抗磨损的能力。一般情况下，刀具材料的硬度越高，耐磨性越好，此外还与刀具材料的性质有关。

（3）足够的强度和韧性

只有具备足够的强度和韧性，刀具才能承受切削力、冲击和振动，而不至于产生崩刃和折断。强度用抗弯强度表示，韧性用冲击值表示。

（4）高的耐热性

高的耐热性又称热稳定性，指刀具材料在高温下仍能保持硬度、耐磨性、强度和韧性的能力。

（5）良好的热物理性能和耐热冲击性能

刀具的导热性能好，有利于散热；耐热冲击性能好，不会因受到大的热冲击而产生裂纹。

（6）良好的工艺性能和经济性

刀具材料应具有良好的锻造、热处理、焊接、机械加工等良好的工艺性能，便于刀具制造，且资源丰富，价格低廉。

2. 常用刀具材料

刀具材料种类很多，目前常用的有工具钢、硬质合金、陶瓷、立方氮化硼和金刚石等五大类型。目前，一般机械加工使用最多的刀具材料是高速钢和硬质合金两类。

（1）高速钢

高速钢是含有较多钨（W）、钼（Mo）、铬（Cr）、钒（V）等元素的高合金工具钢，热处理后具有较高的硬度（可达 62~67HRC）和耐热性（切削温度可达 550~600 ℃）。与碳素工具钢和合金工具钢相比，高速钢能提高切削速度 1~3 倍，提高刀具使用寿命 10~40 倍，而且高速钢的强度、韧性和工艺性都较好，可广泛用于制造中速切削及形状复杂的刀具，如麻花钻、铣刀、拉刀、各种齿轮刀具等。它可以加工从有色金属到高温合金在内的范围广泛的材料。高速钢按切削性能分，可分为普通高速钢和高性能高速钢；按制造工艺不同分，可分为熔炼高速钢和粉末冶金高速钢（可消除碳化物的偏析并细化晶粒，提高硬度、韧性，并减小热处理变形，适用于制造各种高精度的刀具）。

（2）硬质合金

硬质合金是以高硬度、难熔的金属碳化物（主要是 WC、TiC 等，又称高温碳化物）为基体，以金属 Co、Ni 等为黏结剂，在高温条件下烧结而成的粉末冶金制品，其硬度为 74 ~ 82HRC，允许切削温度高达 800 ~ 1 000 ℃，因此耐磨、耐热性好，许用切削速度是高速钢的 6 倍。

硬质合金的性能主要取决于金属碳化物的种类、性能、数量、粒度和黏结剂的含量。碳化物所占比例越大，硬度则越高；反之，硬度则低，但抗弯强度提高。碳化物的粒度越细，硬度和耐磨性会提高，但当黏结剂含量一定时，如碳化物粒度太细，则碳化物颗粒的总表面积加大，使黏结层厚度减薄，从而降低了合金的抗弯强度。

硬质合金以其优良的切削性能已成为主要的刀具材料。大部分车、镗类刀具和端铣刀已采用硬质合金，其他切削刀具采用硬质合金的也日益增多。但硬质合金的强度和韧性比高速钢低，工艺性差，常用于制造形状简单的高速切削刀片，经焊接或机械夹固在车刀、刨刀、钻头等刀体（刀杆）上使用，目前还不能完全取代高速钢。

国际标准化组织 ISO 将切削用硬质合金分为三类：

①K 类硬质合金（相当于我国 YG 类）。它以 WC 为基体，用 Co 作黏结剂，有时添加少量 TaC、NbC，有粗晶粒、中晶粒、细晶粒、超细晶粒之分。在含 Co 量相同时，一般细晶粒比中晶粒的硬度、耐磨性要高一点，但抗弯强度、韧性要低些。K 类硬质合金的韧性、磨削加工性、导热性和抗弯强度较好，可承受一定的冲击载荷，适合加工产生崩碎切屑、短切屑的材料，如铸铁、有色金属、非金属材料及导热系数低的不锈钢。

②P 类硬质合金（相当于我国 YT 类）。以 WC、TiC 为基体，用 Co 等作黏结剂。P 类硬质合金除了有较高的硬度和耐磨性外，抗黏结扩散能力和抗氧化能力好，适用于高速切削钢料，如钢、铸钢、可锻铸铁等长切屑的材料。但不宜用于加工含钛的不锈钢和钛合金，因为其中的钛元素和工件材料中的钛元素之间易发生亲和作用，会加速刀具的磨损。

③M 类硬质合金（相当于我国 YW 类）。它以 WC 为基体，用 Co 作黏结剂，有时添加少量 TiC（TaC、NbC）。这类合金如含有适当的 TaC（NbC）和增加含 Co 量，其强度提高，能承受机械振动和热冲击，可用于断续切削。M 类硬质合金为通用合金，用于不锈钢、铸钢、锰钢、可锻铸铁、合金钢、合金铸铁的加工。

当硬质合金中含 Co 量增多，WC、TiC 含量减少时，抗弯强度和冲击韧性提高，适用于粗加工；当含 Co 量减少，WC、TiC 量增加时，其硬度、耐磨性及耐热性提高，强度及韧性降低，适用于精加工。

（3）其他刀具材料

①涂层刀具。涂层刀具是在韧性较好的硬质合金基体上，或在高速钢刀具基体上，涂敷一薄层耐磨性高的难熔金属化合物而获得的刀具。硬质合金刀具的涂层厚度为 4 ~ 5 μm，表层硬度可达 2 500 ~ 4 200HV；高速钢刀具的涂层厚度为 2 μm，表层硬度可达 80HRC。常用的涂层材料有 TiC、TiN、Al_2O_3 等。涂层刀具具有较高的抗氧化性能，因此有较高的耐磨性，有低的摩擦系数，但其锋利性、韧性、抗剥落性和抗崩刃性均不及未涂层刀片，而且成本比较昂贵。

②陶瓷。陶瓷是用于制作刀具的陶瓷材料，主要是以 Al_2O_3、$Al_2O_3 - TiC$ 或 Si_3N_4 等为主要成分，以其微粉经压制成形后在高温下烧结而成。它有很高的硬度和耐磨性，有很好的耐热性；有很高的化学稳定性，与金属的亲和力小，抗黏结和抗扩散的能力好；切削速度比硬质合金高 2 ~ 5 倍，特别适合于高速切削。但其脆性大，抗弯强度低，冲击韧性差，易崩

刃，长期以来主要用于精加工。陶瓷刀具可用于加工钢、铸铁，对于冷硬铸铁、淬硬钢的车削和铣削非常有效。

③金刚石。金刚石分天然和人造两种，工业上多使用人造金刚石，它是通过合金触媒的作用，在高温高压下由石墨转化而成的，可以达到很高的硬度。其硬度高达 10 000HV，因此耐磨性好，其摩擦因素低，刀具的刃口可以磨得很锋利。人造金刚石又分为单晶金刚石和聚晶金刚石（PCD）。金刚石刀具能切削陶瓷、高硅铝合金、硬质合金等难加工的材料，还可以切削有色金属及其合金，但不能切削铁族材料。因为金刚石中的碳元素和铁族元素有很强的亲和性，而且热稳定性差，当温度大于 700 ℃时，金刚石转化为石墨结构而丧失了硬度，因此用金刚石刀具进行切削时须对切削区进行强制冷却。

④立方氮化硼。立方氮化硼（CBN）是由六方氮化硼在高温高压下加入催化剂转变而成的。立方氮化硼的硬度很高（可达到 8 000 ~ 9 000HV），仅次于金刚石，并具有很好的热稳定性，可承受 1 000 ℃以上的切削高温。它的最大的优点是在高温（1 200 ~ 1 300 ℃）时不易与铁族金属起反应，因此既能胜任冷硬铸铁、淬硬钢的粗车和精车，又能胜任高温合金、热喷涂材料、硬质合金及其他难切削材料的高速切削。

第三节　金属切削过程

金属切削过程是指刀具与工件相互作用形成切屑从而得到所需要的零件几何形状的过程。在这一过程中会产生一系列现象，如切削变形、切削力、积屑瘤、切削热与切削温度以及有关的刀具的磨损、加工硬化等。研究这些现象，探索和掌握切削过程的基本规律，从而主动地加以有效控制，对保证加工精度和表面质量、提高生产效率、降低生产成本等，都具有重要意义。

一、切屑的形成过程

金属切削过程中切屑的形成过程就是切削层金属的变形过程。金属的变形有弹性变形和塑性变形。图 2 - 11 所示为用显微镜观察得到的切削层金属变形的情况，流线表示被切削金属的某一点在切削过程中流动的轨迹。由图可见，切削层金属的变形大致可划分为三个变形区。

图 2 - 11　用显微镜观察得到的切削层金属变形的情况

1. 第一变形区

从 OA 线开始发生塑性变形，到 OM 线晶粒的剪切滑移基本完成，这一区域称为第一变形区（Ⅰ），或称为基本变形区或剪切滑移区。

在第一变形区内金属变形的主要特征是剪切滑移变形以及随之产生的加工硬化，OA 线、OM 线分别称为始滑移线和终滑移线。在图 2 - 12 中，当切削层中金属某点 P 向切削刃逼近，到达点 1 时，此时其剪切应力达到材料的屈服强度，材料发生塑性变形，产生滑移现象，P 点在向前移动的同时沿 OA 滑移，其合成运动使点 1 流动到点 2。2 - 2′为滑移量。随着刀具的连续移动，滑移量和剪应变将逐渐增加，直到当 P 点移动到 4 点位置时，应力和变形达到最大值。超过 4 点位置后，切削层金属将脱离工件，沿着前刀面流出，此切削层金属称为切屑。

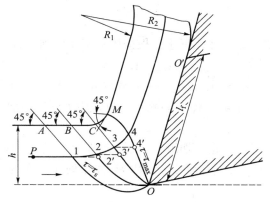

图 2 – 12　第一变形区金属的滑移

2. 第二变形区

切屑沿前刀面流出时，受到前刀面进一步的挤压和摩擦，使靠近前刀面处的切屑底层金属纤维化，其方向基本上和前刀面平行，这一区域称为第二变形区（Ⅱ），或称摩擦变形区。切屑沿前刀面流出时必然有很大的摩擦，使切屑底层又一次产生塑性变形。

3. 第三变形区

已加工表面受到刀刃钝圆部分和后刀面的挤压与摩擦，产生变形和回弹，造成表层金属纤维化与加工硬化，这一区域称为第三变形区（Ⅲ），或称加工表面变形区。

这三个变形区集中在切削刃附近，此处的应力比较集中且复杂。切削层金属就在此处与工件母体分离，大部分变成切屑，很小一部分留在已加工表面上。

二、切削变形程度

切削变形程度有以下三种不同的表示方法。

1. 变形系数 h

切削时，切屑厚度 h_{ch} 通常都要大于切削层厚度 h_c，而切屑长度 l_{ch} 却小于切削层长度 l_c，如图 2 – 13 所示。切屑厚度与切削层厚度之比称为厚度变形系数 Λ_{ha}；而切削层长度与切屑长度之比称为长度变形系数 Λ_{hl}，即

图 2 – 13　切削变形系数

厚度变形系数

$$\Lambda_{ha} = \frac{h_{ch}}{h} \tag{2-11}$$

长度变形系数

$$\Lambda_{hl} = \frac{l_c}{l_{ch}} \qquad\qquad (2-12)$$

由于切削层宽度与切屑宽度变化很小，根据体积不变原则，有

$$\Lambda_{ha} = \Lambda_{hl} = \Lambda_h$$

Λ_{ha} 和 Λ_{hl} 可统一用变形系数 Λ_h 表示。变形系数 Λ_h 是大于 1 的数，Λ_h 越大，变形越大，它直观地反映了切屑的变形程度。Λ_h 容易测量，故常用来度量切削变形，但它比较粗略。

2. 剪应变 ε

切削过程中的金属变形主要是剪切滑移，因此，使用剪应变即相对滑移 ε 来衡量变形程度更为合理。如图 2-14 所示，平行四边形 $OHNM$ 发生剪切变形后，变为 $OGPM$，其剪应变为

$$\varepsilon = \frac{\Delta s}{\Delta y} = \frac{NP}{MK} = \frac{NK+KP}{MK} = \frac{NK}{MK} + \frac{KP}{MK} = \cot\phi + \tan(\phi - \gamma_o)$$

或

$$\varepsilon = \frac{\cos\gamma_o}{\sin\phi\cos(\phi - \gamma_o)} \qquad\qquad (2-13)$$

图 2-14 剪切变形示意图

式中 ϕ——剪切角，见下面。

3. 剪切角 ϕ

在一般切削速度内，第一变形区的宽度很薄，所以通常用一个平面来表示这个变形区，该平面称为剪切面。剪切面和切削速度方向的夹角称为剪切角，以 ϕ 表示。剪切角的大小也可以反映切削变形的大小。其具体计算可用图 2-15 所示的直角自由切削条件下力的平衡原理来说明。图中，作用在切屑上的力有：前刀面上的法向力 $F_{\gamma N}$ 和摩擦力 F_γ；剪切面上的法向力 F_{shN} 和剪切力 F_{sh}，两对力的合力应该相互平衡。

图 2-15 作用在切屑上的力与角度的关系

根据材料力学原理，可得

$$\phi = \frac{\pi}{4} - \beta + \gamma_o \eqno(2-14)$$

式中，β 称为摩擦角。

分析式（2-14）可知：

1）当 γ_o 增大时，ϕ 角随之增大，变形减小。这说明加大刀具前角可减小切削变形，对切削过程有利。

2）当 β 增大时，ϕ 角随之减小，变形增大。故提高刀具刃磨质量，使用切削液以减少前刀面上的摩擦，对切削过程同样有利。

变形系数也可以用剪切角 ϕ 表示（参见图 2-13），即

$$\Lambda_h = \frac{h_{ch}}{h} = \frac{OM\cos(\phi - \gamma_o)}{\sin\phi} = \frac{\cos(\phi - \gamma_o)}{\sin\phi} \eqno(2-15)$$

三、积屑瘤

1. 积屑瘤及其产生

在切削速度不高而又能形成连续性切屑的情况下，加工钢料等塑性材料时，常在前刀面靠近刃口处黏着一块剖面呈三角状的硬块，它的硬度很高（通常是工件的 2~3 倍），这块冷焊在前刀面上的金属称为积屑瘤。在处于稳定状态时，能够代替刀刃进行切削，如图 2-16 所示。

切削塑性金属时，切屑流经前刀面，与前刀面发生强烈摩擦，当接触面具有适当的温度和较高的压力时就会产生黏结（冷焊），切屑底层金属会滞留在前刀面上而形成滞留层。连续流动的切屑从黏在前刀面的滞留层上流过时，若温度、压力适当，切屑底部材料也会被阻滞在已冷焊的金属层上，使黏结层逐层逐步长大，最后长成积屑瘤。

积屑瘤的产生及其成长与工件材料的硬化性质、切削区的温度和压力分布状况有关。通常，塑性材料的加工硬化倾向越强，越易产生积屑瘤；切削区的温度和压力太低，不会产生积屑瘤；温度太高，由于材料变软产生弱化作用，也不易产生积屑瘤。对碳素钢，在 300~500 ℃时积屑瘤最高，到 500 ℃以上时趋于消失。因为在切削过程中产生的热随切削速度的提高而增加，所以积屑瘤高度与切削速度有密切关系，如图 2-17 所示，在低速区 Ⅰ 中不产生积屑瘤；Ⅱ 区积屑瘤高度随切削速度的增加而增加；Ⅲ 区积屑瘤高度随切削速度的增加而减小；Ⅳ 区不再产生积屑瘤。

图 2-16 积屑瘤

图 2-17 积屑瘤高度与切削
速度的关系示意图

2. 积屑瘤对切削过程的影响及其控制

（1）增大前角

积屑瘤黏结在前刀面上（参见图2-16），加大了刀具的实际前角，可使切削力和切削变形减小。

（2）增大切削厚度

图2-16所示中，积屑瘤使刀具切入深度增加了Δh，且各点增加量不同，都会使加工精度降低。

（3）增大已加工表面粗糙度

积屑瘤的顶部很不稳定，易破裂、脱落，脱落后可能留在已加工表面上且有可能引起振动；积屑瘤凸出刀刃部分使加工表面变得粗糙。

（4）影响刀具使用寿命

积屑瘤相对稳定时，可代替刀刃切削，有利于提高刀具使用寿命；但在不稳定时，积屑瘤的破裂有可能导致刀具的剥落磨损，影响刀具寿命。

显然，积屑瘤有利也有弊。在粗加工时，对精度和表面粗糙度要求不高，积屑瘤可以代替刀具进行切削，保护刀具的同时减小了切削变形。在精加工时，应通过改变切削条件避免或减小积屑瘤，其措施有：

①控制切削速度，尽量避开易生成积屑瘤的中速区。

②提高刀具刃磨质量，使用润滑性能好的切削液，以减小摩擦。

③增大刀具前角，以减小刀屑接触区的压力。

④适当提高工件材料的硬度，减少加工硬化倾向。

四、影响切削变形的主要因素

1. 工件材料

工件材料强度提高，切削变形减小。这是因为工件材料强度越高，摩擦系数越小，剪切角ϕ将增大，于是变形系数Λ_h将减小。

工件材料的塑性对切削变形影响较大，工件材料的塑性越大，抗拉强度和屈服强度越低，切屑越易变形，切削变形就越大。例如，1Cr18Ni9Ti不锈钢和45钢的强度近似，但前者延伸率大得多，切削时切削变形大，易粘刀且不易断屑。

2. 刀具前角

刀具前角越大，切削变形越小。这是因为当γ_o增加时，刀具锋利程度增加，且根据式（2-14），剪切角ϕ增大，变形系数Λ_h减小。另一方面γ_o增大，前刀面倾斜程度加大，使摩擦角β增加，导致ϕ减小，但其影响比γ_o增加的影响小，结果还是Λ_h随γ_o的增大而减小。

3. 切削速度

切削塑性金属时，切削速度是通过积屑瘤生长和消失过程来影响切削变形的。在无积屑瘤的切削速度范围内，切削速度越高，则变形系数越小。这有两方面原因：一是塑性变形的传播速度较弹性变形得慢，切削速度越高，切削变形越不充分，导致变形系数下降；二是速度提高，切削温度会增加，使切屑底层材料的屈服强度略有下降，摩擦系数减小，使变形系数下降。有积屑瘤的切削速度范围内，在积屑瘤增长阶段，实际前角增大，切削速度增加时切削变形减小；在积屑瘤消退阶段，实际前角减小，变形随之增大。

4．切削厚度

当切削厚度增加时，摩擦系数减小，ϕ 增大，变形变小。从另一方面来看，切屑中的底层变形最大，离前刀面越远的切屑层变形越小。因此，f 越大（切削厚度 h 越大），切屑中平均变形则越小。

提要：切削过程中的各种物理现象，如切削力、切削热与切削温度、刀具磨损与刀具寿命等都与切削变形有很大关系，这些现象的影响因素及控制措施也大多从切削变形的角度加以考虑。所以对切削变形及其影响因素要熟练掌握。

五、切屑的种类

由于工件材料不同，变形程度也就不同，因而产生的切屑种类也就多种多样。切屑的形状主要分为带状切屑、节状切屑、粒状切屑、崩碎切屑四种类型，如图 2－18 所示。

图 2－18　切屑类型

（a）带状切屑；（b）节状切屑；（c）粒状切屑；（d）崩碎切屑

1．带状切屑

这是最常见的一种切屑［见图 2－18（a）］，切屑连续不断呈带状，内表面光滑，外表面呈毛茸状。一般加工塑性金属材料，当切削厚度较小、切削速度较高、刀具前角较大时，往往形成这类切屑。形成带状切屑时，切削过程较平稳，切削力波动较小，已加工表面粗糙度值较小。

2．节状切屑

节状切屑又称挤裂切屑［见图 2－18（b）］，外表面呈锯齿形，内表面有时有裂纹。主要是它的第一变形区较宽，滑移量较大，由滑移变形所产生的加工硬化使剪切力增加，在局部地方达到材料的断裂强度。这种切屑大都在切削速度较低、切削厚度较大、刀具前角较小时产生。出现节状切屑时，切削过程不平稳，切削力有波动，已加工表面粗糙度较大。

3．粒状切屑

粒状切屑又称单元切屑［见图 2－18（c）］，如果在挤裂切屑的剪切面上，裂纹扩展到整个面上，则切屑被分割成梯形状的单元切屑。当切削塑性材料在切削速度极低时易产生这种切屑。

4．崩碎切屑

切削脆性材料时，被切金属层在前刀面的推挤下未经塑性变形就在拉应力作用下脆断，形成不规则的崩碎切屑［见图 2-18（d）］。形成崩碎切屑时，切削力幅度小，但波动大，加工表面凹凸不平。加工脆性材料，如高硅铸铁、白口铸铁等，在切削厚度较大时，常得到这类切屑。

但加工现场获得的切屑，其形状是多种多样的（见图 2-1），而且切屑的形态是可以随切削条件而相互转化的。在形成节状切屑的情况下，若减小前角、降低切削速度或加大切削厚度，就可以变成粒状切屑；反之，若加大前角、提高切削速度或减小切削厚度，则可以得到带状切屑。掌握其变化规律，就可以控制切屑的变形、形态和尺寸，以实现断屑。

第四节 切 削 力

在切削加工中，刀具作用到工件上，使工件材料发生变形并成为切屑所需的力称为切削力。切削力是切削过程中的一个重要物理量，直接影响切削热、刀具磨损与使用寿命、加工精度和已加工表面质量，又是计算切削功率，设计和使用机床、刀具、夹具的必要依据。

一、切削力的来源及分解

由前面切削变形的分析可知，在刀具作用下，被切金属层、切屑和已加工表面层金属都要产生弹性变形和塑性变形，切屑和前刀面、加工表面和后刀面、已加工表面和副后刀面之间又有摩擦力作用。所以，切削力的来源有两个：一是切削层金属、切屑和工件表层金属的弹性变形、塑性变形所产生的抗力；二是刀具与切屑、工件表面间的摩擦阻力。

上述各力的总和形成作用在刀具上的合力 F。为了便于测量和应用，可以将 F 分解为三个相互垂直的分力。以车削外圆为例（见图 2-19），三个分力分别为主切削力 F_c、切深抗力 F_p、进给抗力 F_f。

主切削力 F_c——垂直于基面，与切削速度 v_c 的方向一致，又称为切向力。F_c 是计算切削功率和设计机床、刀具和夹具的主要参数。

切深抗力 F_p——位于基面内，并与进给方向垂直，又称为背向力、径向力、吃刀力。F_p 会使加工工艺系统（包括机床、刀具、夹具和工件）产生变形，对加工精度和已加工表面质量影响较大。

图 2-19 切削合力和分力

进给抗力 F_f——位于基面内，并与进给方向平行，又称为轴向力、走刀力。F_f 是设计机床进给机构或校核其强度的主要参数。

由图 2-19 可知

$$F = \sqrt{F_c^2 + F_D^2} = \sqrt{F_c^2 + F_p^2 + F_f^2} \tag{2-16}$$

式中　F_D——切削力在基面上的投影，也是进给抗力和切深抗力的合力；

F_p、F_f 与 F_D 有如下关系：

$$F_p = F_D\cos\kappa_r ; F_f = F_D\sin\kappa_r \tag{2-17}$$

一般情况下，F_c 值最大，F_p 为（0.15～0.70）F_c，F_f 为（0.1～0.6）F_c。另外，从式（2-17）可知，主偏角 κ_r 的大小影响进给抗力和切深抗力的配置。主偏角 κ_r 增大，切深抗力减小，在车削细长轴、丝杠等刚性较差的工件时常采用大主偏角刀具就是这个道理。

二、切削力的经验公式

由于工件与后刀面的接触情况较复杂，且具有随机性，应力状态也较复杂，所以切削力定量计算比较困难，即使经过很多假设推导出主切削力的理论公式，可以用来计算切削力，但准确性很差，所以切削力的理论公式主要用来分析问题，揭示影响切削力诸因素之间的内在联系。

目前生产实际中，对于一般加工方法，如车削、铣削和孔加工等都是采用通过大量的试验和数据处理而得到的经验公式。经验公式一般可分为两类：一类是指数公式；一类是按单位切削力进行计算。

1. 指数公式

$$F_c = C_{F_c} a_p^{x_{F_c}} f^{y_{F_c}} v_c^{z_{F_c}} K_{F_c} \qquad (2-18)$$

$$F_p = C_{F_p} a_p^{x_{F_p}} f^{y_{F_p}} v_c^{z_{F_p}} K_{F_p} \qquad (2-19)$$

$$F_f = C_{F_f} a_p^{x_{F_f}} f^{y_{F_f}} v_c^{z_{F_f}} K_{F_f} \qquad (2-20)$$

式中　F_c、F_f、F_p——分别为主切削力、进给抗力和切深抗力；

C_{F_c}、C_{F_f}、C_{F_p}——分别为上述三个分力的系数，其大小取决于工件材料和具体切削条件；

x_{F_c}、y_{F_c}、z_{F_c}、x_{F_f}、y_{F_f}、z_{F_f}、x_{F_p}、y_{F_p}、z_{F_p}——分别为三个分力中背吃刀量 a_p、进给量 f 和切削速度 v_c 的指数；

K_{F_c}、K_{F_f}、K_{F_p}——分别为实际加工条件与经验公式的试验条件不符时各种因素对各切削分力的修正系数，这些系数和指数都可以在切削用量手册中查到，因此指数形式的切削力经验公式应用比较广泛。

2. 单位切削力

单位切削力 p 是指单位切削面积上的主切削力。

$$p = \frac{F_c}{A} = \frac{F_c}{a_p f} = \frac{F_c}{hb} \qquad (2-21)$$

$$F_c = K_{F_c} A p \qquad (2-22)$$

式中　K_{F_c}——切削条件修正系数，可在有关手册中查到。

三、影响切削力的因素

1. 工件材料的影响

工件材料对切削力的影响是通过切削变形、刀具前刀面上的摩擦起作用的。其中影响较大的是强度、硬度和塑性。材料的强度、硬度越高，剪切屈服强度越大，切削力越大。强度、硬度相近的材料，如其塑性、韧性越大，则与刀具间的摩擦系数就越大，故切削力也越大。切削灰铸铁及其他脆性材料时，由于塑性变形小，形成的崩碎切屑与前刀面的摩擦小，故切削力较小。

2. 切削用量的影响

（1）背吃刀量和进给量的影响

背吃刀量 a_p 或进给量 f 加大，均使切削力增大，但两者的影响程度不同。a_p 增加一倍时，切削宽度和切削面积成倍地增加，变形和摩擦也成倍增加而引起切削力成倍增加。而 f 增加一倍时，虽然切削厚度和切削面积也成倍增加，但切削厚度的增大使平均变形减小，变形系数 Λ_h 有所下降，故切削力增大不到一倍。在车削力的经验公式中，加工各种材料，a_p 的指数近似为 1，而 f 的指数为 0.75 ~ 0.90。因此，在切削加工中，为提高切削效率，加大进给量比加大背吃刀量有利。

（2）切削速度的影响

切削弹塑性材料时，在无积屑瘤产生的切削速度范围内，切削力一般随切削速度的增大而减小。这主要是因为随着 v_c 的增大，切削温度升高，摩擦系数下降，从而使 Λ_h 减小。在产生积屑瘤的情况下，刀具的前角随着积屑瘤的成长与脱落而变化。在积屑瘤增长期，随着 v_c 的增大，积屑瘤逐渐增大，刀具的实际前角加大，故切削力逐渐减小；在积屑瘤消退期，v_c 增大，积屑瘤逐渐减小，实际前角变小，故切削力逐渐增大。

切削铸铁等脆性材料时，因金属的塑性变形、切屑与前刀面的摩擦均很小，所以切削速度对切削力没有显著的影响。

3. 刀具几何参数的影响

（1）前角 γ_o

前角 γ_o 加大，变形系数减小，切削力减小。材料塑性越大，前角 γ_o 对切削力的影响越大；而加工脆性材料时，因塑性变形很小，故增大前角对切削力影响不大。

（2）主偏角 κ_r

由式（2-17）可知，主偏角 κ_r 增大，F_p 减小，F_f 加大。主偏角的改变对主切削力影响较小。

（3）刀尖圆弧半径 r_ε

在一般的切削加工中，随着 r_ε 的增大，切削刃圆弧部分的长度增加，切削变形增加，整个主切削刃上各点主偏角的平均值减小，从而使 F_p 增大，F_f 减小，F_c 略有增大。

（4）刃倾角 λ_s

改变刃倾角 λ_s 将影响切屑在前刀面上的流动方向，从而使切削合力的方向发生变化。增大刃倾角 λ_s，F_p 减小，F_f 增大，对 F_c 的影响不大。

（5）负倒棱

为了提高刀尖部位强度、改善散热条件，常在主切削刃上磨出一个带有负前角 γ_{o1} 的棱台，其宽度为 $b_{\gamma1}$，如图 2-20（a）所示。负倒棱对切削力的影响与负倒棱面（负前角）在切屑形成过程中参与切削的比例有关。负前角切削部分所占比例越大，切削变形程度越大，所以切削力越大。在图 2-20（b）中，$b_{\gamma1} < l_f$，切屑除与倒棱接触外，主要还与前刀面接触，切削力增大的幅度不大。在图 2-20（c）中，$b_{\gamma1} > l_f$，切屑只与负倒棱面接触，相当于用负前角为 γ_{o1} 的车刀进行切削，切削力将显著增大。

图 2 – 20　负倒棱对切削力的影响

4. 刀具磨损的影响

后刀面磨损增大时，后刀面上的法向力和摩擦力都增大，故切削力增大。

5. 切削液的影响

以冷却作用为主的切削液（如水溶液）对切削力影响不大，润滑作用强的切削液（如切削油）可使切削力减小。

6. 刀具材料的影响

刀具材料与工件材料间的摩擦系数的大小会影响摩擦力，导致切削力发生变化。在其他切削条件完全相同的条件下，一般按立方氮化硼（CBN）刀具、陶瓷刀具、涂层刀具、硬质合金刀具、高速钢刀具的顺序，切削力依次增大。

四、切削功率

消耗在切削过程中的功率称为切削功率，它是各切削分力消耗功率的总和。在车削外圆时，F_p 不做功（在切深方向没有位移），只有 F_c 和 F_f 做功。因此，切削功率可按下式计算：

$$P_c = \left(F_c v_c + \frac{F_f n_w f}{1\ 000} \right) \times 10^{-3} \qquad (2-23)$$

式中　F_c——主切削力，N；

　　　v_c——切削速度，m/s；

　　　F_f——进给抗力，N；

　　　n_w——工件转速，r/s；

　　　f——进给量，单位为 mm/r。

由于 F_f 小于 F_c，而 F_f 方向的进给速度又很小，因此 F_f 所消耗的功率很小（一般为 1%~2%），可以忽略不计。因此，一般切削功率可按下式计算：

$$P_c = F_c v_c \times 10^{-3} \qquad (2-24)$$

求得切削功率后，还可以计算机床电动机的功率，此时还应考虑机床的传动效率：

$$P_E \geqslant \frac{P_c}{\eta_m} \qquad (2-25)$$

式中　P_E——电动机的功率，kW；

η_m——机床的传动效率，一般取 0.75 ~ 0.85，大值适用于新机床，小值适用于旧机床。

第五节 切削热和切削温度

切削热和切削温度是切削过程的另一重要物理现象，直接影响刀具的磨损和使用寿命，最终影响工件的加工精度和表面质量。所以，研究切削热和切削温度的产生及变化规律，具有重要的实用意义。

一、切削热的产生和传导

切削时所消耗的能量有 98% ~ 99% 转换为切削热。在刀具的切削作用下，切削层金属发生弹性变形、塑性变形而耗功，这是切削热的一个来源。另外，切屑与前刀面、工件与后刀面间消耗的摩擦也要耗功，也产生大量的热量，这是切削热的另一个来源。因此，切削过程中的三个变形区就是三个发热区域，如图 2-21 所示。

图 2-21 切削热的产生与传导

切削热由切屑、工件、刀具及周围的介质（空气、切削液）向外传导。不同的加工方法，切削热由切屑、刀具、工件和周围介质传出的热量的比例不同，大致如下：

车削时，50% ~ 86% 由切屑带走，10% ~ 40% 传入车刀，3% ~ 9% 传入工件，1% 左右传入空气。切削速度越高，切削厚度越大，由切屑带走的热量就越多。

钻削时，由于切屑不易从孔中排出，由切屑、刀具带走的热量较少，切削热主要由工件传出，大约 28% 由切屑带走，14.5% 传入刀具，52.5% 传入工件，5% 传入周围介质。

磨削时，有 70% 以上的热量瞬时进入工件，只有小部分通过切屑、砂轮、切削液和大气带走。

影响散热的因素主要有以下三种。

1. 工件材料的导热系数

工件材料的导热系数低，由切屑和工件传导出去的热量就少，因此切削区的温度高，刀具磨损快。

2. 刀具材料的导热系数

刀具材料的导热系数高，切削区的热量向刀具内部传导快，切削区的温度就低。

3. 周围介质

冷却性能好的切削液能有效地降低切削区的温度。

二、切削温度的测量

切削热通过切削温度影响切削加工过程，切削温度一般指前刀面与切屑接触区域的平均温度。切削温度的高低取决于切削热的产生数量和传出数量，产生的多，传出的少，切削温度就高；反之，切削温度则低。

测量切削温度的方法很多，有热电偶法、热辐射法、远红外法和热敏电阻法等。目前应用较广的是热电偶法，它简单、可靠、使用方便，有自然热电偶和人工热电偶两种方法。

1. 自然热电偶法

利用工件材料和刀具材料化学成分不同而构成热电偶的两极，并分别连接测量仪表（mV），组成测量电路，如图2-22所示。切削区温度升高后，形成热电偶的热端；刀具与工件引出端形成热电偶的冷端。热端和冷端之间热电势的大小与切削温度高低有关，因此可通过测量热电势来测量切削温度。切削温度越高，测得热电势越大。测量前，须对该热电偶输出电压与温度之间的对应关系作出标定。用自然热电偶法测得的温度是切削区的平均温度。

图2-22 自然热电偶法测温示意图

1—工件；2—车刀

2. 人工热电偶法

用两种预先经过标定的金属丝组成热电偶，它的热端焊接在刀具或工件需要测量温度的测温点上，冷端接在毫伏表（mV）上，如图2-23所示。用这种方法测得的是某一点的温度。

图2-23 人工热电偶法测温示意图

（a）测刀具；（b）测工件；

1—工件；2—刀具

三、影响切削温度的因素

1. 工件材料

工件材料的硬度、强度越高，切削抗力就越大，所消耗的功就越多，产生的切削热也越多，切削温度也就越高；工件材料导热系数越小，传散的热越少，切削温度就越高。

切削灰铸铁等脆性材料时，金属变形小，切屑呈崩碎状，与前刀面摩擦小，产生的切削热就小，故切削温度一般较切削钢料时低。

2. 切削用量

用自然热电偶法所建立的切削温度的实验公式为

$$\theta = C_\theta v_c^{z_\theta} f^{y_\theta} a_p^{x_\theta} \tag{2-26}$$

式中　θ——刀具前刀面上刀屑接触区的平均温度，℃；

　　　C_θ——切削温度系数，主要取决于加工方法和刀具材料；

　　　z_θ、y_θ、x_θ——分别为切削速度、进给量、背吃刀量的影响指数。

表 2-1 所示为由实验得出的用高速钢或硬质合金刀具切削中碳钢时的 C_θ、z_θ、y_θ、x_θ 值。

表 2-1　用高速钢或硬质合金刀具切削中碳钢时的 C_θ、z_θ、y_θ、x_θ 值

刀具材料	加工方法	C_θ	z_θ	y_θ	x_θ
高速钢	车削	140～170	0.35～0.45	0.20～0.30	0.08～0.10
	铣削	80			
	钻削	150			
硬质合金	车削	320	0.41（当 $f=0.1$ mm/r）	0.15	0.05
			0.31（当 $f=0.2$ mm/r）		
			0.26（当 $f=0.3$ mm/r）		

由式（2-26）及表 2-1 可知：当 v_c、f、a_p 增大时，变形和摩擦加剧，切削力增大，切削温度升高。三个影响指数 $z_\theta > y_\theta > x_\theta$，说明 v_c 对切削温度最为显著，f 次之，a_p 最小。原因是：v_c 增大，前刀面的摩擦热来不及向切屑和刀具内部传导，所以 v_c 对切削温度影响最大；f 增大，切屑变厚，切屑的热容量增大，由切屑带走的热量增多，且 f 增大使平均变形减小而使功耗增加较少，热量增加不多，所以 f 对切削温度的影响不如 v_c 显著；a_p 增大，切削宽度增大，增大了散热面积，故 a_p 对切削温度的影响相对较小。

由以上规律可知，为有效控制切削温度以提高刀具使用寿命，选用大的背吃刀量和进给量，比选用高的切削速度更为有利。

3. 刀具几何参数

（1）前角 γ_o

在一定范围内，前角 γ_o 增大，由于切削变形和切削力减小，切削温度降低；但当前角 γ_o 超过 18°～20° 后，因楔角变小，散热体积减小，切削温度反而上升。

（2）主偏角 κ_r

主偏角 κ_r 加大，切削刃工作长度将缩短，切削宽度将减小，同时刀尖角减小，散热条件就变差，切削温度将升高。

（3）刀尖圆弧半径 r_ε 和负倒棱

这两者在一定范围内变化时，基本上不影响切削温度。因为这两者虽然会使塑性变形增大，但另一方面这两者都能使刀具的散热条件有所改善，传出的热量增多，二者趋于平衡。

4. 刀具磨损

刀具磨损后切削刃变钝，金属变形增加；同时，后角减小，后刀面与工件的摩擦加剧，使切削温度上升。

5. 切削液

使用切削液的冷却功能可以从切削区带走大量热量，利用其润滑功能降低摩擦因数，减少切屑热的产生，这样可以明显地降低切削温度。

第六节 刀具磨损和刀具使用寿命

刀具切削时要受到强烈的摩擦而逐渐磨损，当磨损量达到一定程度时，必须要换刀或刃磨刀具，才能正常切削；有时，刀具也可能在切削过程中突然破损而失效，即刀具失效的形式主要有磨损和破损两类。刀具的磨损、破损及其使用寿命对加工质量、加工效率和生产成本影响极大。

一、刀具磨损的形式

刀具磨损，也称为正常磨损，是指刀具在正常的切削过程中逐渐产生的连续磨损。这种正常磨损有以下三种形式。

1. 前刀面磨损（月牙洼磨损）

切削塑性材料时，如果切削速度和切削厚度较大（一般 $h > 0.5$ mm），刀具前刀面和切屑产生强烈摩擦，在前刀面上经常会磨出一个月牙洼，如图 2-24（a）所示。月牙洼磨损量以其最大深度 KT 表示，如图 2-24（b）所示，位置发生在刀具前刀面上切削温度最高的地方。

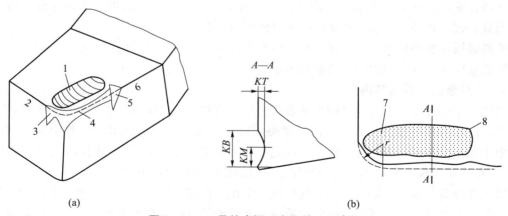

(a)　(b)

图 2-24　刀具的磨损形态及前刀面磨损

（a）刀具的磨损形态；（b）前刀面磨损剖面图

1—前刀面磨损；2—副切削刃；3—边界磨损；4—后刀面磨损；5—边界磨损；

6—主切削刃；7—前刀面；8—月牙洼

2. 后刀面磨损

在切削速度较低、切削厚度较小（$h < 0.1$ mm）的情况下切削塑性材料或加工脆性材料

时，因加工表面和后刀面间存在着强烈的摩擦，远比前刀面上的摩擦严重，在后刀面上毗邻切削刃的地方很快被磨出后角为零的小棱面，这种磨损形式叫作后刀面磨损（见图 2-24、图 2-25）。后刀面磨损带往往不均匀，可划分为以下三个区域。

（1）刀尖磨损区（C 区）

强度较低，散热条件差，温度集中，磨损量用 VC 表示。

（2）中部磨损区（B 区）

在切削刃中间位置上，磨损比较均匀，平均磨损量用 VB 表示，局部最大磨损带宽度用 VB_{max} 表示。

图 2-25　后刀面磨损

（3）边界磨损区（N 区）

在主切削刃靠近工件外表面处，由于表面硬化层、高温氧化的影响，被磨成较严重的深沟，磨损量用 VN 表示。切削钢料时，常在主切削刃靠近工件外皮处以及副切削刃靠近刀尖处的后刀面上，磨出较深的沟纹，这就是边界磨损。加工铸、锻等外皮粗糙的工件，也容易发生边界磨损。

3. 前刀面和后刀面同时磨损

同时出现上述两种情况的磨损形式。一般以中等切削用量在切削塑性金属时，经常会发生这种磨损。

二、刀具磨损的原因

刀具磨损经常是由于机械、热、化学三种效应综合作用的结果，具体原因有：

1. 磨料磨损

工件材料中存在氧化物、碳化物等微小硬质点，铸、锻工件表面存在硬夹杂物以及积屑瘤碎片等，它们可在前后刀面划出沟纹，造成磨损，这就是磨料磨损。这是一种纯机械作用，刀具抵抗磨料磨损的能力主要取决于其硬度和耐磨性。

磨料磨损在各种切削速度下都存在，但在低速下这是刀具磨损的主要原因，因为低速下的切削温度较低，其他原因产生的磨损不明显。

2. 冷焊磨损（黏结磨损）

切屑、工件与前、后刀面之间存在着很大的压力和强烈的摩擦，使接触点产生黏结、冷焊现象，即切屑黏结在前刀面上。由于摩擦副的相对运动，切屑在滑动过程中发生剪切破坏，带走刀具材料或造成小块剥落，从而造成冷焊磨损。这是一种物理作用（分子吸附作用），一般在中等偏低的速度下切削塑性材料时冷焊磨损较为严重。

因工件或切屑的硬度低，冷焊磨损往往发生在工件或切屑一方，但由于交变应力、接触疲劳、热应力以及刀具表层结构缺陷等原因，冷焊磨损有时也会发生在刀具一方，造成刀具磨损。

3. 扩散磨损

在高温和高压作用下，刀具材料和工件材料中的化学元素相互扩散，使刀具的磨损加快。例如用硬质合金刀具切钢时，从 800 ℃开始，刀具中的 Co、C、W 等元素会扩散到切屑和工件中去，工件中的铁也会扩散到刀具中来，从而改变了刀具材料的成分结构，导致刀具磨损加快。扩散磨损在高温下产生，且随温度升高而加剧。

4. 氧化磨损

当切削温度达到 700 ~ 800 ℃时，空气中的氧在切屑形成的高温区与刀具材料中的某些成分（Co，WC，TiC）发生氧化反应，产生硬度和强度较低的氧化物膜，氧化物膜在切削过程中被切屑或工件擦掉而形成氧化磨损。

5. 相变磨损

当切削温度达到或超过刀具材料的相变温度时，刀具材料的金相组织会发生变化，硬度显著下降，引起的刀具磨损称为相变磨损。高速钢刀具在超过 600 ℃时常因相变磨损而失效。

在不同的工件材料、刀具材料和切削条件下，磨损的原因和程度不同。用硬质合金刀具加工钢料时，磨料磨损总是存在的，但所占比例不大；在中、低切削速度（切削温度）下，主要发生冷焊磨损；在高速（高温）情况下，则扩散磨损、氧化磨损和相变磨损占据很大成分。

三、刀具磨损过程与磨钝标准

1. 刀具磨损过程

随着切削过程的进行，刀具的后刀面磨损量 VB 随之增加，其磨损过程分为三个阶段（见图 2 - 26）：

（1）初期磨损阶段

该阶段新刃磨的刀具刚投入使用，其后刀面与加工表面实际接触面积很小，压应力较大，加之新刃磨的后刀面存在着微观不平等缺陷，所以磨损很快，磨损曲线的斜率较大，一般初期磨损量为 0.05 ~ 0.10 mm，时间较短。

（2）正常磨损阶段

经初期磨损后，刀具的粗糙表面已经磨平，实际接触面积增大，接触应力减小，磨损比较缓慢均

图 2 - 26　刀具磨损曲线

匀，刀具进入正常磨损阶段。后刀面磨损量随切削时间延长而近似地成比例增加，曲线斜率较小，持续的时间最长，这是刀具工作的有效阶段。

（3）剧烈磨损阶段

当刀具磨损量增大到一定数值时，切削刃变钝，切削力、切削温度迅速升高，以致刀具磨损速度急剧增加而失去切削能力。生产中应该避免达到这个磨损阶段，要在这个阶段到来之前，及时换刀或重磨切削刃。

2. 刀具的磨钝标准

刀具磨损到一定限度就不能继续使用。这个磨损限度称为磨钝标准。一般刀具的后刀面上都有磨损，而且易于测量，因此国际标准 ISO 统一规定以 1/2 背吃刀量处后刀面上测量的磨损带宽度作为刀具的磨钝标准。

由于加工条件不同，所规定的磨钝标准也会不同。制定磨钝标准应考虑以下因素：

（1）工艺系统刚性

刚性差时，VB 应取小值。如车削刚性差的工件，应控制 VB = 0.3 mm 左右。

（2）工件材料

切削难加工材料，如高温合金、不锈钢、钛合金等，一般应取较小的 VB 值；加工一般材料，VB 值可以取大一些。

（3）加工精度和表面质量

加工精度和表面质量要求高时，VB 应取小值。如精车时，应控制 $VB = 0.1 \sim 0.3$ mm。

（4）工件尺寸

加工大型工件，为了避免频繁换刀，VB 应取大值。

磨钝标准的具体数值可从切削用量手册中查得。

四、刀具寿命

在生产实际中，经常卸下刀具来测量磨损量会影响生产的正常进行，因此常用刀具寿命来衡量刀具的磨损程度，以此来决定是否换刀或刃磨更为方便。

刃磨好的新刀具自开始切削直到磨损量达到磨钝标准为止的实际切削时间，称为刀具使用寿命（有些书中称为刀具耐用度），以 T 表示。对可重磨刀具，指的是两次刃磨之间的实际切削时间。使用寿命指净切削时间，不包括对刀、测量、快进、回程等非切削时间。也可以用达到磨钝标准时所走过的切削行程 l_m 来定义使用寿命，显然 $l_m = v_c T$。

从第一次切削直到完全报废时所经历的实际切削时间，称为刀具总寿命。显然，对不重磨刀具，刀具总寿命等于刀具寿命；对于可重磨刀具，刀具总寿命等于刀具寿命乘以刃磨次数。刀具总寿命与刀具寿命是两个不同的概念。

刀具使用寿命是一个重要参数。对于某一切削加工，当工件、刀具材料和刀具几何形状选定之后，切削用量特别是切削速度是影响刀具使用寿命的主要因素。

1. 切削速度与刀具使用寿命的关系

在常用的切削速度范围内，其他切削条件不变，取不同的切削速度 v_{c1}，v_{c2}，v_{c3}，…进行刀具寿命实验，得出各种速度下的刀具磨损曲线，如图 2 - 27 所示。这样根据规定的磨钝标准 VB 可以找到多组 $T - v_c$ 数据，经数据处理可得 $T - v_c$ 的关系式，即

$$v_c = \frac{C}{T^m} \text{或} \, v_c T^m = C \tag{2-27}$$

式中　C——系数，与刀具、工件材料和切削条件有关；

　　　m——指数，表示 v_c 对 T 的影响程度，m 值较小，表示切削速度对刀具使用寿命影响大（对于高速钢刀具，一般 $m = 0.100 \sim 0.125$；硬质合金刀具，$m = 0.1 \sim 0.4$；陶瓷刀具，$m = 0.2 \sim 0.4$）。

式（2 - 27）为重要的刀具寿命方程式。在双对数坐标系中，该方程为一条直线（见图 2 - 28），m 为该直线的斜率；C 为当 $T = 1$ s（或 1 min）时直线在纵坐标上的截距。

$T - v_c$ 关系式反映了切削速度与刀具寿命之间的关系，是选择切削速度的重要依据。

2. 刀具寿命与切削用量三要素之间的关系

按照求 $T - v_c$ 关系式的方法，可以得到刀具寿命与切削用量的一般关系为

$$T = \frac{C_T}{v_c^{\frac{1}{m}} f^{\frac{1}{n}} a_p^{\frac{1}{p}}} \tag{2-28}$$

图 2-27　各种速度下的刀具磨损曲线

图 2-28　双对数坐标上的 $T-v_{\mathrm{c}}$ 曲线

式中　C_T——与工件材料、刀具材料和其他切削条件有关的刀具寿命系数；

　　　m、n、p——指数，分别表示切削用量对刀具寿命的影响程度。

例如，用硬质合金车刀切削 $R_{\mathrm{m}}=750$ MPa 的碳钢时，在 $f>0.75$ mm/r 时进行试验，切削用量与刀具使用寿命的关系式为

$$T=\frac{C_T}{v_{\mathrm{c}}^5 f^{225} a_{\mathrm{p}}^{0.75}} \tag{2-29}$$

从式（2-29）可看出，切削速度 v_{c} 对 T 的影响最大，进给量 f 次之，背吃刀量 a_{p} 最小。这与三者对切削温度的影响顺序完全一致，说明切削用量正是通过切削温度影响刀具磨损和寿命的。

常用刀具寿命推荐值可查阅有关资料。

五、刀具破损

刀具破损也称为刀具的非正常磨损，也是刀具失效的一种形式。在一定的切削条件下，刀具的磨损量尚未达到磨钝标准值就突然损坏，使刀具提前失去切削能力。刀具破损的形式分脆性破损和塑性破损两种。

1. 脆性破损

硬质合金和陶瓷刀具，在机械应力、热应力、振动、冲击载荷等作用下，经常发生以下几种形式的脆性破损：

①崩刃（刀刃上产生小缺口）；

②碎断（切削刃上发生小块碎裂或大块断裂）；

③剥落（前后刀面上几乎平行于切削刃而剥下一层碎片，经常连切削刃一起剥落，有时也在离切削刃一小段距离处剥落）；

④裂纹破损（较长时间连续切削后，由于热冲击和机械冲击产生疲劳而引起裂纹，当这些裂纹不断扩展合并，就会引起切削刃的碎裂或断裂）。

2. 塑性破损

切削时，刀具由于高温、高压的作用，前、后刀面的材料发生塑性流动（变形）而丧失切削能力，这就是刀具的塑性破坏。这与刀具材料和工件材料的硬度比直接有关。硬度比越高，越不容易发生塑性破损。高速钢刀具比硬质合金、陶瓷刀具更容易发生这种破损。

刀具磨损是客观存在的，刀具破损是可以预防的。为了防止刀具破损，在提高刀具材料的强度和抗热振性能的基础上，一般可采取以下措施：

①根据被加工材料和结构特点，合理选择刀具材料的种类和牌号。如断续切削刀具，必须具有较高的冲击韧度、疲劳强度和热疲劳抗力。

②选择合理的刀具几何参数，通过调整前角、后角、刃倾角和主、副偏角，增加切削刃和刀尖的强度，改善散热条件。如用正前角、负倒棱结构，可以有效地防止崩刃。

③合理选择切削用量，避免切削力过大和过高的切削温度，避免产生积屑瘤。

④保证焊接和刃磨质量，避免因焊接、刃磨不当所产生的各种弊病；尽量使用机夹可转位不重磨刀具。

⑤保证工艺系统具有较好的刚性，以减少切削时的振动。

⑥采用正确的操作方法，尽量使刀具不承受或少承受突变性载荷。

第七节　切削条件的合理选择

一、改善材料的切削加工性

工件材料的切削加工性是指在一定加工条件下，工件材料加工的难易程度。这是一个相对的概念，某种材料切削加工性的好坏，是相对于另一种材料而言，比如评价钢料的切削加工性以 45 钢作为比较基准；而讨论铸铁的切削加工性则以灰铸铁作为比较基准。

1. 衡量材料切削加工性的指标

衡量材料切削加工性的指标很多，具体加工情况和要求不同，切削加工的难易程度也有所不同。常用的衡量材料切削加工性的指标有：

（1）刀具寿命

在相同的切削条件下，若一定切削速度下刀具寿命 T 较长或在相同刀具寿命下的切削速度 v_{cT} 较高，则该材料的切削加工性较好；反之，其切削加工性较差。

在切削普通材料时，一般以正火状态 45 钢的 v_{c60}（刀具寿命为 60 min 时所允许的切削速度 v_{c60}）为基准，写作 $(v_{c60})_j$，然后把其他各种材料的 v_{c60} 与之比较，这个比值 K_T 称为相对加工性，即以 $K_T = v_{c60} / (v_{c60})_j$ 用来衡量材料加工性的好坏；切削难加工材料时，用 v_{c20} 评定。

凡 K_T 大于 1 的材料，其加工性比 45 钢好，如有色金属 $K_T > 3$；若 K_T 小于 1 者，加工性比 45 钢差，如高锰钢、钛合金 $K_T \leqslant 0.5$，均属难加工材料。常用工件材料的相对加工性可分为 8 级，见表 2 - 2。

表 2 - 2　材料切削加工性等级

加工性等级	名称及种类		相对加工性 K_T	代表性材料
1	很易切削材料	一般有色金属	> 3.0	5 - 5 - 5 钢铅合金，9 - 4 铝铜合金，铝镁合金
2	容易切削材料	易切削钢	2.5 ~ 3.0	15Cr 退火，$R_m = 0.38 \sim 0.45$ GPa
3		较易切削钢	1.6 ~ 2.5	30 钢正火，$R_m = 0.45 \sim 0.56$ GPa

续表

加工性等级	名称及种类		相对加工性 K_T	代表性材料
4	普通材料	一般钢及铸铁	1.00 ~ 1.60	45 钢正火，灰铸铁
5		稍难切削材料	0.65 ~ 1.00	2Cr13 调质，$R_m = 0.85$ GPa 85 钢，$R_m = 0.90$ GPa
6	难切削材料	较难切削的材料	0.50 ~ 0.65	45Cr 调质，$R_m = 1.05$ GPa 65Mn 调质，$R_m = 0.95 ~ 1.00$ GPa
7		难切削材料	0.15 ~ 0.50	50CrV 调质，1Cr18Ni9Ti（不锈钢），某些钛合金
8		很难切削的材料	<0.15	铸造镍基高温合金

（2）切削力、切削温度

在相同切削条件下凡切削力大、切削温度高的材料较难加工，即其切削加工性差；反之，则切削加工性好。

（3）加工表面质量

切削加工时，凡容易获得好的加工表面质量的材料，其切削加工性较好，反之较差。这通常是精加工时衡量加工性的指标。

（4）断屑难易程度指标

切削加工时，凡切屑形状容易控制或容易断屑的材料，其加工性较好，反之则较差。这通常是在自动机床或自动线上衡量加工性的指标。

2. 改善材料切削加工性的途径

工件材料的物理性能（如导热性、线膨胀系数）、力学性能（如硬度、强度、塑性、韧性等）对材料的切削加工性有很大影响，如硬度和强度越高，则切削力越大，切削温度越高，刀具磨损越快，故切削加工性越差；但也并非材料的硬度越低越好加工，有些材料如低碳钢、纯铁、纯铜等硬度虽低，但其塑性很大，容易变形，切削加工性也差。通常硬度适中的材料（160 ~ 200HBS）容易加工。

在实际生产中，可采取一些措施来改善材料的切削加工性，主要有以下两方面：

（1）通过热处理改变材料的组织和力学性能

化学成分相同的材料，当其金相组织不同时，力学性能就不同，其切削加工性也就不同。因此可通过对不同材料进行不同的热处理来改善其切削加工性，如高碳钢、工具钢的硬度偏高，且有较多的网状、片状的渗碳体组织，加工较难，经过球化退火即可降低硬度，并得到球状的渗碳体；热轧状态的中碳钢经正火可使其内部组织均匀，降低表层硬度；低碳钢可通过正火或冷拔以适当降低塑性，提高硬度；马氏体不锈钢常要进行调质处理降低塑性，使其变得容易加工。铸铁件进行退火，降低表层硬度，消除内应力，以改善其切削加工性。

（2）调整材料的化学成分

材料的化学成分直接影响其力学性能，如低碳钢塑性、韧性较高，不易获得较好的表面粗糙度，断屑也难；高碳钢强度高，切削力大，刀具易磨损；中碳钢介乎二者之间，切削加工性好。在钢中适当加入一些元素，如硫、磷、铅、钙等，可使钢的切削加工性得到显著改善，这样的钢叫"易切钢"。但只有在满足零件对材料性能要求的前提下才可这样做。

二、刀具几何参数的选择

刀具的几何参数包括刀具角度、刀面结构和形状、切削刃的形式等。合理的几何参数是在保证加工质量的前提下，使刀具使用寿命延长、生产效率提高、加工成本降低。刀具合理几何参数的选择主要取决于工件材料、刀具材料、刀具类型及其他具体工艺条件。下面仅介绍刀具角度的选择。

1. 前角的作用及选择

前角是刀具上重要的几何参数之一，对切削的难易程度有很大影响。增大前角可以减小切削变形，并减少切削力和切削温度。但若前角过大，楔角变小，刀刃和刀尖强度降低，易发生崩刃，同时刀头散热体积减小，影响刀具寿命。较大的前角可减轻加工硬化和残余应力，并能抑制积屑瘤和鳞刺的产生，还可防止切削振动，有利于提高表面质量；较小的前角使切削变形增大，切屑易折断。可见，在一定切削条件下，存在一个刀具使用寿命为最大的前角，即合理前角 γ_{opt}。

选择前角的原则一般是在保证加工质量和足够的刀具寿命的前提下，尽量选取大的前角。具体选择时，首先要根据工件材料选配，如工件材料的强度、硬度低，可以取较大的前角；反之，取小的前角，加工特别硬的材料，甚至取负前角；加工塑性材料，尤其是冷硬严重的材料时，为减小塑性变形，在保证足够刀具强度的前提下，应取大的前角，加工脆性材料，可取较小的前角。其次，应考虑刀具切削部分的材料，刀具材料抗弯强度大、韧性较好时，可取大的前角。此外，还应考虑加工要求，粗加工、断续切削或工件有硬皮时，为了保证刀具有足够强度，应取小的前角；成形刀具和前角影响切削刃形状的其他刀具，为防止其刃形畸变，常取较小的前角；数控机床和自动机床、自动线用刀具，为保障刀具使用寿命及工作稳定性，应选用较小的前角；工艺系统刚性差或机床功率不足时，应取大的前角等。用硬质合金刀具加工一般钢时，可取 $\gamma_o = 10° \sim 20°$；加工灰铸铁时，取 $\gamma_o = 8° \sim 12°$。

2. 后角的作用及选择

后角的主要作用是减小后刀面和加工表面之间的摩擦，其大小对刀具寿命和加工表面质量都有很大影响。增大后角，可增加切削刃的锋利性，也可以减小后刀面的摩擦与磨损，提高刀具寿命。但后角增大时，由于楔角减小，将使切削刃和刀头的强度削弱，散热体积减小，从而降低刀具使用寿命。因此，在一定切削条件下，存在一个刀具使用寿命为最大的后角，即合理后角 α_{opt}。

合理后角选择时，首先要考虑加工要求，如粗加工、强力切削及承受冲击载荷时，为保证切削刃有足够强度，后角应取小值；精加工时，应以减小后刀面上的摩擦为主，后角宜取较大值；工艺系统刚性差容易振动时，应适当减小后角，可增加阻尼和保证刀具强度。其次要考虑工件材料，当工件材料强度、硬度较高时，为保证切削刃强度，宜取较小的后角；当工件材料塑性、韧性较大时，为减少摩擦，应适当加大后角；加工脆性料，切削力集中在刀刃处，宜取较小的后角。车削一般钢和铸铁时，车刀后角通常取 6° ～ 8°。此外，不同刀具材料，取值也略有不同，如高速钢刀具的后角比同类型的硬质合金刀具后角一般大 2° ～ 3°；

各种有尺寸精度要求的刀具，为了限制重磨后刀具尺寸的变化，宜取小的后角。

刀具副后角的作用主要是减少副后刀面与已加工表面之间的摩擦，取值原则与后角相同，一般取其等于或小于主后角。

3. 主偏角和副偏角的作用及选择

主偏角和副偏角均影响加工表面粗糙度、切削层形状、切削力的大小和比例以及刀尖强度、断屑与排屑、散热条件等，对刀具使用寿命影响很大。如减小主偏角和副偏角，可使刀尖角增大，刀尖强度提高，散热条件改善，因此提高刀具使用寿命；减小主偏角和副偏角，可降低残留面积的高度，故可减小加工表面的粗糙度；在背吃刀量和进给量一定的情况下，减小主偏角会使切削厚度减小，切削宽度增加，切削刃单位长度上的负荷下降，并影响各切削分力的大小和比例使 F_p 增大，F_f 减小。

合理主偏角选择时，首先要考虑加工要求，如粗加工和半精加工时，硬质合金车刀一般选用较大的主偏角，以利于减小振动、防止崩刃、断屑和采用较大的切削深度；精加工时，取较小的主偏角，以减小工件表面粗糙度值；工艺系统刚性较好时，较小的主偏角可延长刀具使用寿命；刚性差时，应取较大的主偏角，甚至 $\kappa_r \geqslant 90°$，以减小切深抗力 F_p。其次要考虑工件材料的性质，加工很硬的材料时，如淬硬钢和冷硬铸铁，宜取较小的主偏角，以减轻单位长度切削刃上的负荷，改善刀头导热和容热条件，延长刀具寿命。

副偏角 κ_r' 的大小主要根据表面粗糙度的要求选取，一般为 $5° \sim 15°$，粗加工时取大值，精加工时取小值，必要时可以磨出一段 $\kappa_r' = 0°$ 的修光刃。

4. 刃倾角的作用及选择

刃倾角的大小会影响切削刃和刀头的强度、切屑流出方向、切削刃的锋利程度和切削分力的大小，并影响工件的变形和工艺系统的振动等，如负刃倾角的车刀刀头强度好，散热条件也好；绝对值较大的刃倾角可使切削刃实际钝圆半径变小，切削刃口变锋利；刃倾角不为零时，刀刃是逐渐切入和切出工件的，可减小刀具受到的冲击，提高切削过程的平稳性。

刃倾角一般根据工件材料及加工要求选择，如加工一般钢件和铸铁时，为保证足够的刀具强度，通常无冲击的粗车取 $\lambda_s = 0 \sim -5°$；有冲击负荷时，取 $\lambda_s = -15° \sim -5°$；当加工余量不均匀、断续加工、冲击特别大时，取 $\lambda_s = -45° \sim -30°$；当切削高强度钢、冷硬钢等难加工材料时，可取 $\lambda_s = -30° \sim -20°$；精加工时为使切屑不流向已加工表面，取 $\lambda_s = 0° \sim 5°$。

三、切削用量的选择

切削用量是在机床调整前必须确定的重要参数，对生产率、加工成本和加工质量均有重要影响。约束切削用量选择的主要条件有：工件的加工要求，包括加工质量要求和切削加工生产率要求；刀具寿命要求；刀具材料的切削性能；机床性能，包括动力特性（功率、扭矩）和运动特性。

1. 切削用量与生产率、刀具寿命的关系

机床切削效率可以用单位时间内切除的材料体积 V（mm^3/min）表示，即

$$V = f a_p v_c \qquad (2-30)$$

分析式（2-30）可知，切削用量三要素 a_p、f、v_c 均同 Q 保持线性关系，从提高生产

效率考虑，切削用量三要素 a_p、f、v_c 中任一参数提高一倍，机床切削效率 Q 都提高一倍。但由于刀具寿命的制约，任一参数增大时，其他一参数或两参数必须减小。因此，在制定切削用量时，要使三要素获得最佳组合，才能保证此时的高生产率是合理的。

2. 切削用量的选择原则

所谓合理的切削用量是指在保证加工质量的前提下，充分利用刀具的切削性能和机床动力性能（功率、扭矩），获得高生产率和低加工成本的切削用量。

切削用量三要素对切削生产率、刀具寿命和（表面粗糙度加工质量）都有很大的影响。

（1）切削生产率

在切削过程中，金属切除率与切削用量三要素 a_p、v_c、f 均保持线性关系，任一要素的增加对提高生产率都具有相同的效果。

（2）刀具寿命

由前面的内容可知，a_p、v_c、f 对刀具寿命的影响程度，从大到小依次为 v_c、f、a_p。因此，为保证合理的刀具寿命，选择切削用量的原则是：在机床、刀具、工件的强度和工艺系统刚度允许的条件下，首先选择尽可能大的背吃刀量，其次选择加工条件和加工要求限制下允许的进给量，最后按刀具寿命的要求查表或计算确定合适的切削速度。

（3）表面粗糙度

在切削用量三要素中，进给量对已加工表面粗糙度影响最大，直接影响残留面积的大小。切削速度通过影响切削温度、积屑瘤的形成，对表面粗糙度产生重要影响。当工艺系统刚性较差时，过大的背吃刀量会引发系统振动，直接影响表面粗糙度。因此，精、半精加工应注意控制进给量、避开切削速度的积屑瘤形成区域及防止切削振动。

切削用量的参考值可参考有关工艺手册选取。切削用量选定后，应校核机床的功率和扭矩。

四、切削液的选择

在切削加工中，合理使用切削液可以有效降低切削力和切削温度，延长刀具使用寿命，并能减小工件热变形，从而提高加工精度，改善已加工表面质量。

1. 切削液的作用

（1）冷却作用

切削液能把切削区内刀具、工件和切屑上大量的热量带走，降低切削温度，减少工艺系统的热变形，从而可以提高刀具使用寿命和加工质量。

（2）润滑作用

切削液可以减小前刀面与切屑、后刀面与工件之间的摩擦。添加的切削液渗透到切屑、工件与刀具之间，带油脂的极性分子吸附在刀具的前刀面、后刀面上，形成润滑油膜，在某些切削条件下，切屑、刀具界面间在高温、高压作用下，和切削液中的极压添加剂还可形成极压化学吸附膜，从而在高温时减少黏结和刀具磨损，提高刀具寿命。切削液的润滑性能与其渗透性以及形成吸附膜的牢固程度有关。

（3）清洗和排屑作用

切削液能将黏附在工件、刀具和机床表面的碎屑或粉屑冲洗掉。在精密加工、磨削加工和自动线加工中，清洗作用尤为重要。清洗性能的好坏取决于切削液的渗透性、流动性和压力。为改善切削液的清洗性能，可加入剂量较大的表面活性剂和少量矿物油，制成水溶液或乳化液来提高其清洗效果。

（4）防锈作用

切削液与金属表面起化学反应生成保护膜，以减小工件、机床、刀具受周围介质（水、空气等）的腐蚀。防锈作用的好坏取决于切削液本身的性能和加入的防锈添加剂的作用。

此外，切削液还应满足性能稳定、不污染环境、对人体无害、价廉和配置方便等要求。

2．切削液的种类

生产中常用的切削液分为水溶液、乳化液和切削油三大类。

（1）水溶液

水溶液的主要成分是水，它的冷却性能好，但单纯的水润滑性差，易使金属生锈。因此，经常在水溶液中加入一定的添加剂（硝酸钠、碳酸钠、聚二乙酸），使其既能保持冷却性能又有良好的防锈性能和润滑性能。水溶液最适用于磨削加工。

（2）乳化液

乳化液是将由矿物油、乳化剂及添加剂配成的乳化油，用95%~98%水稀释搅拌后成为乳白色或半透明状的液体。乳化液具有良好的冷却性能，常用于粗加工和普通磨削中；高浓度的乳化液以润滑作用为主，常用于精加工和使用复杂刀具的加工中。尽管乳化液的润滑性能优于水溶液，但润滑和防锈性能仍较差，需再加入一定量的油性添加剂、极压添加剂（硫、氯、磷等）和防锈添加剂，配成极压乳化液或防锈乳化液。

（3）切削油

切削油的主要成分是矿物油，少数采用植物油或复合油。纯矿物油不能在摩擦界面上形成坚固的润滑膜，润滑效果一般，也常加入油性添加剂、极压添加剂和防锈添加剂以提高其润滑和防锈性能。

现在，也有采用固体润滑剂来改善切削过程。常用的固体润滑剂是二硫化钼（MoS_2），可形成摩擦系数低（0.05~0.09）、熔点高（1 185 ℃）的润滑膜。切削时可将 MoS_2 涂在刀面上，也可添加在切削油中，可防止黏结和抑制积屑瘤形成，减小切削力，延长刀具寿命，可用在车削、钻削、拉削、铣削、铰孔、深孔加工和螺纹加工中。

3．切削液的选择和使用

切削液的使用效果除与切削液的性能有关外，还与工件材料、刀具材料、加工方法、加工要求等因素有关，应综合考虑，合理选用。

（1）工件材料

一般加工钢等弹塑性材料时，需用切削液。切削铸铁、青铜等脆性材料时因其作用不明显，且会污染工作场地，可不用切削液，但在精加工铸铁及铜、铝等有色金属及其合金时，可采用10%~20%乳化液或煤油等。切削高强度钢、高温合金等难加工材料时，宜选用极压切削油或极压乳化液，有时还需配制特殊的切削液。

（2）刀具材料

高速钢刀具耐热性差，应采用切削液，粗加工时应选用以冷却为主的切削液，精加工时可使用润滑性能好的极压切削油或高浓度的极压乳化液，以提高加工表面质量。硬质合金刀具耐热性好，一般不用切削液，必须使用时可采用低浓度乳化液和水溶液，但必须充分连续供液，否则刀片会因冷热不均而破裂。

（3）加工方法

对处于封闭、半封闭状态的钻孔、铰孔、攻螺纹和拉削等工序，冷却与排屑困难，宜采用乳化液、极压乳化液或极压切削油。成形刀具、齿轮刀具等价格昂贵，要求刀具使用寿命高，也应采用极压切削油或高浓度极压切削液。磨削加工温度很高，还会产生大量的碎屑及脱落的砂粒，因此要求切削液应具有良好的冷却、清洗、防锈作用，一般选用乳化液，如选用极压乳化液效果更好。

（4）加工要求

粗加工时，金属切除量大，产生的热量也大，因此应选用以冷却为主的切削液来降低温度，如3% ~5%的低浓度乳化液。精加工时主要要求提高加工精度和加工表面质量，应选用润滑性能较好的切削液，如极压切削油或高浓度极压乳化液，它们可减小刀具与切屑间的摩擦与黏结，抑制积屑瘤。

切削液的使用方法主要有浇注法、高压冷却法和喷雾冷却法。以浇注法使用最多，这种方法使用方便，设备简单，但流速慢、压力低，难于直接渗透入最高温度区冷却效果不理想。高压冷却法是利用高压（1 ~10 MPa）切削液直接作用于切削区周围，进行冷却润滑并冲走切屑，效果比浇注法好得多，如深孔加工常用高压冷却法。喷雾冷却法是以0.3 ~0.6 MPa的压缩空气，通过喷雾装置使切削液雾化，高速喷射到切削区，雾化成微小液滴的切削液在高温下迅速气化，吸收大量热，从而获得良好的冷却效果。

提要： 切削条件的合理选择就是在分析切削过程中的各种物理现象的基础上，在生产中采取相关措施或采用相关参数，以保证切削加工的顺利进行，并达到提高加工质量、生产效率和降低生产成本的目的。

复习思考题

2 – 1　什么是切削用量三要素？在外圆车削中，如何计算？它们与切削层参数的关系是什么？

2 – 2　用$\kappa_r = 45°$的车刀加工外圆柱面，加工前工件直径为$\phi 60$ mm，加工后直径为$\phi 54$ mm，主轴转速$n = 300$ r/min，刀具的进给速度$v_f = 90$ mm/min，试计算v_c、f、a_p、h、b、A。

2 – 3　如何定义刀具标注角度的正交平面参考系？

2 – 4　确定外圆车刀切削部分几何形状最少需要几个基本角度？试画图标出这些基本角度。

2 – 5　画出下列标注角度的车刀图：

①车削外圆柱面：$\gamma_o = 15°$，$\alpha_o = 6°$，$\alpha_o' = 6°$，$\kappa_r = 60°$，$\kappa_r' = 10°$，$\lambda_s = 5°$；

②车削端面：$\gamma_o = 15°$，$\alpha_o = 6°$，$\alpha_o' = 6°$，$\kappa_r = 60°$，$\kappa_r' = 10°$，$\lambda_s = -5°$；

③切断刀：$\gamma_o = 10°$，$\alpha_o = 6°$，$\alpha_o' = 2°$，$\kappa_r = 90°$，$\kappa_r' = 2°$，$\lambda_s = 0°$。

2 – 6　试述刀具标注角度和工作角度的区别？为什么车刀做横向切削时，进给量取值不能过大？

2 – 7　试画图表示：

①切断车削时，进给运动怎样影响刀具工作角度？

②镗内孔时，刀具安装高低怎样影响刀具工作角度？

2 - 8　切削部分的刀具材料必须具备哪些基本性能?

2 - 9　常用的硬质合金有哪几类? 如何选用?

2 - 10　怎样划分切削变形区? 第一变形区有哪些变形特点?

2 - 11　简述积屑瘤的概念及形成过程。它对切削过程有何影响? 如何控制积屑瘤的产生?

2 - 12　试述影响切削变形的各种因素及影响规律。

2 - 13　常见的切屑形态有哪几种? 分别在什么情况下产生? 如何控制切屑形态?

2 - 14　试述影响切削力的主要因素及影响规律。

2 - 15　在 CA6140 型车床上车削外圆, 已知: 工件材料为灰铸铁, 其牌号为 HT200; 刀具材料为硬质合金, 其牌号为 YG6; 刀具几何参数为: $\gamma_o = 10°$, $\alpha_o = \alpha'_o = 8°$, $\kappa_r = 45°$, $\kappa'_r = 10°$, $\lambda_s = -10°$ (λ_s 对三向切削分力的修正系数分别为 $\kappa_{\lambda_s F_c} = 1.0$, $\kappa_{\lambda_s F_p} = 1.5$, $\kappa_{\lambda_s F_f} = 0.75$), $r_\varepsilon = 0.5$ mm; 切削用量为: $\alpha_p = 3$ mm, $f = 0.4$ mm/r, $v_c = 80$ m/min。试求切削力 F_c、F_f、F_p 及切削功率 P。

2 - 16　试述影响切削温度的主要因素及影响规律。

2 - 17　试分析刀具磨损几种磨损机制的本质与特征? 它们各在什么条件下产生?

2 - 18　什么是刀具磨钝标准? 制定刀具磨钝标准要考虑哪些因素?

2 - 19　什么是刀具使用寿命和总寿命? 试分析切削用量三要素对刀具寿命的影响规律。

2 - 20　试述刀具破损的形式及防止措施。

2 - 21　试述刀具前角、后角的功用及各自的选择原则。

2 - 22　何谓工件材料的切削加工性? 如何改善材料的切削加工性 (举例说明)?

2 - 23　切削液的主要作用? 常用切削液有哪些种类? 如何选用?

2 - 24　试述切削用量的选用原则。

第三章 切削加工方法与金属切削机床

本章知识要点：

1. 零件表面成形原理与成形方法；
2. 机床的基础知识；
3. 典型加工方法及其所用机床的工艺范围、组成、运动以及传动系统；
4. 组合机床及数控机床。

前期知识：

复习"机械原理""机械设计""金工实习"等课程以及实践环节知识。

导学： 图 3-1 所示为一台机床的实物照片。它本身是一台机器，由许多零件组成，又可以加工相关零件，生产各行各业所需的生产设备。那么机床如何得到零件表面？机床又有哪些类型？如何区分、管理不同类型的机床？加工零件有哪些典型方法？它们分别用哪些机床？这些机床的工艺范围、组成、运动以及传动系统等都有哪些特点？特色机床及机床产品创新有哪些？

图 3-1 机床

第一节 零件表面成形及机床基础知识

机械零件可看成由若干不同类型的表面构成，零件的加工，实质上就是获得这些表面的过程。金属切削加工的本质也就是利用各种各样的机床，通过工件和刀具之间的相对运动，切除毛坯上多余的金属，形成一定形状、尺寸和质量的表面，最终获得所要求的机械零件。

一、零件表面成形原理及成形方法

机器零件的种类很多，形状也千差万别，但其表面轮廓却不外乎由以下几种常用的基本形状组成：平面、直线成形表面、圆柱面、圆锥面、球面、圆环面、螺旋面等，如图3-2所示。

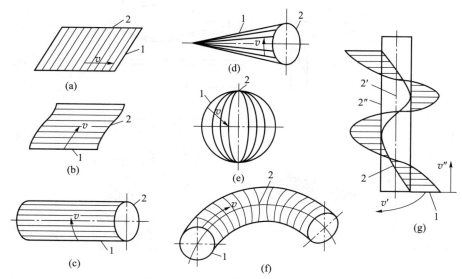

图3-2　组成工件轮廓的常用表面

（a）平面；（b）直线成形表面；（c）圆柱面；（d）圆锥面；（e）球面；（f）圆环面；（g）螺旋面

按几何学的观点，任何一种零件表面都是由一条线（母线）沿另一条线（导线）运动而形成的，母线与导线统称为形成表面的发生线。在图3-2中，平面［见图3-2（a）］是由直线1（母线）沿着另一直线2（导线）运动而形成；直线成形表面［见图3-2（b）］是由直线1（母线）沿着曲线2（导线）运动而形成；圆柱面［见图3-2（c）］是由直线1（母线）沿着圆2（导线）运动而形成；螺旋面［见图3-2（g）］是由直线1（母线）沿着螺旋线2（导线）运动而形成等。

从图3-2中不难发现，有些表面的母线和导线可以互换而不改变形成表面的性质，这些表面称为可逆表面，如平面、直线成形表面、圆柱面等。而另一些表面的母线和导线不可互换，如圆锥面、球面、圆环面和螺旋面等，称为不可逆表面。

另外，有些零件表面形状不仅和发生线本身形状有关，还与发生线初始相对位置有关。在图3-3中，母线均为直线1，导线均为圆2，轴心线均为$O-O$，相互运动也相同，但产生了不同的表面：圆柱面、圆锥面和双曲面。

图3-3　母线位置变化时形成的表面

（a）圆柱面；（b）圆锥面；（c）双曲面

在机床上加工零件，就是借助于一定形状的刀具切削刃以及刀具与工件被加工表面之间按一定规律的相对运动，形成所需的发生线。由于加工方法、使用的刀具结构及其切削刃形状不同，所以形成发生线的方法和所需运动也不同，概括起来有以下四种，如图3－4所示。

图 3 － 4　发生线的形成方法

（a）轨迹法；（b）成形法；（c）相切法；（d）展成法

1. 轨迹法

如图3－4（a）所示，刀具切削刃作为切削点1，按一定规律做轨迹运动3，从而形成所需的发生线2。因此，用轨迹法形成发生线需要一个独立的成形运动。

2. 成形法

如图3－4（b）所示，成形刀具切削刃为一条切削线1，它的形状和尺寸与所需要成形的发生线2一致。因此，用成形法来形成发生线，不需要专门的成形运动。

3. 相切法

如图3－4（c）所示，刀具切削刃为旋转刀具（铣刀或砂轮）上的切削点1，刀具旋转工作时，刀具中心便按一定规律做轨迹运动3，切削点运动轨迹的包络线（相切线）就形成了发生线2。所以，用相切法得到发生线，需2个独立的成形运动，即刀具的旋转运动和刀具中心按一定规律运动。

4. 展成法

如图3－4（d）所示，刀具切削刃为切削线1，它与需要形成的发生线2的形状不吻合。在形成发生线的过程中，切削线1与发生线2相切并逐点接触，做滚动运动（展成运动）3而形成与它共轭的发生线2，即发生线2是切削线1的包络线。所以展成法需要一个复合的成形运动（可分解为刀具的移动 A_{11} 和工件的旋转运动 B_{12}），是利用工件和刀具做展成切削运动的加工方法。

二、机床的运动

金属切削机床是一种用切削方法将金属毛坯加工成机器零件的机械，它是制造机器的机器，因此又称为"工作母机"或"工具机"，在我国，习惯上简称为机床。

机床是现代机械制造业中最重要的加工设备，它所担负的加工工作量，约占机械制造总工作量的 40% ~ 60%，机床的技术性能直接决定所生产的机械产品的性能、质量和经济性，对国民经济的发展起着重大作用。

切削加工时，为获得要求的工件表面，必须使安装在机床上的刀具和工件按上述 4 种方法完成各自的运动。不同的工艺方法要求机床运动的类别和数目不同。按功用，机床运动可分为表面成形运动和辅助运动，其中表面成形运动按其组成情况不同，又可分为简单成形运动和复合成形运动；按照切削过程中所起作用不同，又可分为主运动和进给运动。

形成发生线，也即形成被加工工件表面形状的运动称为表面成形运动，简称成形运动。

1. 简单成形运动

如果一个独立的成形运动，是由单独的旋转运动或直线运动构成的，则称为简单成形运动，简称简单运动。例如，用尖头车刀车削外圆柱面时［见图 3 – 5（a）］，产生母线（圆）的工件旋转运动 B_1 和产生导线（直线）的刀具纵向直线运动 A_2 就是两个简单成形运动。

图 3 – 5　成形运动的组成
（a）车削外圆；（b）车削螺纹

2. 复合成形运动

如果一个独立的成形运动，是由两个或两个以上的单元运动（旋转或直线）按照某种确定的运动关系组合而成，这种成形运动就称为复合成形运动。例如车削螺纹时［见图 3 – 5（b）］，形成螺旋形发生线所需的工件与刀具之间的相对螺旋轨迹运动。为简化机床结构和保证精度，通常将其分解为工件的等速旋转运动 B_{11} 和刀具等速直线移动 A_{12}，B_{11} 和 A_{12} 彼此不能独立，它们之间必须保持严格的运动关系，即工件每转一周时，刀具直线移动的距离应等于工件螺纹的导程，这两个运动就组成一个复合的成形运动。B_{11} 和 A_{12} 符号中的下标，第一位数字表示成形运动的序号，第二位数字表示同一个复合运动中单元运动的序号。

注意：复合成形运动各个组成部分之间需保持严格的相对运动关系，相互依存而不能独立，所以复合成形运动是一个运动，而不是两个或两个以上的简单运动。

一般来说，形成母线和导线这两条发生线所需的运动数之和就是成形运动的数目。

问题 1：前面的轨迹法、成形法、相切法和展成法分别需要几个独立的成形运动？

问题 2：分析图 3 – 6 所示的几种加工方法分别需要几个独立的成形运动？

提要：表面成形运动是机床上最基本的运动，其轨迹、数目、行程和方向等，在很大程度上决定了机床的传动和结构形式。用不同工艺方法加工不同形状的表面，成形运动不同，机床的类型也就不同。即使用同一种工艺方法和刀具结构加工相同表面，所需成形运动相同，但由于具体加工条件不同，表面成形运动在刀具和工件之间的分配也往往不同，机床结构也就不一样，从而决定了机床结构形式的多样化。

图 3-6　形成所需表面的成形运动

（a）用普通车刀车削外圆；（b）用宽车刀车削外圆；
（c）用螺纹车刀车削螺纹；（d）用齿轮滚刀滚切直齿圆柱齿轮齿面

3. 辅助运动

为完成工件加工，机床在加工过程中除完成表面成形运动外，还需完成其他一些与形成发生线不直接相关的运动，统称为辅助运动。辅助运动的作用是实现机床加工过程中所必需的各种辅助动作，为形成表面创造条件。辅助运动的种类很多，主要有切入运动、分度运动、调位运动、各种空行程运动、操纵及控制运动等。

提要：结合常见加工情况，分析所需的表面成形运动及辅助运动。

三、机床的基本结构和传动

1. 机床的基本结构

机床结构是为保证实现加工过程中所需的各种运动，实现工件表面成形而构建的。机床的基本结构必须具备以下 3 个基本部分：

（1）动力源

动力源是为执行机构提供运动和动力的装置，一般采用交流异步电动机、步进电动机、直流或交流伺服电动机及液压驱动装置等。机床可以是一个运动单独使用动力源，也可以是几个运动共用一个动力源。

（2）执行件

执行件是执行机床运动的部件，如主轴、刀架、工作台等，它们带动工件或刀具旋转或移动，保持准确的运动轨迹。

（3）传动装置

传动装置是传递运动和动力的装置，它将动力源的运动和动力传递给执行件，或将一个执行件的运动传递给另一个执行件。传动装置同时还可以完成变速、变向、改变运动形式（如将旋转运动变为直线运动）等任务。

2. 机床的传动

（1）传动链

为了获得所需要的运动，机床需要通过一系列的传动件把执行件与动力源或把有关的执行件之间连接起来，构成传动联系。构成一个传动联系的一系列传动元件称为传动链。根据传动联系的性质，传动链可分为以下两类：

①外联系传动链。外联系传动链是联系动力源和机床执行件之间的传动链。外联系传动链的作用是使执行件得到预定的速度和方向，并传递一定的动力。它不影响发生线的性质，因此外联系传动链不要求动力源和执行件之间有严格的传动比关系。例如，用轨迹法车削外圆柱面，车床上的工件旋转与刀具移动之间不要求严格的传动比关系，两个执行件的运动可以互相独立调整，互不影响，传到工件和传到刀具的两条传动链都是外联系传动链。

②内联系传动链。内联系传动链是联系执行件和另一执行件之间的传动链。内联系传动链的作用是将两个或两个以上的单独运动组成复合的成形运动，保证所联系执行件之间确定的运动关系。例如，车床上车削螺纹时，需要工件旋转 B_{11} 和刀具移动 A_{12} 组成的复合运动，为了保证车削螺纹的导程，必须要保证：主轴（工件）每转一周时，车刀准确移动被加工螺纹的一个导程。联系主轴和刀架之间的螺纹加工传动链就是内联系传动链。设计机床内联系传动链时，各传动副的传动比必须准确，不应有摩擦传动（如带传动）或瞬时传动比变化的传动件（如链传动）等。

传动链中常包含两类传动机构：一类是定比传动机构，其传动比和传动方向固定不变，如定比齿轮副、蜗杆蜗轮副、丝杠螺母副等；另一类是按加工要求可变换传动比和传动方向的传动机构，如挂轮变速机构、滑移齿轮变速机构、离合器换向机构等，统称为换置机构。

数控机床上一般无内联系传动链，它们的各执行件之间的运动关系由数控装置进行协调控制。

注意： 内联系传动链本身不能提供运动，为使执行件得到所需的运动，还需有外联系传动链将动力源的运动传到内联系传动链上来（传到传动链中的某一环节）。

提要： 结合常见加工情况，分析所需传动链的数目及其类型。

（2）传动原理图和传动系统图

传动原理图是用一些简单的符号表示动力源与执行件或执行件之间传动关系的图形，用于研究表面成形运动及传动联系。图 3 – 7 所示为传动原理图中常用的一些符号，其中，执行件一般可用较直观的简单图形来表示，没有统一规定的符号。

图 3 – 8 所示为卧式车床车削螺纹时的传动原理图。此时的成形运动是复合运动，两个单元运动主轴的旋转运动 B_{11} 和车刀的纵向移动 A_{12}，必须保持严格的相对运动关系：工件每转一周，刀具直线运动工件螺纹的一个导程。因此，车床应有两条传动链。一是联系复合运动两部分 B_{11} 和 A_{12} 的内联系传动链：主轴—4—5—u_x—6—7—刀架，其中 u_x 表示螺纹传动链的换置机构，可通过调整 u_x，来满足车削不同导程螺纹的需要；二是联系动力源与这个复合运动的外联系传动链：电动机—1—2—u_v—3—4—主轴，称为主运动传动

链，其中 u_v 表示主运动传动链的换置机构，可通过调整 u_v 来调整主轴的转速和转向，以满足不同加工的要求。

图 3 – 7　传动原理图常用符号

(a) 电动机；(b) 主轴；(c) 车刀；(d) 滚刀；(e) 合成机构；(f) 传动比可变换的换置机构；
(g) 传动比不变的机械联系；(h) 电的联系；(i) 脉冲发生器；(j) 快调换置机构（数控系统）

图 3 – 8　卧式车床车削螺纹时的传动原理

提要：车削圆柱面的传动原理图又如何？两者之间的区别与联系是什么？

为便于了解和分析机床运动的传递、联系情况，常采用传动系统图。传动系统图是表示机床全部运动的传动联系图，图中将每条传动链中的具体传动机构用机构运动简图符号表示（参见国家标准 GB/T 4460—2013《机械制图 – 机构运动简图用图形符号》），并标明齿轮和蜗轮的齿数、蜗杆头数、丝杠导程、带轮直径、电动机功率和转速等。传动链的传动机构，按照运动传递或联系顺序依次排列，以展开图形式画在能反映主要部件相互位置的机床外形轮廓中。该图只表示各种传动链及其传动关系，不代表各传动元件的实际尺寸和空间位置，它是分析机床内部传动规律的重要工具。具体见图 3 – 13。

提要：传动原理图和传动系统图的主要区别是什么？

四、机床的分类

为适应不同的加工对象和加工要求，机床就需要有许多的品种和规格。为便于区别、使用和管理，需对机床加以分类并编制型号。

机床有多种分类方法，最基本的是以机床的加工方法和所用刀具及其用途来分。根据我国制定的金属切削机床型号编制方法（国家标准 GB/T 15375—2008），目前将机床分为 11 大类：车床、钻床、镗床、磨床、齿轮加工机床、螺纹加工机床、铣床、刨插床、拉床、锯床和其他机床。

在上述基本分类基础上，机床还可根据其他特征进行分类。

以通用性程度为特征，机床可分为：

1. 通用机床

通用机床的工艺范围很宽，可完成一定尺寸范围内的多种类型零件不同工序的加工，如卧式车床、万能外圆磨床及摇臂钻床等。

2. 专门化机床

专门化机床的工艺范围较窄，它是为加工一定尺寸范围内的某类（或少数几类）零件或某种（或少数几种）工序而专门设计和制造的，如曲轴车床、丝杠铣床等。

3. 专用机床

专用机床的工艺范围最窄，它通常是为某一特定零件的特定工序而设计制造的，如加工机床导轨的专用导轨磨床，大量生产汽车零件所用的各种钻、镗组合机床等。

按加工精度，机床可分为普通精度机床、精密机床和高精密机床。

以质量和尺寸的大小为特征，机床可分为仪表车床、中型机床、大型机床、重型机床和超重型机床。

以主要工作部件的多少，机床分为单轴、多轴、单刀、多刀机床等。

以自动化程度为特征，机床可分为手动、机动、半自动和自动机床。

随着机床特别是数控机床的不断发展，机床的分类方法也会发生变化。

五、机床的型号

机床的型号是机床产品的代号，应能够反映机床的类型、通用特性和结构特性、主要技术参数等。按照 GB/T 15375—2008《金属切削机床型号编制方法》规定，机床型号由汉语拼音字母和阿拉伯数字按一定规律排列组成。

1. 通用机床型号表示方法

通用机床型号表示方法如图 3－9 所示。

注：1. 有"（）"的代号或数字，当无内容时，则不表示；若有内容则不带括号。
  2. 有"○"符号者，为大写的汉语拼音字母。
  3. 有"△"符号者，为阿拉伯数字。
  4. 有"⊘"符号者，为大写的汉语拼音字母或阿拉伯数字，或两者兼之。

图 3－9　通用机床型号表示方法

通用机床型号说明：

（1）机床类、组、系的划分及其代号

机床的类代号用汉语拼音的第一个大写字母表示，以区别 11 类不同机床。例如，"车床"的汉语拼音是"Che Chuang",所以用"C"来表示。需要时,每类可分为若干分类,例如,磨床类分为 M、2M、3M 三个分类,用阿拉伯数字表示分类代号,放在类代号之前,但第一分类不予表示。机床的类别和代号见表 3-1。

表 3-1　机床的类别和代号

类别	车床	钻床	镗床	磨床			齿轮加工机床	螺纹加工机床	铣床	刨插床	拉床	锯床	其他机床
代号	C	Z	T	M	2M	3M	Y	S	X	B	L	C	Q
读音	车	钻	镗	磨	二磨	三磨	牙	丝	铣	刨	拉	割	其

　　每一类机床又按工艺特点、布局形式、结构性能的不同,细分为 10 个组,每一组又细分为若干系(系列)。机床的组别和系别代号用两位阿拉伯数字来表示,第一位数字代表组别,第二位数字代表系列,如车床分为 10 组,用阿拉伯数字"0~9"表示,其中"6"代表落地及普通车床组,"3"代表回轮、转塔车床组等;落地及普通车床组又有 6 个系,用数字"0~5"表示,其中"1"型代表普通车床,"2"型代表马鞍车床等。金属切削机床类、组划分见表 3-2,系的划分可参阅国标。

表 3-2　金属切削机床类、组分类表

组别 类别	0	1	2	3	4	5	6	7	8	9
车床 C	仪表车床	单线自动车床	多轴自动、半自动车床	回轮、转塔车床	曲轴及凸轮轴车床	立式车床	落地及卧式车床	仿形及多刀车床	轮、轴、辊、锭及铲齿车床	其他车床
钻床 Z		坐标镗钻床	深孔钻床	摇臂钻床	台式钻床	立式钻床	卧式钻床	铣钻床	中心孔钻床	其他钻床
镗床 T			深孔镗床		坐标镗床	立式镗床	卧式铣镗床	精镗床	汽车、拖拉机修理用镗床	其他镗床
磨床 M	仪表磨床	外圆磨床	内圆磨床	砂轮机	坐标磨床	导轨磨床	刀具刃磨床	平面及端面磨床	曲轴、凸轮轴、花键轴及轧辊磨床	工具磨床

续表

类别\组别		0	1	2	3	4	5	6	7	8	9
磨床	2M		超精机	内圆珩磨机	外圆及其他珩磨机	抛光机	砂带抛光及磨削机床	刀具刃磨及研磨机床	可转位刀片磨削机床	研磨机	其他磨床
	3M		球轴承套圈沟磨床	滚子轴承套圈滚道磨床	轴承套圈超精机		叶片磨削磨床	滚子加工磨床	钢球加工机床	气门、活塞及活塞环磨削机床	汽车、拖拉机修磨机床
齿轮加工机床 Y		仪表齿轮加工机		锥齿轮加工机	滚齿机及铣齿机	剃齿及珩齿机	插齿机	花键轴铣床	齿轮磨齿机	其他齿轮加工机	齿轮倒角及检查机
螺纹加工机床 S				套丝机	攻丝机		螺纹铣床	螺纹磨床	螺纹车床		
铣床 X		仪表铣床	悬臂及滑枕铣床	龙门铣床	平面铣床	仿形铣床	立式升降台铣床	卧式升降台铣床	床身铣床	工具铣床	其他铣床
刨插床 B			悬臂刨床	龙门刨床			插床	牛头刨床		边缘及模具刨床	其他刨床
拉床 L				侧拉床	卧式外拉床	连续拉床	立式内拉床	卧式内拉床	立式外拉床	键槽、轴瓦及螺纹拉床	其他拉床
锯床 C				砂轮片锯床		卧式带锯床	立式带锯床	圆锯床	弓锯床	锉锯床	
其他机床 Q		其他仪表机床	管子加工机床	木螺钉加工机		刻线机	切断机	多功能机床			

（2）机床的通用特性、结构特性代号

这两种特性代号位于类代号之后，用大写的汉语拼音字母表示，当型号中有通用特性代号时，结构特性代号应排在通用特性代号之后。

当某类型机床除有普通型外，还有某种通用特性时，则在类代号之后加上相应的通用特性代号。当某类机床仅有某种通用特性而无普通型时，则通用特性不必表示。机床的通用特性代号见表3-3。当在一个型号中同时有2~3个通用特性代号时，一般按重要程度的顺序排列，如"MBG"表示半自动高精度磨床。

表3-3　机床通用特性代号

通用特性	高精度	精密	自动	半自动	数控	加工中心（自动换刀）	仿形	轻型	加重型	简式或经济型	柔性加工单元	数显	高速
代号	G	M	Z	B	K	H	F	Q	C	J	R	X	S
读音	高	密	自	半	控	换	仿	轻	重	简	柔	显	速

结构特性代号与通用特性代号不同，在型号中没有统一的含义。在同类机床中，对主参数相同而结构、性能不同的机床，为区分其结构、性能，在型号中加结构特性代号予以区分。为避免混淆，结构特性代号不能使用通用特性代号已用的字母及"I""O"两个字母，当单个字母不够用时，可将多个字母组合起来使用。

（3）机床主参数、设计顺序号和第二主参数代号

机床主参数代表机床规格的大小，直接反映机床的加工能力，用折算值（主参数乘以折算系数，各类主要机床的主参数及折算系数见表3-4。折算系数，一般长度采用1/100，直径、宽度则采用1/10，也有少数是1）表示，一般取两位数字，位于系代号之后。

表3-4　各类主要机床的主参数和折算系数

机床	主参数名称	主参数折算系数	第二主参数
卧式车床	床身上最大回转直径	1/10	最大工件长度
立式车床	最大车削直径	1/100	最大工件高度
摇臂钻床	最大钻孔直径	1/1	最大跨距
卧式镗铣床	镗轴直径	1/10	—
坐标镗床	工作台面宽度	1/10	工作台面长度
外圆磨床	最大磨削直径	1/10	最大磨削长度
内圆磨床	最大磨削孔径	1/10	最大磨削深度
矩台平面磨床	工作台面宽度	1/10	工作台面长度
齿轮加工机床	最大工件直径	1/10	最大模数
龙门铣床	工作台面宽度	1/100	工作台面长度
升降台铣床	工作台面宽度	1/10	工作台面长度
龙门刨床	最大刨削宽度	1/100	最大刨削长度
插床及牛头刨床	最大插削及刨削长度	1/10	—
拉床	额定拉力（吨）	1/1	最大行程

某些通用机床，当无法用一个主参数表示时，则在型号中用设计顺序号表示，设计顺序号由 01 开始编号。

第二主参数一般是指主轴数、最大跨距、最大工件长度、工作台工作面长度等，可更完整地表示出机床的工作能力和加工范围。第二主参数也用折算值表示。

（4）机床的重大改进序号

当机床的性能和结构布局有重大改进并按新产品重新设计、试制和鉴定时，按其改进的先后顺序在型号基本部分的尾部加 A、B、C、D 等汉语拼音字母（但 I、O 两个字母不得选用），以区别原机床型号。

（5）其他特性代号及企业代号

其他特性代号及企业代号参见相关文献。

通用机床型号的编制示例：

CM1107：最大加工棒料直径为 7 mm 的精密单轴纵切自动车床。

Y3150E：最大加工齿坯直径为 500 mm 经第 5 次重大改进的滚齿机。

2. 专用机床型号编制方法

专用机床的型号一般由设计单位代号和设计顺序号组成，其表示方法如图 3 – 10 所示。

设计顺序号（阿拉伯数字）
设计单位代号

图 3 – 10 专用机床的型号编制方法

（1）设计单位代号

设计单位代号包括机床生产厂和机床研究单位代号，位于型号之首。

（2）设计顺序号

设计顺序号按该单位设计专用机床的先后顺序，从"001"开始排列，位于设计单位代号之后，并用"–"隔开，读作"至"。例如，北京第一机床厂设计制造的第 100 种专用机床为专用铣床，其型号为 B1 – 100。

提要：我国的机床型号编制方法，自 1957 年第一次颁布以来，随着机床工业的发展，曾经历过 1959 年、1963 年、1971 年、1976 年、1985 年、1994 年等多次的修订和补充，现行的是 GB/T 15375—2008《金属切削机床型号编制方法》。目前工厂中使用和生产的机床，有相当一部分是按照以前的规定编制的，这些型号的含义可参阅以前历次颁布的标准。

第二节 车削与车床

一、车削概要

车削加工是机械加工中应用最为广泛的方法之一，是被加工工件边回转边被切削的一种加工方法，主要用于加工回转体零件，切削过程比较平稳，使用刀具较简单。车削加工精度一般为 IT8 ~ IT7，表面粗糙度 Ra 为 6.3 ~ 1.6 μm，精车时，可达 IT6 ~ IT5，表面粗糙度 Ra

为 0.8 ~ 0.4 μm。车削加工是一种通用性极强的零件加工方法，可加工圆柱面、圆锥面、回转体成形面、螺纹面、环形面，还可进行钻孔、扩孔、铰孔、滚花、切槽、切断等工作，如图 3 - 11 所示。

图 3 - 11　车削加工可获得的形状

（a）钻中心孔；（b）钻孔；（c）扩孔；（d）铰孔；（e）车锥孔；（f）车端面；（g）切断（槽）；（h）车螺纹；（i）滚花；（j）斜向车锥面；（k）车锥面；（l）车外圆；（m）车成形面；（n）攻丝；（o）倒角（车外圆）

车削时需完成如下表面成形运动：

主运动：工件的旋转运动，其转速常以 n（r/min）表示。

进给运动：刀具移动实现车床的进给运动。刀具可做平行于工件旋转轴线的纵向进给运动或做垂直于工件旋转轴线的横向进给运动，刀具也可做与工件旋转轴线成一定角度的斜向运动或做曲线运动等，常以 f（mm/r）来表示其进给量的大小。

注意： 在车圆柱面时，工件的旋转和刀具的纵向移动分别是两个成形运动，而车螺纹时，工件的旋转和刀具的纵向移动是一个复合的成形运动。

二、卧式车床

在一般机械制造工厂中，车床是使用最广泛的一类机床，在金属切削机床中所占的比例也最多，大约占机床总数的 20% ~ 35% 。

1. 车床的类型

车床的种类很多，按其用途和结构特征的不同，主要分为：卧式及落地车床、立式车床、转塔（六角）车床、单轴自动和半自动车床、多轴自动和半自动车床、仿形及多刀车床、专门化车床（如凸轮轴车床、铲齿车床）等。在大批大量生产中，还使用各种专用车床。近年来，各类数控车床及车削中心也在越来越多地投入使用。

在所有各类车床中，卧式车床的应用最普遍，工艺范围也很广。其中，CA6140 型是比较典型的普通卧式车床，现以它为例进行介绍。

2. CA6140 型卧式车床

CA6140 型卧式车床的通用性强，但结构复杂而且自动化程度低，适用于单件、小批生产及修理车间。

（1）CA6140 型卧式车床的组成部件

CA6140 型卧式车床的加工对象主要是轴类零件和直径不太大的盘类零件，图 3 – 12 所示为其外形，它的主要组成部件及功用如下：

图 3 – 12　CA6140 型普通卧式车床外形

1—主轴箱；2—刀架；3—尾座；4—床身；5—右床腿；6—光杠；7—丝杠；
8—溜板箱；9—左床腿；10—进给箱；11—挂轮变换机构

①主轴箱。主轴箱 1 又称床头箱，固定在床身 4 的左上端，内部装有主轴及其变速传动机构，利用卡盘等夹具将工件安装在主轴前端。主轴箱的功用是支承主轴并把动力经主轴箱内的变速机构传给主轴，使主轴带动工件按规定的转速旋转，以实现主运动，包括实现车床的启动、停止、变速和换向等。

②刀架。刀架 2 的功用是装夹车刀，并带动刀具一起沿床身 4 的刀架导轨做纵向、横向或斜向进给运动。

③尾座（尾架）。尾座（尾架）3 安装在床身 4 右端的尾座导轨面上，可沿导轨纵向调整位置，其主要功用是用后顶尖支承细长工件，或装上钻头、铰刀等孔加工工具可实现在车床上钻孔、扩孔、铰孔和攻螺纹等加工。

④床身。床身 4 装在左右床腿 9 和 5 上，共同构成了车床的基础，其主要功用是安装车床的各个主要部件，使它们在工作时保持准确的相对位置或运动轨迹。

⑤进给箱。进给箱 10 又称走刀箱，固定在床身 4 的左前侧。进给箱中装有进给运动的变速机构，运动再通过光杠 6 或丝杠 7 传出，其主要功用是通过调整其变速机构，改变机动进给量或改变所加工螺纹的种类及导程。

⑥溜板箱。溜板箱 8 装在床身 4 的前侧面，与刀架 2 下面的纵向溜板相连。其功用是把进给箱 10 传来的运动传递给刀架，使刀架实现纵向和横向进给，也可实现快速移动或车螺纹。

此外，在床身 4 的左侧还装有挂轮变速机构 11，调整很方便。其主要功用是通过调整挂轮，得到一些特殊因子，以满足车削不同螺纹的需要。

总结：CA6140型卧式车床的组成可用"三箱两架一床身，两腿两杠一挂轮"来形象地加以描述。

（2）CA6140型卧式车床的主要技术性能

床身上最大工件回转直径：	400 mm
最大工件长度：	750，1 000，1 500，2 000 mm
刀架上最大工件回转直径：	210 mm

主轴转速：正转　24级　　　　　　　　　　　　　　　　　　10 ~ 1 400 r/min

反转　12级　　　　　　　　　　　　　　　　　　14 ~ 1 580 r/min

进给量：纵向　64级　　　　　　　　　　　　　　　0.028 ~ 6.330 mm/r

横向　64级　　　　　　　　　　　　　　　0.014 ~ 3.160 mm/r

车削螺纹范围：米制螺纹　　44种　　　　　　　　　　　$P = 1 ~ 192$ mm

英制螺纹　　20种　　　　　　　　　　　$\alpha = 2 ~ 24$ 牙/in

模数螺纹　　39种　　　　　　　　　　　$m = 0.25 ~ 48$ mm

径节螺纹　　37种　　　　　　　　　　　$DP = 1 ~ 96$ 牙/in

主电动机功率和转速：　　　　　　　　　　　　　　　7.5 kW，1 450 r/min

机床轮廓尺寸（长×宽×高）　　　　　　　2 668 mm×1 000 mm×1 267 mm

（3）CA6140型卧式车床的传动系统

卧式车床为了加工出所需的表面，传动系统需要具备以下传动链：主运动传动链以实现工件的旋转主运动，车螺纹传动链以实现螺纹进给运动，机动进给运动传动链以实现纵向、横向进给运动。此外，为了节省辅助时间和减轻工人劳动强度，CA6140型卧式车床还有一条快速空行程传动链，加工中可使刀架实现纵、横向的机动快速移动。CA6140型卧式车床的传动系统如图3-13所示。

分析机床传动系统图时，首先要确定机床的传动链数；接着在分析各传动链时，找出传动的链的始端件和末端件，研究从始端件至末端件之间的各传动轴间的传动方式及传动比，研究各轴上的传动元件数量、类型以及它与传动轴之间的连接关系，即采取"找两头，连中间"的分析方式；最后列出传动路线的表达式及运动平衡式。

下面逐一分析CA6140型卧式车床的各条传动链。

①主运动传动链。主运动传动链的两端件分别是主电动机与主轴，它的功用是把动力源（电动机）的运动及动力传给主轴，使主轴带动工件旋转实现主运动，并满足主轴变速和换向的要求。

主运动的传动路线从电动机开始，经V带轮传动副传至主轴箱中的轴 I。轴 I 上装有一个双向多片摩擦离合器 M_1，M_1 的功用是控制主轴Ⅵ的起动、停止及换向。离合器左半部接合时，轴 I 的运动经齿轮副 $\frac{56}{38}$ 或 $\frac{51}{43}$ 传给轴Ⅱ，主轴正转；右半部接合时，经齿轮50、轴Ⅶ上的空套齿轮34传给轴Ⅱ上的固定齿轮30，这时轴 I 至轴Ⅱ之间多了一个中间齿轮34，故轴Ⅱ的转向与经 M_1 左部传动时相反，主轴反转；左右都不接合时，轴 I 空转，主轴停止转动。轴 I 运动经 $M_1 →$ 轴Ⅱ→轴Ⅲ，然后分成两条路线传给主轴：当主轴Ⅵ上的滑移齿轮（$z = 50$）移至左边脱开位置时，运动从轴Ⅲ经齿轮副63/50直接传给主轴Ⅵ，使主轴得到高转速；当主轴Ⅵ上的滑移齿轮（$z=50$）向右移，使齿轮式离合器 M_2 接合时，运动经轴Ⅲ→Ⅳ→Ⅴ传给主轴Ⅵ，使主轴获得中、低转速。主运动传动路线表达如下：

图 3－13　CA6140 型卧式车床的传动系统

$$\text{电动机} - \frac{\phi130}{\phi230} - I - \begin{cases} M_1 \, \text{左（正转）} - \begin{cases} \dfrac{56}{38} \\[2mm] \dfrac{51}{43} \end{cases} \\[6mm] M_1 \, \text{右（反转）} - \dfrac{50}{34} - VII - \dfrac{34}{30} \end{cases} - II - \begin{cases} \dfrac{39}{41} \\[2mm] \dfrac{30}{50} \\[2mm] \dfrac{22}{58} \end{cases}$$

$$III - \begin{cases} \begin{Bmatrix} \dfrac{20}{80} \\[2mm] \dfrac{50}{50} \end{Bmatrix} - IV - \begin{cases} \dfrac{20}{80} \\[2mm] \dfrac{51}{50} \end{cases} - V - M_2 \\[10mm] \dfrac{63}{50} \end{cases} - VI \,\text{（主轴）}$$

　　根据传动系统图和传动路线表达式，当主轴正转时，轴Ⅱ上的双联滑移齿轮可有左右两种啮合位置，分别经 56/38 或 51/43 使轴Ⅱ获得两种速度。其中的每种转速经轴Ⅲ的三联滑移齿轮 39/41 或 30/50 或 22/58 的齿轮啮合，使轴Ⅲ获得 3 种转速，因此轴Ⅱ的两种转速可使轴Ⅲ获得 $2\times3=6$ 种转速。经高速分支传动路线时，由齿轮副 63/50 使主轴Ⅵ获得 6 种高转速。经低速分支传动路线时，轴Ⅲ的 6 种转速经轴Ⅳ上的两对双联滑移齿轮，使主轴得到 $6\times2\times2=24$ 种低转速。主轴似可获得 30 级转速，但由于轴Ⅲ→Ⅳ→Ⅴ间的传动比为

$$u_1 = \frac{50}{50} \times \frac{51}{50} \approx 1, \quad u_2 = \frac{50}{50} \times \frac{20}{80} = \frac{1}{4}, \quad u_3 = \frac{20}{80} \times \frac{51}{50} \approx \frac{1}{4}, \quad u_4 = \frac{20}{80} \times \frac{20}{80} = \frac{1}{16}$$

其中 u_2、u_3 基本相等，因此经低速传动路线时，主轴 VI 获得的实际只有 $6 \times (4-1) = 18$ 级转速，其中有 6 种重复转速，再加上经高速分支传动路线时的 6 种高转速，主轴正转只能获得 24 级不同转速。

同理，主轴反转时也只能获得 $3 + 3 \times (2 \times 2 - 1) = 12$ 级转速。

主轴的转速可按下列运动平衡式计算：

$$n_\text{主} = n_\text{电} \times \frac{130}{230} \times (1 - \varepsilon) u_{\text{I-II}} \times u_{\text{II-III}} \times u_{\text{III-VI}} \tag{3-1}$$

式中　ε——V 带轮的滑动系数，可取 $\varepsilon = 0.02$；

　　　$u_{\text{I-II}}$——轴 I 和轴 II 间的可变传动比，其余类推。

主轴的各级转速可根据各滑移齿轮的啮合状态求得，如图 3-13 中所示的齿轮啮合情况（离合器 M_2 拨向左侧），主轴的转速为

$$n_\text{主} = 1\,450 \times \frac{130}{230} \times (1 - 0.02) \times \frac{51}{43} \times \frac{22}{58} \times \frac{63}{50} \approx 450 \ \text{r/min}$$

主轴反转时，轴 I-II 之间的传动比大于正转时的传动比，故在其余条件相同时，反转时的转速要高于正转时的转速。主轴反转通常不是用于切削，而是主要用于车螺纹过程中，在不断开主轴和刀架间内联系传动的情况下，使刀架退回到起始位置以节省辅助时间。

②车螺纹传动链。CA6140 型卧式车床能车削米制、英制、模数制及径节制 4 种标准螺纹；此外，还可以车削加大螺距、非标准螺距及较精密的螺纹；这些螺纹可以是右旋的，也可以是左旋的。

车削螺纹时，需要在加工中形成母线（螺纹面形）和导线（螺旋线）。母线由螺纹车刀采用成形法形成，不需成形运动；螺旋线导线由轨迹法形成，需要一个复合的成形运动。车螺纹传动链的始末两端件分别是主轴和刀架，为了形成一定导程的螺旋线，主轴与刀架之间必须保持严格的传动比关系，即主轴每转一周，刀架应均匀地移动一个导程 P。根据这个相对运动关系，可列出车螺纹时的运动平衡式

$$1_{(\text{主轴})} \times u \times P_\text{s} = P \tag{3-2}$$

式中　u——从主轴到丝杠之间全部传动副的总传动比；

　　　P_s——机床丝杠的导程，mm，CA6140 型车床 $P_\text{s} = 12$ mm；

　　　P——被加工工件的导程，mm。

不同的螺纹用不同的螺纹参数表示螺距大小，表 3-5 列出了 4 种标准螺纹的螺距参数及其与螺距、导程之间的换算关系。

表 3-5　标准螺纹的螺距参数及其与螺距、导程的换算关系

螺纹种类	螺距参数	螺距/mm	导程/mm
米制	螺距 P/mm	P	$S = kP$
模数制	模数 m/mm	$P_m = \pi m$	$S_m = kP_m = k\pi m$
英制	每英寸牙数 a/（牙·in^{-1}）	$P_a = \dfrac{25.4}{a}$	$S_a = kP_a = \dfrac{25.4k}{a}$
径节制	径节 DP/（牙·in^{-1}）	$P_{DP} = \dfrac{25.4}{DP}\pi$	$S_{DP} = kP_{DP} = \dfrac{25.4k}{DP}\pi$

注：k 为螺纹线数。

a. 车削米制螺纹。米制螺纹是我国常用的螺纹，国家标准中已规定了其标准螺距值。米制螺纹标准螺距值的特点是按分段等差数列规律排列（见表 3-6），故要求车螺纹传动链的变速机构能按分段等差数列的规律变换其传动比，此要求可通过适当调整进给箱中的变速机构来实现。

表 3-6　CA6140 型普通车床米制螺纹导程　　　　　　　　　　　　mm

导程 P ＼ 基本组 u_j ＼ 增倍组 u_b	$\dfrac{26}{28}$	$\dfrac{28}{28}$	$\dfrac{32}{28}$	$\dfrac{36}{28}$	$\dfrac{19}{14}$	$\dfrac{20}{14}$	$\dfrac{33}{21}$	$\dfrac{36}{21}$
$u_{b1}=\dfrac{18}{45}\times\dfrac{15}{48}=\dfrac{1}{8}$	-	-	1	-	-	1.25	-	1.5
$u_{b2}=\dfrac{28}{35}\times\dfrac{15}{48}=\dfrac{1}{4}$	-	1.75	2	2.25	-	2.5	-	3
$u_{b3}=\dfrac{18}{45}\times\dfrac{35}{28}=\dfrac{1}{2}$	-	3.5	4	4.5	-	5	5.5	6
$u_{b4}=\dfrac{28}{35}\times\dfrac{35}{28}=1$	-	7	8	9	-	10	11	12

车削米制螺纹时，进给箱中的齿式离合器 M_3 和 M_4 脱开，$M5$ 接合。此时，运动由主轴 Ⅵ 经齿轮副 58/58、轴 Ⅸ 至轴 Ⅺ 间的左右螺纹换向机构，（车右螺纹时经 33/33，车左螺纹时经 33/25×25/33）、挂轮 63/100×100/75 传至进给箱的轴 Ⅻ；然后由移换机构的齿轮副 25/36 传至轴 ⅩⅢ，经两轴滑移变速机构的齿轮副（基本螺距机构）传至轴 ⅩⅣ；再由移换机构的齿轮副 25/36×36/25 传至轴 ⅩⅤ；接下去再经过轴 ⅩⅤ 与轴 ⅩⅦ 间的两组滑移变速机构（增倍机构）传至轴 ⅩⅦ；最后由齿式离合器 M_5 传至丝杠 ⅩⅧ。合上溜板箱中的开合螺母，使其与丝杠啮合，带动刀架纵向运动，完成米制螺纹的加工。

车削米制螺纹时的传动路线表达式如下：

$$主轴 Ⅵ — \frac{58}{58} — Ⅸ — \begin{cases} \dfrac{33}{33}（右螺纹） \\ \dfrac{33}{25} Ⅺ — \dfrac{25}{33}（左螺纹） \end{cases} — Ⅹ — \frac{63}{100}\times\frac{100}{75} — Ⅻ — \frac{25}{36} — ⅩⅢ —$$

$$u_j — ⅩⅣ — \frac{36}{25}\times\frac{25}{36} — ⅩⅤ — u_b — ⅩⅦ — M_5（啮合） — ⅩⅧ（丝杠） — 刀架$$

u_j 为轴 ⅩⅢ - ⅩⅣ 间双轴滑移齿轮变速机构的可变传动比，共有 8 种：

$$u_{j1}=\frac{26}{28}=\frac{6.5}{7} \qquad u_{j2}=\frac{28}{28}=\frac{7}{7} \qquad u_{j3}=\frac{32}{28}=\frac{8}{7} \qquad u_{j4}=\frac{36}{28}=\frac{9}{7}$$

$$u_{j5}=\frac{19}{14}=\frac{9.5}{7} \qquad u_{j6}=\frac{20}{14}=\frac{10}{7} \qquad u_{j7}=\frac{33}{21}=\frac{11}{7} \qquad u_{j8}=\frac{36}{21}=\frac{12}{7}$$

它们近似按等差数列的规律排列，轴 ⅩⅢ - ⅩⅣ 间的变速机构是获得各种螺纹导程的基本机构，故通常称其为基本螺距机构，或称基本组。

u_b 为轴 XV — XVII 间三轴滑移齿轮机构的可变传动比，共有 4 种：

$$u_{b1} = \frac{18}{45} \times \frac{15}{48} = \frac{1}{8} \qquad\qquad u_{b2} = \frac{28}{35} \times \frac{15}{48} = \frac{1}{4}$$

$$u_{b3} = \frac{18}{45} \times \frac{35}{28} = \frac{1}{2} \qquad\qquad u_{b4} = \frac{28}{35} \times \frac{35}{28} = 1$$

它们按倍数关系排列，改变 u_b 的值，可将基本组的传动比成倍地增加或缩小，这个变速机构用于扩大车削螺纹导程的种数，通常称其为增倍机构，或简称增倍组。

由传动系统图和传动路线表达式，即可列出车削米制螺纹的运动平衡式，即

$$P = 1_{(主轴)} \times \frac{58}{58} \times \frac{33}{33} \times \frac{63}{100} \times \frac{100}{75} \times \frac{25}{36} \times u_j \times \frac{25}{36} \times \frac{36}{25} \times u_b \times 12 \text{ mm} \qquad (3-3)$$

式中 u_j、u_b——基本变速组传动比和增倍变速组传动比。

将式（3-3）化简可得

$$P = 7u_j u_b \qquad\qquad (3-4)$$

把 u_j、u_b 的值代入式（3-4），得到 $8 \times 4 = 32$ 种导程值，其中符合标准的有 20 种，见表 3-6。

b. 车削英制螺纹。英制螺纹在英、美等采用英寸制的国家中应用较广泛，我国部分管螺纹也采用英制螺纹。英制螺纹以每英寸长度上的螺纹扣数 a（扣/in）表示，因此，英制螺纹的导程 $P_a = 1/a$（in）为

$$P_a = \frac{k}{a} \text{ in} = \frac{25.4k}{a} \text{ mm}$$

标准的螺纹扣数 a 也按分段等差数列的规律排列，所以英制螺纹的导程是分段调和数列（分母为分段等差数列）。此外，将以英寸为单位的导程值换算成以毫米为单位的导程值时，数值中出现了特殊因子 25.4。因此，要车削各种英制螺纹，需要对米制螺纹的传动路线做如下变动：首先将基本组两轴的主、被动关系对调，使轴 XIV 变成主动轴，轴 XIII 变成被动轴，这样可得 8 个按调和数列排列的传动比值；其次，改变传动链中部分传动副的传动比，在传动链中要能够产生特殊因子 25.4。

为此，将进给箱中的离合器 M_3 和 M_5 接合，M_4 脱开，挂轮用 $63/100 \times 100/75$，同时轴 XV 左端的滑移齿轮 Z_{25} 左移，与固定在轴 XIII 上的齿轮 Z_{36} 啮合。运动由轴 XII 经 M_3 先传到轴 XIV，然后传至轴 XIII，再经齿轮副 $36/25$ 传至轴 XV，从而使基本组的运动方向刚好与车削米制螺纹时相反，同时轴 XII 与轴 XV 之间定比传动机构的传动比也由 $25/36 \times 36/25$ 变为 $36/25$，其余部分传动路线与车削米制螺纹时相同，此时传动链的传动路线表达式如下：

$$
\text{主轴 IV} - \frac{58}{58} - \text{IV} - \left[\begin{array}{c} \frac{33}{33} \\ (右旋螺纹) \\ \frac{33}{25} \times \frac{25}{33} \\ (左旋螺纹) \end{array}\right] - \text{XI} - \left[\begin{array}{c} \frac{63}{100} \times \frac{100}{75} \\ (英制螺纹) \\ \frac{64}{100} \times \frac{100}{97} \\ (径节螺纹) \end{array}\right] - \text{XII} - M_3 -
$$

$$
- \text{XIV} - \frac{1}{u_j} - \text{XIII} - \frac{36}{25} \text{XV} - u_b - \text{XVII} - M_5 - \text{XVIII（丝杠）} - 刀架
$$

其运动平衡式为

$$P_a = 1_{(主轴)} \times \frac{58}{58} \times \frac{33}{33} \times \frac{63}{100} \times \frac{100}{75} \times \frac{1}{u_j} \times \frac{36}{25} \times u_b \times 12$$

$$= \frac{4}{7} \times 25.4 \times \frac{1}{u_j} \times u_b \qquad (3-5)$$

其中，$\frac{63}{100} \times \frac{100}{75} \times \frac{36}{25} \approx \frac{25.4}{21}$，再将 $P_a = \frac{25.4k}{a}$ 代入式（3-5）得

$$a = \frac{7}{4} \times \frac{u_j}{u_b} \qquad 扣/in \qquad (3-6)$$

变换 u_j、u_b 的值，就可得到各种标准的英制螺纹。

c. 车削模数螺纹。模数螺纹主要用在米制蜗杆中，螺距参数为模数 m，国家标准规定的标准模数 m 值也是分段等差数列。与米制螺纹不同的是，在模数螺纹导程中，$P_m = k\pi m$ 含有特殊因子 π，故要求在运动平衡式传动链传动比中也应包含特殊因子 π，因此车削模数螺纹时所用的交换齿轮与车削米制螺纹时不同，需用 $\frac{64}{100} \times \frac{100}{97}$ 来代替 $\frac{63}{100} \times \frac{100}{75}$ 引入常数 π，其余部分的传动路线与车削米制螺纹的传动路线基本相同。其运动平衡式为

$$P_m = 1_{(主轴)} \times \frac{58}{58} \times \frac{33}{33} \times \frac{64}{100} \times \frac{100}{97} \times \frac{25}{36} \times u_j \times \frac{25}{36} \times \frac{36}{25} \times u_b \times 12 \qquad (3-7)$$

式（3-7）中 $\frac{64}{100} \times \frac{100}{97} \times \frac{25}{36} \approx \frac{7\pi}{48}$，其绝对误差为 0.000 04，相对误差为 0.000 09，这种误差很小，一般可以忽略。将运动平衡方程式整理后得

$$m = \frac{7}{4k} u_j u_b \qquad (3-8)$$

变换 u_j、u_b 的值，就可得到各种不同模数的螺纹。

d. 车削径节螺纹。径节螺纹主要用于英制蜗杆，同英制蜗轮相配合，其螺距参数为径节，用 DP 表示。其定义为：对于英制蜗轮，将其总齿数折算到每一英寸分度圆直径上所得的齿数值，称为径节。根据径节的定义可得蜗轮齿距 p 为：

$$p = \frac{\pi D}{z} = \frac{\pi}{\frac{z}{D}} = \frac{\pi}{DP} \qquad in \qquad (3-9)$$

式中　p——蜗轮齿距；

　　　z——蜗轮的齿数；

　　　D——蜗轮的分度圆直径，in。

只有英制蜗杆的轴向齿距 P_{DP} 与蜗轮齿距 π/DP 相等才能正确啮合，而径节制螺纹的导程为英制蜗杆的轴向齿距，即

$$P_{DP} = \frac{k\pi}{DP} \quad in = \frac{25.4k\pi}{DP} \quad mm \qquad (3-10)$$

标准径节的数列也是分段等差数列，而螺距和导程的数列则是分段调和数列，螺距和导程值中有特殊因子 25.4，这些都和英制螺纹类似，可采用英制螺纹的传动路线；另外螺距和导程值中有特殊因子 π，这又和模数螺纹相同，挂轮需换为 $\frac{64}{100} \times \frac{100}{97}$，其运动平衡式为

$$P_{DP} = 1_{(主轴)} \times \frac{58}{58} \times \frac{33}{33} \times \frac{64}{100} \times \frac{100}{97} \times \frac{1}{u_j} \times \frac{36}{25} \times u_b \times 12 \qquad (3-11)$$

式（3-11）中 $\frac{64}{100} \times \frac{100}{97} \times \frac{36}{25} \approx \frac{25.4\pi}{84}$，化简后得

$$DP = 7k \frac{u_j}{u_b} \qquad (3-12)$$

变换 u_j、u_b 的值，可得常用的 24 种螺纹径节。

e. 车削大导程螺纹。从表 3-6 可以看出，车米制螺纹的传动路线能加工的最大螺纹导程是 12 mm。如果需车削导程大于 12 mm 的米制螺纹，应采用扩大导程传动路线。这时，主轴Ⅵ的运动（此时 M_2 接合，主轴处于低速状态）经斜齿轮传动副 58/26 到轴Ⅴ，再经背轮机构 80/20 与 80/20（或 50/50）传至轴Ⅲ，最后经 44/44、26/58（轴Ⅸ滑移齿轮 z_{58} 处于右位与轴Ⅷ z_{26} 啮合）传到轴Ⅸ，其传动路线表达式为：

$$\text{主轴Ⅵ} - \begin{cases} (\text{扩大导程}) \dfrac{58}{26} - \text{Ⅴ} - \dfrac{80}{20} - \text{Ⅳ} - \begin{cases} \dfrac{50}{50} \\ \dfrac{80}{20} \end{cases} - \text{Ⅲ} - \dfrac{44}{44} \times \dfrac{26}{58} \\ (\text{正常导程}) \quad\rule{4cm}{0.4pt}\quad \dfrac{58}{58} \end{cases} - \text{Ⅸ} - \begin{matrix} (\text{接正常导程}\\ \text{传动路线}) \end{matrix}$$

从传动路线表达式可知，扩大螺纹导程时，主轴Ⅵ到轴Ⅸ的传动比为

当主轴转速为 40 ~ 125 r/min 时，$u_1 = \dfrac{58}{26} \times \dfrac{80}{20} \times \dfrac{50}{50} \times \dfrac{44}{44} \times \dfrac{26}{58} = 4$

当主轴转速为 10 ~ 32 r/min 时，$u_2 = \dfrac{58}{26} \times \dfrac{80}{20} \times \dfrac{80}{20} \times \dfrac{44}{44} \times \dfrac{26}{58} = 16$

而正常螺纹导程时，主轴Ⅵ到轴Ⅸ的传动比为

$$u = \frac{58}{58} = 1$$

所以，通过扩大导程传动路线可将正常螺纹导程扩大 4 倍或 16 倍。CA6140 型卧式车床车削大导程米制螺纹时，最大螺纹导程为 $P_{max} = 12 \times 16 \text{ mm} = 192 \text{ mm}$。

同样，采用扩大导程传动路线也可车削大导程的英制螺纹、模数螺纹和径节螺纹。

注意： 扩大螺距机构的传动齿轮就是主运动的传动齿轮，所以，只有主轴上的 M_2 合上，即主轴处于低速状态时，用扩大螺距机构才能车削大导程螺纹。当主轴转速确定后，这时导程可能扩大的倍数也就确定了。当主轴转速为 40 ~ 125 r/min 时，导程可以扩大 4 倍；主轴转速为 10 ~ 32 r/min 时，导程可以扩大 16 倍。大导程螺纹只能在主轴低转速时车削，这也符合工艺上的需要。

f. 车削非标准螺纹和精密螺纹。当需要车削非标准螺纹，用进给箱中的变速机构无法得到所要求的螺纹导程，或者虽是标准螺纹，但精度要求较高时，可将进给箱中的齿式离合器 M_3、M_4 和 M_5 全部接合，使轴Ⅻ、ⅩⅣ、ⅩⅢ、ⅩⅧ连成一体，运动从轴Ⅻ直接传到丝杠ⅩⅧ，被加工螺纹的导程 $P_{工}$ 依靠调整挂轮的传动比 $u_{挂}$ 来实现。其运动平衡式为：

$$P_{工} = 1_{(主轴)} \times \frac{58}{58} \times \frac{33}{33} \times u_{挂} \times 12 \quad \text{mm} \qquad (3-13)$$

所以，挂轮的换置公式为

$$u_{挂} = \frac{a}{b} \times \frac{c}{d} = \frac{P_{工}}{12} \qquad\qquad (3-14)$$

适当地选择挂轮 a、b、c 及 d 的齿数，就可车出所需要的非标准螺纹。同时，由于螺纹传动链不再经过进给箱中任何齿轮传动，主轴至丝杠的传动路线大为缩短，减少了传动件制造和装配误差对被加工螺纹导程的影响，加工精度提高，若选择高精度的齿轮作挂轮，则可加工精密螺纹。

3. 机动进给运动传动链

进给运动传动链的两端件也是主轴和刀架，主要用来加工圆柱面和端面。为了减少螺纹传动链丝杠及开合螺母磨损，保证螺纹传动链的精度，机动进给是由光杠经溜板箱传动的。

这条传动链从主轴Ⅵ到轴ⅩⅦ之间的传动路线，与车削螺纹的传动路线相同。其后，将进给箱中的离合器 M_5 脱开，使轴ⅩⅧ的齿轮 z_{28} 与轴ⅩⅨ左端的 z_{56} 相啮合，运动由进给箱传至光杠ⅩⅨ，再经溜板箱中的传动机构分别传至齿轮齿条机构和横向进给丝杠ⅩⅩⅦ，使刀架做纵向和横向机动进给运动，其传动路线表达式为

$$主轴（Ⅵ）-\begin{bmatrix} 米制螺纹传动路线 \\ 英制螺纹传动路线 \end{bmatrix}-ⅩⅦ-\frac{28}{56}-ⅩⅨ（光杠）-\frac{36}{32}\times\frac{32}{56}-$$

$$M_6（超越离合器）-M_7（安全离合器）-ⅩⅩ-\frac{4}{29}-ⅩⅪ-$$

$$\begin{bmatrix} \frac{40}{48}-M_8\uparrow \\ \frac{40}{30}\times\frac{30}{48}-M_8\downarrow \end{bmatrix}-ⅩⅫ-\frac{28}{80}-ⅩⅩⅢ-z_{12}-齿条$$

$$\begin{bmatrix} \frac{40}{48}-M_9\uparrow \\ \frac{40}{30}\times\frac{30}{48}-M_9\downarrow \end{bmatrix}-ⅩⅩⅤ-\frac{48}{48}\times\frac{59}{18}-ⅩⅩⅦ（横向丝杠）$$

利用进给箱中的基本螺距机构和增倍机构，以及进给传动链的不同路线，可获得纵向机动进给量和横向进给量各 64 种。

当横向机动进给与纵向进给的传动路线一致时，所得到的横向进给量是纵向进给量的一半。

4. 快速运动传动链

按下快速移动按钮，快速电动机（0.25 kW，2800 r/min）经齿轮副 13/29 使轴ⅩⅩ，再经蜗杆蜗轮副 4/29 传至轴ⅩⅪ，然后沿与机动进给相同的传动路线，传至齿轮齿条机构或横向进给丝杠，使刀架实现纵向或横向的快速移动，其传动路线表达式为

$$快速移动电动机-\frac{13}{29}-ⅩⅩ-\frac{4}{29}-ⅩⅪ-\begin{Bmatrix} M_8\cdots\cdots纵向 \\ M_9\cdots\cdots横向 \end{Bmatrix}$$

当快速电动机旋转时，依靠在齿轮 56 与轴ⅩⅩ间安装的超越离合器 M_6，可不必脱开进给传动链，这是由于轴ⅩⅩ快速旋转时，M_6 使工作进给传动链自动断开，而当快速电动机

停转时，M_6 使工作进给传动链又自动重新接通。

三、其他车床

1. 立式车床

立式车床结构布局上的主要特点是主轴垂直布置，并有一个直径很大的圆形工作台，工作台台面处于水平位置，供安装工件之用，因此笨重工件的装夹和找正比较方便。由于工件及工作台的质量由床身导轨或推力轴承承受，大大减轻了主轴及其轴承的载荷，因此较易保证加工精度。立式车床主要用于加工径向尺寸大而轴向尺寸相对较小，且形状比较复杂的大型或重型零件，是汽轮机、水轮机、矿山冶金等重型机械制造厂不可缺少的加工设备。

立式车床分单立柱式〔见图 3 - 14（a）〕和双立柱式〔见图 3 - 14（b）〕两种，前者加工直径一般小于 1 600 mm，后者加工直径一般大于 2 000 mm。

（a）　　　　　　　　　　　　　　（b）

图 3 - 14　立式车床

（a）单立柱式；（b）双立柱式

1—底座；2—工作台；3—立柱；4—垂直刀架；5—横梁；6—垂直刀架进给箱；

7—侧刀架；8—侧刀架进给箱；9—顶梁

在图 3 - 14 中，立式车床的工作台 2 装在底座 1 的环形导轨上，工件装夹在工作台上并由工作台带动作旋转主运动。进给运动由垂直刀架 4 和侧刀架 7 实现。侧刀架 7 可在立柱 3 的导轨上移动做垂直进给，还可沿刀架滑座的导轨做横向进给。侧刀架可完成车外圆、切端面、切沟槽和倒角等工序。垂直刀架 4 可在横梁 5 的导轨上移动做横向进给以及沿其刀架滑座的导轨做垂直进给。刀架滑座可左右扳转一定角度，并带动刀架做斜向进给。因此，垂直刀架可完成车内外圆柱面、圆锥面，切端面及切沟槽等工序。在垂直刀架上还可装有一个五角形的转塔刀架，既可安装各种车刀完成上述工序，还可安装各种孔加工刀具进行钻、扩、铰等工序。

2. SG8630 型高精度丝杠车床

SG8630 型高精度丝杠车床是一种专用车床，结构布局与卧式车床相似，所不同的是取消了进给箱、光杠和溜板箱，简化了结构，联系主轴和刀架的螺纹进给传动链的传动比由挂轮保证，刀架由装在床身前后导轨之间的丝杠经螺母传动。

图 3 – 15 所示为 SG8630 型高精度丝杠车床的外形，其主要部件有挂轮变速机构 1、主轴箱 2、床身 3、刀架 4、丝杠 5 和尾架 6。为保证高的螺纹加工精度和小的表面粗糙度，SG8630 型高精度丝杠车床采取了多条有效措施，如螺纹进给传动链中只有两对挂轮（交换齿轮），缩短了传动链，传动结构简单、可靠，运转精度高，调速方便，减少了传动误差对螺距（导程）精度的影响；提高传动件（特别是丝杠和螺母）的制造精度；采用螺距校正装置，有效地提高了传动精度并保持良好的精度稳定性等。

图 3 – 15　SG8630 型高精度丝杠车床的外形

1—挂轮变速机构；2—主轴箱；3—床身；4—刀架；5—丝杠；6—尾架

SG8630 高精度丝杠车床主要用于精车高精度非淬硬精密丝杠螺纹，所加工的螺纹精度可达 6 级或更高，表面粗糙度 $Ra = 0.63 \sim 0.32\ \mu m$。

3. C1312 型单轴六角自动车床

自动机床是指那些在调整好后无须工人参与便能自动完成表面成形运动和辅助运动，并能自动地重复其工作循环的机床。若机床能自动完成预定的工作循环，但装卸工件仍由人工进行，这种机床称为半自动机床。

自动车床种类繁多，按自动化程度，可分为自动、半自动；按主轴数目，可分为单轴、多轴；按工艺特征，可分为纵切、横切；等等。

C1312 型单轴六角自动车床采用凸轮、挡块自动控制系统来实现机床的自动工作循环，工人调整好机床并启动之后，机床就能自动地加工零件。工人只需定期地装上棒料、观察机床的工作状态和定期抽查零件加工质量。

图 3 – 16 所示为 C1312 型单轴六角自动车床的外形。它由底座 1、床身 2、分配轴 3、主轴箱 4、回转刀架 8 和辅助轴 9 等部件组成。这种机床适于将冷拔棒料加工成所需的零件，棒料的截面形状可以是圆形、六角形、方形等。机床可完成车削外圆、成形回转体表面、切槽、倒角、滚花、车端面、钻孔、扩孔、铰孔，用丝锥或板牙加工螺纹、切断等工作。主轴箱 4 的右侧分别装有前刀架 5、立刀架 6、后刀架 7，它们各自独立地做径向、横向进给运动和快速移动，前、后刀架可完成相关的车削以及滚花等工作，立刀架用来进行最后的切断。床身 2 上部的右侧装有回转刀架 8，可沿床身导轨做快速移动和进给运动。回转刀架的圆周上有六个均布的刀具安装孔，通过辅具可分别装夹一组刀具，依次完成车外圆、钻孔、扩孔、铰孔、攻内螺纹、套外螺纹等工作。床身前面和右面装有两根等速旋转的分配轴 3，二者互相垂直，通过安装在轴上的凸轮和具有可调挡块的定时轮控制各部件的运动，以实现机床的自动工作循环。机床后面的辅助轴 9 上装有定转离合器，定转地接通各工作部件使它们完成一个辅助动作，如送夹料、主轴变速变向、回转刀架转位等。

图 3 – 16 C1312 型单轴六角自动车床的外形

1—底座；2—床身；3—分配轴；4—主轴箱；5—前刀架；6—立刀架；7—后刀架；8—回转刀架；9—辅助轴

C1312 型单轴六角自动车床加工棒料的最大直径为 $\phi12$ mm，最大送料长度为 60 mm，最大车削长度为 50 mm，钻孔最大直径为 $\phi8$ mm，高速钻孔最大直径为 $\phi4$ mm，最大加工螺纹为 M8，单件加工时间为 2～180 s。

第三节 铣削与铣床

一、铣削概要

铣削是利用旋转的多齿铣刀在沿各个方向相对工件移动的过程中，切除工件材料的一种加工方法。铣削应用比较广泛，主要适用于加工平面、台阶、沟槽、分齿零件上的齿槽和螺旋面及各种成形曲面等，铣削还可以和车削复合加工回转面。铣削所能达到的加工精度为 IT10～IT7，表面粗糙度 Ra 值为 6.3～1.6 μm。图 3 – 17 所示为一些典型的铣削加工方法。

铣削时需要完成如下表面成形运动：

1. 主运动

主运动是指铣刀绕自身轴线旋转的运动，其转速常以 n（r/min）表示。

2. 进给运动

进给运动是指工件安装在工作台上相对铣刀移动做的进给运动或铣刀移动做的进给运动（工件不动）。进给量的大小通常有三种表示方法：一是铣刀转一周过程中，工件在进给方向上与铣刀的相对位移，即进给量 f（mm/r）；二是因铣刀是多齿刀具，铣削时每转过一个刀齿，工件在进给方向上与铣刀的相对位移，即每齿进给量 f_z（mm/z）；三是单位时间内工件在进给方向上与铣刀的相对位移，即进给速度 v_f（mm/min）。进给运动的方向通常包含纵向、横向和高度等 3 个方向。

图 3-17 典型的铣削加工方法

（a），（b），（c）铣平面；（d），（e）铣沟槽；（f）铣台阶；（g）铣 T 形槽；

（h）切断；（i），（j）铣角度槽；（k），（l）铣键槽；（m）铣齿形；

（n）铣螺旋槽；（o）铣外曲面；（p）铣内腔曲面

近年来，高速切削特别是高速铣削因能显著提高加工效率、加工精度和加工表面质量，并能直接切削硬材料和复杂形状表面等而备受重视，已在生产中得到较为广泛的应用。高速铣削由于利用多轴联动、程序控制等多种先进技术，可实现斜向、曲线等复杂进给。

二、铣床

铣床由于使用旋转的多齿刀具同时切削工件表面，所以其生产率较高。但铣刀每个刀齿的切削过程断断续续，且每个刀齿的切削厚度在变化，导致切削力发生变化，容易引起机床振动，因此对铣床的刚度和抗振性有较高要求。

铣床有很多种类，主要有升降台铣床、龙门铣床、工具铣床、各种专门化铣床及数控铣床和铣削加工中心等，近年来高速铣床也有快速的发展。这里仅简单介绍升降台铣床和龙门铣床等几种常用的传统铣床。

1. 升降台铣床

升降台式铣床是使用较为广泛的铣床，其工作台安装在可垂直升降的升降台上，可随之在相互垂直的三个方向上调整位置或完成进给运动，加工范围灵活。升降台铣床又可分为卧式升降台铣床、万能升降台铣床、立式升降台铣床三大类。

（1）卧式升降台铣床

卧式升降台铣床简称卧铣，主轴水平布置，与工作台台面平行，它主要用于单件及成批生产中加工平面、沟槽和成形表面。图 3 - 18 所示为是常见的卧式升降台铣床的外形，它的各组成部分及功用如下：

图 3 - 18　卧式升降台铣床的外形

1—床身；2—横梁；3—主轴；4—刀杆支架；5—工作台；6—滑座；7—升降台；8—底座

①床身。床身 1 安装在底座 8 上，床身内装有主运动变速传动机构、主轴部件以及操纵机构等，用来安装和支承铣床各部分。

②横梁。横梁 2 装在床身 1 顶部的水平燕尾形导轨上，可沿主轴 3 的轴线方向调整其前后位置。横梁前端装有刀杆支架 4，用以支承刀杆的悬伸端，以减少刀杆的弯曲和颤动。

③主轴。主轴 3 是空心的，前端有锥孔以便安装刀杆锥柄，用来安装刀杆并带动铣刀旋转实现主运动。

④升降台。升降台 7 安装在床身 1 的垂直导轨上，可以上下（垂直）移动，从而调整工作台面到铣刀间的距离。升降台内装有进给运动变速传动机构以及操纵机构等。

⑤滑座。滑座（又叫床鞍）6 装在升降台 7 的水平导轨上，可沿平行于主轴轴线方向做横向进给运动。

⑥工作台。工作台 5 装在滑座 6 的导轨上，可沿垂直主轴轴线方向做纵向（水平）进给运动。

（2）万能升降台铣床

万能升降台铣床简称万能铣，结构与卧式升降台铣床基本相同，但在工作台 5 和滑座 6 之间增加了一转台，它可以相对滑座 6 在水平面内调整一定的角度（±45°偏转），因此可改变工作台的移动方向，以便加工斜槽、螺旋槽时做斜向进给。万能升降台铣床还可选配立式铣头，以扩大工艺范围。

（3）立式升降台铣床

立式升降台铣床简称立铣，与卧式升降台铣床的主要区别在于安装铣刀的机床主轴垂直于工作台台面，主要适用于单件及成批生产中加工平面、斜面、沟槽、台阶，若采用分度头或圆形工作台等附件，还可铣削离合器以及齿轮、凸轮等成形面和螺旋面等。

图 3-19 所示为常见的立式升降台铣床的外形，其工作台 5、滑座 6 和升降台 7 的结构与卧式升降台铣床相同。立铣头 3 连同主轴 4 可以根据加工要求在垂直平面内调整角度，主轴 4 可沿其轴线方向进给或调整位置。

图 3-19　立式升降台铣床

1—底座；2—床身；3—立铣头；4—主轴；5—工作台；6—滑座；7—升降台

2. 龙门铣床

龙门铣床是一种大型高效通用铣床，主要用来加工大型工件上的平面和沟槽，借助于附件还可完成斜面、内孔等加工。机床具有龙门式框架，其外形如图3-20所示。加工时，工作台10连同工件做纵向进给运动。横梁3可沿立柱5、7升降，以适应不同高度工件的加工。横梁3上的两个立铣头4、8可沿横梁做水平横向运动。横梁3本身以及立柱上的两个卧铣头2、9可沿立柱导轨升降。每个铣头部是一个独立部件，内装有主运动变速机构、主轴部件及操纵机构等，各铣刀的切削深度均由主轴套筒带动铣刀主轴沿轴向移动来实现。近年来，出现了龙门框架纵向移动而工作台及工件不动的龙门铣床。

龙门铣床可用多把铣刀同时加工几个表面或同时加工几个工件，生产率较高，在成批和大量生产中应用广泛。

3. 工具铣床

工具铣床除了能完成卧铣和立铣的加工外，常配备有回转工作台、可倾斜工作台、平口钳、分度头、立铣头和插削头等多种附件，能完成镗、铣、钻、插等多种切削加工，从而扩大了机床的万能性程度，主要用在工具、机修车间加工各种刀具、夹具、冲模及压模等中小型模具和其他复杂零件。

图3-21所示为万能工具铣床的外形，主轴座4移动带动主轴实现横向进给运动，工作台3及升降台2移动带动工件，从而实现纵向及垂直方向进给运动。

图3-20　龙门铣床的外形
1—床身；2，9—卧铣头；3—横梁；4，8—立铣头；
5，7—立柱；6—顶梁；10—工作台

图3-21　万能工具铣床的外形
1—底座；2—升降台；
3—工作台；4—主轴座

第四节　齿轮加工方法及齿轮加工机床

一、齿轮加工方法

齿轮是机械传动中的重要零件，主要用来传递运动和动力。齿轮传动由于具有传动比准确、效率高、传动力大、结构紧凑、可靠耐用等优点，所以得到了广泛应用。齿轮的种类也很多，常用的如圆柱齿轮、圆锥齿轮和蜗轮蜗杆等。图3-22所示为常见的齿轮传动副。

图 3 – 22 常见的齿轮传动副

（a）直齿圆柱齿轮传动；（b）斜齿圆柱齿轮传动；（c）人字圆柱齿轮传动；（d）螺旋齿轮传动；
（e）蜗轮蜗杆传动；（f）内啮合齿轮传动；（g）齿轮齿条传动；（h）锥齿轮传动

齿轮加工有铸造、锻造、热轧、冲压、粉末冶金以及切削加工等多种方法，但目前前几种方法的加工精度还不够高，精密齿轮加工仍主要依靠切削法。

因渐开线齿轮具有传动平稳、制造和装配简单的优点，所以一般机械上用的齿轮的齿形曲线大多采用渐开线。下面主要介绍渐开线齿轮齿形的切削加工方法。

齿轮齿形的切削加工方法按齿廓的成形原理不同可分为两大类：成形法和展成法。

1. 成形法

成形法（仿形法）是用切削刃形状与被加工齿轮齿槽法向截面形状相同的成形刀具切出齿形的方法，常用方法有铣齿、刨齿、拉齿等，图 3 – 23 表示了在铣床上使用具有渐开线齿形的盘形齿轮铣刀（加工 $m < 8$ 的小模数齿轮）或指状齿轮铣刀（加工 $m > 8$ 的大模数齿轮）加工齿轮的情况。每铣完一个齿槽，铣刀返回原位，齿坯在分度头带动下做分度运动（转过 $360°/z$，z 是被加工齿轮的齿数），再铣下一个齿槽，重复此过程，直至加工出全部齿槽。

成形法加工齿轮时，机床的成形运动如下：

形成母线（齿廓渐开线）的方法为成形法，机床形成母线时不需要运动。

图 3 – 23 成形法加工齿轮

（a）盘形齿轮铣刀加工齿轮；
（b）指状齿轮铣刀加工齿轮

形成导线（直线）的方法是相切法，需要盘形齿轮铣刀的旋转和铣刀沿齿坯的轴向移动两个运动，它们都是简单运动。

在同一模数和压力角的条件下，每一齿数应有一把对应的铣刀，但这样需要制造很多把不同的铣刀，不便于管理也不经济。生产实践中是把铣刀铣削的齿数按照它们的齿形曲线接近的情况划分成段，并以这些段中最小齿数的齿轮齿形作为铣刀的齿形，以避免发生干涉，这种齿形的误差对精度要求不高的齿轮来说是许可的。另外，因需要重复进行切入、切出、退刀、分度等工作，生产率较低，故成形法仅适用于单件小批生产或修配加工一些精度不高的低精度齿轮。

2. 展成法

展成法（范成法或包络法）是利用齿轮刀具与被切齿轮的啮合运动关系在专用的齿轮加工机床上切出齿轮齿形的方法，工件齿槽的齿形曲线是切削刃多次切削的包络线，常用的方法有滚齿、插齿等。在切齿过程中，将齿轮啮合副（齿轮—齿条或齿轮—齿轮）中的一个转化为刀具，强制刀具和工件做严格的啮合运动（展成运动）而切出齿形。展成法加工时刀具的切削刃相当于齿条或齿轮的齿廓，与被加工齿轮的齿数无关，可以用一把刀具加工出模数相同而齿数不同的齿轮，且其加工精度和生产率也比较高，是目前齿轮加工中最常用的一种方法，如滚齿机、插齿机、剃齿机等都采用这种加工方法。

展成法加工齿轮的原理及所需成形运动结合下一节滚齿机的内容加以说明。

二、齿轮加工机床

按照被加工齿轮种类的不同，齿轮加工机床可分为圆柱齿轮加工机床和圆锥齿轮加工机床两大类。圆柱齿轮加工机床主要有滚齿机、插齿机等；圆锥齿轮加工机床有加工直齿锥轮的刨齿机、铣齿机、拉齿机和加工弧齿锥齿轮的铣齿机等；用来精加工齿轮齿面的机床有珩齿机、剃齿机和磨齿机等。本节主要介绍圆柱齿轮加工机床。

（一）滚齿机

滚齿机是齿轮加工机床中应用最广泛的一种，主要用于加工直齿和斜齿圆柱齿轮、蜗轮，也可以加工花键轴和链轮，但不能加工齿条、内齿轮和相距太近的多联齿轮。

1. 滚齿原理

滚齿加工原理如图3－24所示，相当于一对交错轴斜齿轮啮合传动，如图3－24（a）所示。将其中的一个齿轮的齿数减少到几个或一个，螺旋角 β 增大到很大（即螺旋升角 ω 很小），它就成了蜗杆［称为滚刀的产形蜗杆，见图3－24（b）］；再将蜗杆开槽并铲背，形成刀齿和切削刃，变成齿轮滚刀，如图3－24（c）所示。当强制滚刀与工件按确定的关系相对运动时，该刀各刀齿相继切去一薄层金属，每个齿槽在滚刀旋转中由几个刀齿依次切出，渐开线齿廓则由刀刃一系列瞬时位置包络而成。

（a）   （b）   （c）

图3－24　滚齿原理

（a）啮合传动；（b）转变为蜗杆；（c）滚刀加工

2. 滚切直齿圆柱齿轮时机床的运动和传动原理

（1）机床的运动

根据表面成形原理，用滚刀加工直齿圆柱齿轮的成形运动应包括以下两个运动：

①形成渐开线齿廓（母线）所需的展成运动，即滚刀旋转运动和工件旋转运动组成的

复合运动；

②形成直线形齿线（导线）所需的运动，依靠滚刀旋转运动和滚刀沿工件轴线的垂直进给运动来实现，这是两个简单运动。

注意：滚刀旋转运动为形成母线和导线的运动所共有，所以滚切直齿圆柱齿轮只需两个独立的成形运动：一个复合成形运动和一个简单成形运动。但习惯上常常根据切削中所起的作用来定义滚齿时的运动，即称滚刀的旋转运动为主运动，工件的旋转运动为展成运动，滚刀沿工件轴线方向的移动为轴向进给运动，并借此来命名实现这些运动的传动链。

（2）机床的传动原理

图 3 - 25 所示为滚切直齿圆柱齿轮的传动原理，各传动链分析如下：

①主运动传动链。滚刀和动力源之间的传动链称为主运动传动链（1—2—u_v—3—4）。因滚刀和动力源之间没有严格的相对运动要求，所以主运动传动链属于外联系传动链，传动链中的换置机构 u_v 用于改变滚刀的转速（转向），以满足加工工艺要求。

②展成运动传动链。联系滚刀主轴（滚动旋转 B_{11}）和工作台（工件旋转 B_{12}）的传动链称为展成运动传动链（4—5—u_x—6—7）。显然，这条传动链（$B_{11} + B_{12}$）属于内联系传动链，由它来保证滚刀和工件旋转运动之间严格的传动比关系，即滚刀转一周，工件转 k/z 周（z 为工件齿数，k 为滚刀头数）。传动链中的换置机构 u_x 用于调整它们之间的传动比，以适应工件齿数和滚刀头数的变化。

图 3 - 25　滚切直齿圆柱
齿轮的传动原理

注意：这是一条内联系传动链，不仅要求它的传动比数值绝对准确。而且还要求滚刀和工件两者的旋转方向要互相配合，即必须满足一对交错轴斜齿轮啮合传动时的相对运动方向关系。当滚刀旋转方向确定后，工件的旋转方向由滚刀螺旋方向确定。

③轴向进给传动链。滚刀沿工件轴线所做的垂直进给（A_2），以便切出整个齿宽，这是由滚刀刀架沿立柱移动实现的。因轴向进给运动 A_2 是简单运动，其传动链（工件—7—8—u_f—9—10—刀架升降丝杠—刀架）属于外联系传动链。传动链中的换置机构 u_f 用于调整轴向进给量的大小和进给方向，以适应不同加工表面粗糙度的要求。

注意：轴向进给传动链将工作台（工件转动）与刀架（滚刀移动）联系起来，貌似是两个执行件之间的传动联系，容易误认为是内联系传动链。这里所以用工作台作为间接动力源，主要因为滚齿时的进给量通常是以工件每转一周时刀架的位移量来计算的，且刀架运动速度较低，采用这种传动方案，不仅可满足工艺上的要求，又大大简化了机床的结构。

3. 滚切斜齿圆柱齿轮时机床的运动和传动原理

（1）机床的运动

斜齿圆柱齿轮的轮齿齿线是一条螺旋线，如图 3 - 26（a）所示。为了形成螺旋线齿线，在滚切斜齿圆柱齿轮时，除了与滚切直齿一样，需要有主运动、展成运动和轴向进给运动外，还需要有一个附加运动：在滚刀做轴向进给运动的同时，工件还应做附加旋转运动，而且这两个运动之间必须保持确定的关系，即滚刀移动一个工件螺旋线导程时，工件应准确地附加转过一周，两者组成一个复合运动——螺旋轨迹运动。

（2）机床的传动原理

图 3-26（b）所示为滚切斜齿圆柱齿轮的传动原理，其中，展成运动、主运动以及轴向进给运动传动链与加工直齿圆柱齿轮相同，只是在刀架与工件之间增加了一条附加运动传动链：刀架（滚刀移动 A_{21}）—12—13—u_y—14—15—［合成］—6—7—u_x—8—9—工作台（工件附加转动 B_{22}）。这是一条内联系传动链，由它来保证刀架和工件附加旋转运动之间严格的传动比关系：即刀架沿工件轴线方向移动一个螺旋线导程时，通过合成机构使工件附加转一周，形成螺旋线齿线。传动链中的换置机构 u_y 用于适应工件螺旋线导程 S 和螺旋方向的变化。由于这个传动联系利用合成机构，使工件转动加快或减慢，实现了"差动"，所以这个传动链一般又称为差动传动链。

注意： 滚切斜齿圆柱齿轮的工件旋转运动既要与滚刀旋转运动配合，组成形成齿廓母线的展成运动，又要与刀架直线移动配合，组成形成螺旋线齿线的螺旋轨迹运动，而这两个运动又同时进行。所以，为使工件同时接受这两个分别从不同传动链（展成、附加）传来的运动而不发生干涉，需在传动系统中配置运动合成机构［见图 3-26（b）中的"合成"］，将两个运动合成以后再传给工件。而当加工直齿轮时，只需取下换置机构挂轮，将差动传动链断开，并将合成机构调整成一个如同"联轴器"的整体，使之只起等速传动的作用。

图 3-26　滚切斜齿圆柱齿轮的成形与传动原理
（a）成形原理；（b）传动原理

4. 滚刀的安装角

滚齿时，应使滚刀切削点处螺旋线方向与被加工齿轮的齿槽方向一致。因此，加工前要调整滚刀轴线和工件顶面的安装角度。

图 3-27 所示为用螺旋滚刀加工斜齿圆柱齿轮时滚刀的安装情况。由于滚刀和被加工齿轮的螺旋方向都有左右方向之分，它们之间共有 4 种不同的组合，所以滚刀安装角 δ 为

$$\delta = \beta \pm \omega \tag{3-15}$$

式中　β——被加工齿轮螺旋角；

　　　ω——滚刀的螺旋升角。

当被加工的斜齿轮与滚刀的螺旋线方向相反时，上式取"＋"号；反之取"－"号。

用螺旋滚刀加工斜齿轮时，应尽量采用与工件螺旋方向相同的滚刀，使滚刀安装角较小，有利于提高机床运动平稳性及加工精度。

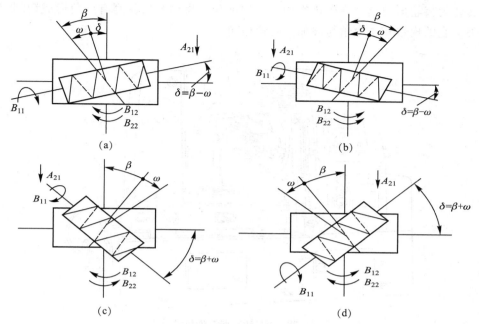

图 3 – 27　螺旋滚刀加工斜齿圆柱齿轮安装角
（a）左旋滚刀加工左旋齿轮；（b）右旋滚刀加工右旋齿轮；
（c）左旋滚刀加工右旋齿轮；（d）右旋滚刀加工左旋齿轮

加工直齿圆柱齿轮时，因工件螺旋角 $\beta = 0$，所以滚刀安装角 δ 就等于该刀的螺旋升角，角度的偏转方向与滚刀螺旋线方向有关。

5. Y3150E 型滚齿机

Y3150E 型滚齿机主要用于滚切直齿和斜齿圆柱齿轮，也可以滚切花键轴或用手动径向进给法滚切蜗轮。因此，其传动系统具有以下传动链：主运动传动链、展成运动传动链、轴向进给传动链、附加运动（差动）传动链、手动径向进给传动链以及一条刀架快速空行程传动链，用于传动刀架溜板快速移动。其主要技术参数：加工齿轮最大直径为 500 mm、最大宽度为 250 mm、最大模数为 8 mm、最小齿数为 5K（K——滚刀头数）、加工齿轮精度为 IT8～IT7 级、齿面粗糙度 Ra 为 3. 2～1. 6 μm。

图 3 – 28 所示为 Y3150E 型滚齿机的外形。立柱 2 固定在床身 1 上，刀架溜板 3 可沿立柱 2 上的导轨垂直移动，滚刀用刀杆 4 安装在刀架体 5 中的主轴上；工件安装在工作台 9 的芯轴 7 上，可由工作台 9 带动旋转；后立柱 8 和工作台 9 装在床鞍 10 上，可沿床身的水平导轨移动，用于调整工件的径向位置或加工蜗轮时做径向进给运动；后立柱上的支架 6 可用轴套或顶尖支承工件芯轴上端以增加芯轴刚度。

（二）插齿机

插齿机主要用于加工直齿圆柱齿轮，尤其适用于加工在滚齿机上不能加工的内齿轮和多联齿轮，但插齿机不能加工蜗轮，它一次完成齿槽的粗和半精加工，其加工精度为 IT8～IT7 级，表面粗糙度值 Ra 为 1. 6 μm。

1. 插齿原理

插齿机加工是按一对圆柱齿轮相啮合原理进行的，如图 3 – 29 所示。其中一个是工件，另一个转化为齿轮形刀具（在轮齿端面上磨出前角，齿顶及齿侧磨有后角形成切削刃），即为插齿刀，它的模数和压力角与被加工齿轮相同。

图 3 − 28 Y3150E 型滚齿机的外形

1—床身；2—立柱；3—刀架溜板；4—刀杆；5—刀架体；
6—支架；7—芯轴；8—后立柱；9—工作台；10—床鞍

（a）   （b）

图 3 − 29 插齿机的工作原理

（a）圆柱齿轮啮合；（b）插齿

插齿机加工时需要以下两种成形运动。

（1）主运动

插齿刀上下往复运动为主运动，以形成轮齿齿面的直导线，以插齿刀每分钟往复行程次数来表示，是一个简单成形运动。在一般立式插齿机上，刀具向下为工作行程，向上为空行程。

（2）展成运动

插齿时，形成渐开线齿廓的运动，即插齿刀的旋转运动和工件的旋转运动组成的复合运动，它们必须按确定的传动比保持一对齿轮的啮合关系。

提要： 插齿刀的转动为展成运动提供了运动和动力来源。插齿刀转动的快慢决定了工件轮坯转动的快慢，同时也决定了插齿刀每次切削的负荷，所以插齿刀的转动又称为圆周进给运动，进给量的大小用插齿刀每次往复行程中，刀具在分度圆圆周上所转过的弧长表示，其单位为 mm/往复行程。降低圆周进给量将会增加形成齿廓的刀刃切削次数，从而提高齿廓曲线精度。

此外，为了实现插削齿轮轮齿的需要，还需要有以下两种运动。

（1）径向切入运动

开始插齿时，插齿刀应该逐渐地移向工件中心，直到切出全齿深为止。当工件转过一整周时，全部轮齿便加工完毕。

（2）让刀运动

插齿刀向上运动时，需要使刀具和工件之间产生一定间隙，避免工件齿面和刀具后刀面发生摩擦；插齿刀向下运动时，应迅速恢复到原位，以便刀具进行下一次切削，此运动称为让刀运动。

2. 插齿机的传动原理图

插齿机的传动原理如图 3－30 所示，图中"电动机—1—2—u_v—3—5—4—偏心轮—插齿刀主轴（插齿刀往复直线运动）"为主运动传动链，由换置机构 u_v 来调整插齿刀每分钟上下往复的次数；"插齿刀主轴（插齿刀往复直线运动）—4—5—6—u_f—7—8—插齿刀主轴（插齿刀转动）"为圆周进给传动链（外联系传动链），由 u_f 来确定渐开线成形运动的速度；"插齿刀主轴（插齿刀转动）—8—9—u_x—10—11—工作台（工件转动）"为展成运动传动链（内联系传动链），由换置

图 3－30　插齿机的传动原理

机构 u_x 来调整插齿刀和工件之间的传动比，以适应刀具和工件齿数的变化。让刀运动及径向切入运动不直接参与工件表面的形成过程，因此图中没有标示。

第五节　磨削与磨床

一、磨削加工

磨削加工是在磨床上用磨具（砂轮、油石、砂带、研磨机等）对工件表面进行加工的方法。

磨削加工所需要的成形运动为：

主运动——磨具的旋转；

进给运动——工件的旋转与移动或磨具的移动。

1. 磨削过程

磨具表面随机排列着大量磨粒，每个磨粒都可以看作一把微小的切刀。磨粒的形状是很不规则的多面体，几何形状和切削角度也千差万别，具有较大的负前角（－60°～－40°）和钝圆半径。因此，磨粒接触工件的初期不会切下切屑，只是从工件表面滑擦而过，只有在磨粒的切削厚度增大到某一临界值后才开始切下切屑。磨削过程通常可分为三个阶段，如图 3－31 所示。

（1）滑擦阶段

磨粒刚开始与工件接触时，切削厚度非常小，磨粒只是在工件上滑擦，工件仅产生弹性

变形。这种滑擦会产生很高的温度，是引起磨削表面烧伤、裂纹等缺陷的主要原因之一。

（2）耕犁阶段

随着切削厚度逐渐加大，磨粒逐渐切入工件表层材料，产生塑性变形，表层材料被挤向磨粒的前方和两侧而隆起，工件表面出现沟痕。此阶段磨粒对工件的挤压摩擦剧烈，热应力增加。

（3）形成切屑

当磨粒的切削厚度增加到某一临界值时，磨粒前面的金属产生剪切滑移而形成切屑。

可见磨削过程实质上是磨粒对工件表面进行滑擦、耕犁和切削三个情况综合作用的结果。

磨削加工的加工精度可达 IT7～IT6，表面粗糙度 Ra 可达 0.8～0.2 μm，一般作为工件最后的精加工工序使用。磨削可加工各种材料，甚至是一般刀具难以切削的高硬度材料，适于加工各种形状的表面，如内外圆柱面和圆锥面、平面、齿轮、螺纹以及各种成形面等，工艺范围十分广泛。但磨削时，产生的热量大，需要进行充分的冷却，否则会产生磨削烧伤，降低表面质量；而且径向磨削力 F_p 较大［见图 3-32，F_p——切深抗力（径向磨削力），F_f——进给抗力（轴向磨削力），F_c——主（切向）磨削力］，通常情况下，磨削的 F_p 为 F_c 的 1.5～3 倍，大的径向力因易引起系统弯曲变形而使磨削质量下降。因此，磨削到最后时要少进给或不进给（光磨），以消除因变形而产生的加工误差。

图 3-31　磨粒的切削过程

图 3-32　磨削力

2. 砂轮的特性与选择

在所有磨具中，砂轮是使用最广泛的一种。它是由磨料加结合剂经过压坯、干燥和烧结而制成的，由磨料、结合剂和气孔三部分组成。制造砂轮时，用不同的配方和不同的投料密度来控制砂轮的硬度和组织。

砂轮的特性主要由磨料、粒度、结合剂、硬度和组织 5 个因素来决定。

（1）磨料

磨料是组成砂轮的主要原料，担负着切削工作，应具有硬度高、耐磨性好、棱角多且锋利、良好的耐热性和化学稳定性等要求。常用的磨料有氧化物系、碳化物系、高硬磨料系三类。各种磨料性能不同，适用于磨削不同的材料，常用磨料的特性及适用范围见表 3-7。

表 3 - 7　常用磨料的特性及适用范围

系列	磨料名称	代号	显微硬度 HV	特性	适用范围
氧化物系	棕刚玉	A	2 200 ~ 2 280	棕褐色。硬度高，韧性大，抗破碎能力强，价格便宜	磨削碳钢、合金钢、可锻铸铁和硬青铜等硬度较低的塑性材料
	白刚玉	WA	2 200 ~ 2 300	白色。硬度比棕刚玉高，切削力强，韧性较棕刚玉低	磨削淬火钢、高速钢等硬度较高的塑性材料以及螺纹、齿轮和薄壁零件
碳化物系	黑碳化硅	C	2 840 ~ 3 320	黑色，有光泽。硬度比白刚玉高，性脆而锋利，导热性和导电性良好	磨削铸铁、黄铜等硬度较低的脆性材料及铝、耐火材料、非金属材料
	绿碳化硅	GC	3 280 ~ 3 400	绿色。硬度和脆性比黑碳化硅高，具有良好的导热性和导电性	磨削硬质合金、宝石、陶瓷、玉石、玻璃等硬度高、脆性大的材料
高硬磨料系	人造金刚石	D	6 000 ~ 10 000	硬度高，磨削能力强，磨削热少，但易发生化学模数，耐热性差，比天然金刚石脆	磨削硬质合金、宝石、光学玻璃、半导体等脆硬材料
	立方氮化硼	CBN	6 000 ~ 8 500	立方晶体，硬度、韧性略低于金刚石，但耐热性好，化学惰性好，导热性好	对各种材料都有优良的磨削效果，特别是冷硬铸铁、高温合金、不锈钢等难加工材料

氧化物系磨料的主要成分是 Al_2O_3，应用较广的是棕刚玉和白刚玉。碳化物系磨料主要以碳化硅、碳化硼等为基体，其中黑色碳化硅和绿色碳化硅应用较多。高硬磨料系中主要有人造金刚石和立方氮化硼。

（2）粒度

粒度表示磨粒的尺寸大小。以磨粒刚好能通过的那一号筛网的网号来表示磨粒的粒度，如 60 粒度是指磨粒可通过每英寸长度上有 60 个孔眼的筛网。直径小于 40 μm 的磨粒称为微粉，微粉的粒度以其尺寸大小表示，如尺寸为 20 μm 的微粉，其粒度号为 W20。常用磨粒粒度号和尺寸及其应用范围见表 3 - 8。

表 3 - 8　常用磨粒粒度号和尺寸及其应用范围

粒度号	颗粒尺寸/μm	应用范围	粒度号	颗粒尺寸/μm	应用范围
12 ~ 36	2 000 ~ 1 600 500 ~ 400	荒磨、粗磨 打毛刺	W40 ~ W28	40 ~ 28 28 ~ 20	珩磨 研磨
46 ~ 80	400 ~ 315 200 ~ 160	粗磨 半精磨 精磨	W20 ~ W14	20 ~ 14 14 ~ 10	研磨、超级加工、超精磨削
100 ~ 280	160 ~ 125 50 ~ 40	精磨 珩磨	W10 ~ W5	10 ~ 7 5 ~ 3.5	研磨、超级加工、镜面磨削

磨粒粒度对磨削效率和被磨工件的表面粗糙度有很大影响。一般来说，粗磨选用粗粒度磨粒，精磨选用细粒度磨粒。当工件材料软、塑性大和磨削面积大时，为减少磨削热的产生和避免堵塞砂轮，也可采用较粗的磨粒。

（3）结合剂

结合剂的作用是将磨粒黏合在一起，使砂轮具有必要的形状和强度。砂轮的强度、耐腐蚀性、耐热性和抗冲击性，主要取决于结合剂的性能。常用的砂轮结合剂有陶瓷结合剂、树脂结合剂、橡胶结合剂、金属结合剂（常见的是青铜结合剂）。表3-9所示为常用结合剂的性能及应用范围，应根据磨削方法、磨削速度和表面质量要求等选择结合剂。

表3-9 常用结合剂的性能及应用范围

结合剂	代号	性能	应用范围
陶瓷	V	耐热、耐蚀、气孔多、易保持廓形，但脆性大	最常用，适用于各类磨削（除切断外）
树脂	B	弹性好，强度较V高，自锐性好，但耐热性差	适用于高速磨削、切断、开槽
橡胶	R	弹性更好，强度更高，气孔少，耐热性差	适用于切断、开槽无心磨的导轮，但不宜用于粗加工砂轮
金属	M	强度最高，导电性好，磨耗少，自锐性差	适用于金刚石砂轮

（4）硬度

砂轮的硬度是指磨粒在磨削力作用下从砂轮表面脱落的难易程度。砂轮硬，即表示磨粒难以脱落；砂轮软，表示磨粒容易脱落。砂轮的软硬和磨粒的软硬是两个不同的概念，必须区分清楚。砂轮的硬度等级名称和代号见表3-10。

表3-10 砂轮的硬度等级名称和代号

大级名称	超软	软			中软		中		中硬			硬		超硬
小级名称	超软	软1	软2	软3	中软1	中软2	中1	中2	中硬1	中硬2	中硬3	硬1	硬2	超硬
代号	CR	R1	R2	R3	ZR1	ZR2	Z1	Z2	ZY1	ZY2	ZY3	Y1	Y2	CY
	D E F	G	H	J	K	L	M	N	P	Q	R	S	T	Y

选用砂轮时，硬度应选得适当。若砂轮选得太硬，磨钝的磨粒不能及时脱落，因而产生大量磨削热，易烧伤工件；若选得太软，磨粒脱落得太快而不能充分发挥切削作用，砂轮损耗增加，也不易保持廓形，影响磨削精度。选择砂轮硬度时，可参照以下几条原则：

①工件材料性能。工件材料硬，应选用较软的砂轮，使磨钝了的磨粒快点脱落，以便砂轮经常保持有锐利的磨粒在工作，避免工件烧伤；工件材料软，应选用较硬的砂轮，使磨粒慢些脱落，以便充分发挥磨粒的切削作用；磨削有色金属、橡胶、树脂等软而韧性大的材料，应选用较软的砂轮，以免砂轮表面被磨屑堵塞；磨削导热性差的材料和薄壁工件时，应

选用较软的砂轮等。

②加工接触面。砂轮与工件的接触面大时，应选用软砂轮，使磨粒脱落快些，以免工件因磨屑堵塞砂轮表面而烧伤工件表面，如内圆磨削和端面平磨时，砂轮硬度应比外圆磨削的砂轮硬度低。

③加工性质。精磨和成形磨削时，应选用较硬的砂轮，以保持砂轮必要的形状精度；粗磨时，选用较软的砂轮。

④砂轮粒度大小。砂轮的粒度号越大时，应选硬度较低的，以避免砂轮表面组织被磨屑堵塞。

⑤其他。砂轮旋转速度大时，应选较软 1～2 个小级；用冷却液磨削时，比干磨时应高 1～2 个小级等。

在机械加工中，常用的砂轮硬度是软 2（H）～中 2（N）。一般磨削未淬火钢可用 L～N 级的砂轮，磨削淬火钢和高速钢可用 H～K 级砂轮。

（5）组织

砂轮的组织反映了磨粒、结合剂、气孔三者之间的比例关系，以及砂轮中磨粒和结合剂结合的疏密程度。磨粒在砂轮中所占的比例越大，则砂轮的组织越紧密，气孔越小；反之，则组织越疏松，气孔越大。砂轮组织的级别可分为紧密、中等、疏松三大类，可细分为 15 级，见表 3-11。

表 3-11　砂轮的组织级别

级别	紧　密			中　等					疏　松						
组织号	0	1	2	3	4	5	6	7	8	9	10	11	12	13	14
磨粒占砂轮体积百分比/%	62	60	58	56	54	52	50	48	46	44	42	40	38	36	34

砂轮组织的选择主要从工件所受的压力、磨削方法、工件材料等方面考虑。紧密组织的砂轮适用于重压力下的磨削，在成形磨削和精密磨削时，能保持砂轮形状，并可获得较低的粗糙度。中等组织的砂轮适用于一般的磨削工作，常用于淬火钢的磨削及刀具刃磨等。疏松组织的砂轮不易堵塞，适用于磨削薄壁件、热敏性强的材料、韧性大而硬度低的材料以及平面磨、内圆磨等磨削接触面积较大的工序。磨削软质材料最好采用组织号为 10 号以上的疏松组织，以免磨屑堵塞砂轮。

一般砂轮若未标明组织号，即为中等组织。

3. 砂轮的形状和尺寸

根据磨床类型和工件加工要求，可制成各种形状和尺寸的砂轮。常用砂轮的形状有平形砂轮（1）、筒形砂轮（2）、碗形砂轮（11）、碟形一号砂轮（12a）、薄片砂轮（14）等。

砂轮的标志一般都印在砂轮的端面上，例如 1-400×150×203-A60L5V-35 m/s，表示该砂轮为平形砂轮（1），外径为 400 mm，厚度为 150 mm，内径为 203 mm，磨料为棕刚玉（A），60 号粒度，硬度为中软 2（L），5 号组织，陶瓷结合剂（V），最高圆周线速度为 35 m/s。

二、磨床

用磨料磨具为工具进行切削加工的机床统称为磨床。由于现代机械对零件的精度要求越来越高，磨床的使用范围日益扩大，目前，它在金属切削机床中所占的比例已达到13% ~ 27%。

为了适应磨削各种加工表面、工件形状及生产批量的要求，磨床有很多种类，主要有：外圆磨床、无心磨床、内圆磨床、平面磨床、工具磨床、刀具和刃具磨床及各种专门化磨床，如曲轴磨床、凸轮磨床、齿轮磨床等。此外，还有以砂带为切削工具的砂带磨床以及珩磨机、研磨机和超精加工机床等。

在生产中应用最多的是外圆磨床、内圆磨床、无心磨床和平面磨床4种。

1. 外圆磨床

外圆磨床主要用于磨削内、外圆柱和圆锥表面，也能磨削阶梯轴的轴肩和端面，可获得IT7 ~ IT6级精度、表面粗糙度 Ra 值为 1.25 ~ 0.08 μm 的表面。外圆磨床的主要类型有万能外圆磨床、普通外圆磨床、无心外圆磨床、宽砂轮外圆磨床和端面外圆磨床等，其主参数是最大磨削直径。这里主要介绍万能外圆磨床和普通外圆磨床。

（1）万能外圆磨床

图 3 - 33 所示为 M1432A 型万能外圆磨床的外形。床身1是磨床的基础支承件，上面安装其他主要部件，使它们在工作时保持准确的相对位置。床身1内部装有液压系统，用来驱动工作台3沿床身导轨往复移动，实现工件纵向进给运动。安装在床身1纵向导轨上的工作台3由上下两层组成，上工作台可相对下工作台在水平面内转动很小的角度（±10°），用以磨削锥度较小的长圆锥面。上工作台面上装有头架2和尾座6，用以夹持不同长度的工件，头架带动工件旋转并可绕其垂直轴线转动一定角度，以便磨削锥度较大的圆锥面。装有砂轮主轴及其传动装置的砂轮架5安装在滑鞍7上，可绕滑鞍转动一定的角度以磨削短圆锥，利用横向进给机构可带动滑鞍7及其上的砂轮架5实现周期或连续的横向进给运动以及调整位移，砂轮架5还可以做定距离的快进快退运动以方便装卸工件和测量。装在砂轮架上的内圆磨具4（磨内圆时放下）用于支承磨内孔的砂轮主轴部件，其主轴由单独的内圆砂轮电动机驱动。

图 3 - 33 M1432A 型万能外圆磨床的外形

1—床身；2—头架；3—工作台；4—内圆磨具；5—砂轮架；6—尾座；7—滑鞍

图 3 − 34 所示为万能外圆磨床几种典型加工示意图。从图中可知，为了实现磨削加工，机床应具有以下运动：外圆和内圆砂轮的旋转主运动，工件的圆周进给运动，工件（工作台）纵向往复运动以磨出工件全长，砂轮横向进给运动以实现间歇或连续的径向切入进给运动。机床的传动原理如图 3 − 35 所示。

图 3 − 34 万能外圆磨床几种典型加工示意图
（a）纵磨法磨外圆；（b）扳转工作台用纵磨法磨长圆锥面；
（c）扳转砂轮架用切入法磨短圆锥面；（d）扳转头架用纵磨法磨内圆锥面

图 3 − 35 万能外圆磨床的传动原理

此外，机床还有两个辅助运动：砂轮架的横向快速进退运动和尾架套筒的伸缩移动。

从图 3 − 34 还可知，万能外圆磨床的基本磨削方法有两种：纵向磨削法和切入磨削法。

纵向磨削法［见图 3 − 34（a）、（b）和（d）］是使工作台做纵向往复运动进行磨削的方法，此法共需要 3 个表面成形运动：砂轮旋转、工件旋转和工件的纵向往复运动。

切入磨削法［见图 3 − 34（c）］是用宽砂轮进行横向切入磨削的方法，此法只需 2 个表面成形运动：砂轮的旋转运动和工件的旋转运动。

（2）普通外圆磨床

普通外圆磨床与万能外圆磨床的主要区别是去掉了砂轮架和头架下面的滑鞍以及内圆磨具，在加工时：①头架和砂轮架不能绕轴心在水平面内调整角度位置；②头架主轴直接固定在箱体上不能转动，工件只能用顶尖支承进行磨削。因此，工艺范围较窄，只能用于磨削外圆柱面、锥度不大的外圆锥面以及台肩端面。但由于减少了主要部件的结构层次，头架主轴又固定不动，故机床及头架主轴部件的刚度高，可采用较大的磨削用量以提高生产率。

2. 无心磨床

无心磨床通常指无心外圆磨床，其主参数为最大磨削工件直径。磨削时工件不是支承在顶尖上或夹持在卡盘中，而是直接放在砂轮与导轮之间，由托板和导轮支承进行磨削，其磨削工作原理如图 3-36 所示。磨削时工件在磨削力以及导轮和工件间摩擦力的作用下带动旋转，实现圆周进给运动。导轮是摩擦系数较大的树脂或橡胶结合剂砂轮，不起磨削作用，靠摩擦力带动工件旋转，使工件的圆周线速度基本上等于导轮的线速度，实现圆周进给运动。导轮的线速度一般为 10 ~ 50 m/min，砂轮的转速很高，一般为 35 m/s 左右，从而在砂轮和工件间形成很大的速度差，即磨削速度。

图 3-36　无心磨床磨削工作原理

（a）工件放置；（b）纵磨法加工过程；（c）导轮安装；（d）横磨法加工过程

1—磨削砂轮；2—工件；3—导轮；4—托板；5—挡块

无心磨削时，工件的中心应高于磨削砂轮与导轮的中心连线［见图 3-36（a），一般高出工件直径的 15% ~ 25%］，使工件和导轮、砂轮的接触点不可能对称，这样工件的凸起部分在多次转动中被逐步磨圆。

无心磨床有两种磨削方法：纵磨法和横磨法。

（1）纵磨法

纵磨法［见图 3-36（b）］是将工件从机床前面放到导板上，推入磨削区后，工件旋转，同时又轴向进给移动，穿过磨削区，从机床后面出去。磨削时，工件一个接一个地投入磨削，加工连续进行。工件的轴向进给是由导轮在垂直面内倾斜了 α 角，导轮与工件接触处的线速度 $v_导$ 可分解为水平和垂直两个方向的分速度 $v_{导水平}$ 和 $v_{导垂直}$，$v_{导垂直}$ 使工件做圆周进给运动，$v_{导水平}$ 使工件做纵向进给［见图 3-36（c）］。所以这种方法适用于不带台阶的圆柱形工件。

（2）横磨法

横磨法［见图 3-36（d）］是先将工件放在托板和导轮之间，然后工件（连同导轮）或砂轮做横向切入进给。此法适用于磨削具有阶梯或成形回转表面的工件。

用无心磨床磨削，由于工件无须打中心孔，且装夹工件省时省力，可连续磨削，所以生产率高。若配上自动装卸料机构，可实现自动化生产。无心磨床适于在大批量生产中磨削细长轴以及不带中心孔的轴、套、销等零件。

3. 内圆磨床

内圆磨床主要用于磨削圆柱孔和圆锥孔，主参数以最大磨削孔径的 1/10 表示，其类型主要有普通内圆磨床、无心内圆磨床和行星内圆磨床等。其中，普通内圆磨床比较常用，其自动化程度不高，磨削尺寸通常靠人工测量来加以控制，仅适用于单件小批生产。

图 3-37 所示为普通内圆磨床的外形。工件装夹在头架 3 上，由头架主轴带动做圆周进给运动。装在工作台 2 上的头架 3 可随同工作台一起沿床身 1 的导轨做纵向往复运动，也可在水平面内调整角度位置以磨削圆锥孔。砂轮架 4 上装有磨削内孔的砂轮主轴，它带动内圆磨轮做旋转运动，砂轮架可由手动或液压传动沿滑座 5 的导轨做周期性的横向进给。

图 3-37　普通内圆磨床的外形

1—床身；2—工作台；3—头架；4—砂轮架；5—滑座

内圆磨床主要用于磨削圆柱形和圆锥形的通孔、盲孔和阶梯孔，根据工件形状和尺寸的不同，可采用纵磨法或切入法磨削内孔，如图 3-38 所示。

(a)　　　　　　　(b)　　　　　　　(c)　　　　　　　(d)

图 3-38　普通内圆磨床的磨削方法

(a) 纵向磨内孔；(b) 横向磨内孔；(c) 用砂轮端面磨端面；(d) 用砂轮周边磨端面

4. 平面磨床

平面磨床用于磨削各种零件的平面，图 3-39 所示为平面磨床的磨削方法，并反映了机床的结构布局特点。根据砂轮主轴的布置和工作台的形状不同，平面磨床主要有：卧轴矩台式平面磨床、卧轴圆台式平面磨床、立轴矩台式平面磨床和立轴圆台式平面磨床 4 种类型。工件安装在矩形或圆形工作台上，做纵向往复直线运动或圆周进给运动（f_1），用砂轮的周边进行磨削［见图 3 - 39（a）、（b）］或端面进行磨削［见图 3 - 39（c）、（d）］。平面磨床的主参数是工作台台面宽度（矩台）或直径（圆台）。

图 3 - 39　平面磨床的磨削方法

（a）用砂轮周边磨平面（卧轴矩台）；（b）用砂轮周边磨平面（卧轴圆台）；
（c）用砂轮端面磨平面（立轴矩台）；（d）用砂轮端面磨平面（立轴圆台）

端面磨削砂轮与工件的接触面积较大，所以生产率较高，但发热量大，冷却和排屑条件差，所以加工精度较低，表面粗糙度值较大。而周边磨削砂轮和工件的接触面较小，发热量较少，冷却和排屑条件较好，可获得较高的加工精度和较小的表面粗糙度值。

圆台式是连续进给，而矩台式有换向时间损失，所以圆台平面磨床比矩台平面磨床的生产率稍高些。但是圆台式只适于磨削小零件和大直径的环形零件端面，不能磨削窄长零件，而矩台式可方便地磨削各种零件，工艺范围较广，除了用周边磨削水平面外，还可用砂轮端面磨削沟槽、台阶等垂直侧平面。

目前，生产中平面磨床以卧轴矩台式平面磨床和立轴圆台式平面磨床最为常见，分别如图 3 - 40 和图 3 - 41 所示。在图 3 - 40 中，砂轮架 1 可沿滑鞍 2 的燕尾导轨做周期的横向间歇进给运动（可手动或液动），滑鞍 2 与砂轮架 1 一起可沿立柱 4 的导轨做周期的垂直进给运动，矩形工作台 5 沿床身 6 的导轨做纵向往复运动（液压传动）。在图 3 - 41

图 3 - 40　卧轴矩台式平面磨床的外形

1—砂轮架；2—滑鞍；3—砂轮修整装置；
4—立柱；5—工作台；6—床身

中，装在床身 1 上的圆形工作台 2，除了做旋转运动实现圆周进给外，还可以带动工件一起沿床身 1 的导轨做纵向快进快退，以便装卸工件；砂轮架 3 可沿立柱 4 做快速垂直调位运动（间歇切入运动），以便磨削不同高度的工件。

图 3 – 41 立轴圆台式平面磨床的外形
1—床身；2—工作台；3—砂轮架；4—立柱

第六节 其他加工方法与机床

一、钻削、镗削加工与孔加工机床

钻削和镗削是常见的孔加工方法，采用的钻床和镗床可称为孔加工机床，主要用于加工外形复杂、没有对称回转轴线工件上的孔，如箱体、支架、杠杆等零件上的单孔或孔系。

1. 钻削加工与钻床

（1）钻削加工

用钻头或扩孔钻、铰刀、锪刀在工件上加工孔的方法统称为钻削加工，它既可以在钻床上进行，也可以在车床、铣床、镗床等机床上完成。在钻床上钻孔时，刀具的旋转运动为主运动，刀具的轴向移动为进给运动，工件静止不动。

①钻孔。钻孔是在实体材料上用钻头加工孔的方法，主要包括钻中心孔、钻深孔以及最常见的用麻花钻钻孔等。

用麻花钻钻孔时，由于其结构特点和钻孔本身的工艺特点（半封闭式切削、散热和排屑难、切削液难以进入切削区、钻头易磨损等），造成钻孔时存在如下工艺问题：一是钻头容易引偏；二是加工质量较差。因此钻孔主要用于孔的粗加工或精度、表面质量要求较高孔的预加工，尺寸公差等级一般为 IT12 ~ IT11，表面粗糙度 Ra 值为 25 ~ 12.5 μm。

针对上述工艺问题，生产上常采取如下一些改进措施：一是在工艺上采取预钻定心坑、大批量时使用钻模、提高刃磨质量使两主切削刃对称等措施；二是改进钻头的结构，如采用群钻等。

②扩孔。用扩孔刀具（扩孔钻、直径较大的麻花钻等）将工件上已加工孔、铸孔或锻孔直径扩大的方法称为扩孔。

与麻花钻相比，扩孔钻因具有刀齿多、排屑槽浅而窄、钻芯刚度大、导向性好，再加上无横刃减小了轴向力以及加工余量小等特点，所以扩孔质量比钻孔高，精度可达 IT10～IT9，表面粗糙度 Ra 值为 6.3 m～3.2 μm，属于孔的半精加工。

③铰孔。铰孔是用铰刀对工件上已有的孔进行精加工的方法，其加工余量一般为 0.05～0.25 mm，可分为粗铰和精铰。粗铰的精度一般为 IT8～IT7，表面粗糙度 Ra 值为 1.6～0.8 μm；精铰为 IT7～IT6，表面粗糙度 Ra 值为 0.8～0.4 μm。铰孔适于加工成批和大量生产中不能采用拉削加工的孔以及单件小批生产中要求加工精度高、直径不大且未淬火的孔。在实际生产编制工艺方案时，钻孔 - 扩孔 - 铰孔以及粗车孔 - 半精车孔 - 铰孔是最常用的孔加工工艺路线。

（2）钻床

钻床的主参数是最大钻孔直径。根据用途和结构的不同，钻床可分为台式钻床、立式钻床、摇臂钻床、深孔钻床及其他钻床（如中心孔钻床）。

①立式钻床。立式钻床的外形如图 3 - 42 所示。主轴箱 3 中装有主电动机运动和进给运动变速机构、主轴组件及其操纵机构等。主轴 2 由电动机带动既做旋转运动，又随主轴套筒在主轴箱中的直线移动来做轴向进给运动，装在主轴箱上的进给操纵机构 5 可使主轴 2 实现手动进给、手动快速升降和接通、断开机动进给。加工时，工件直接或利用夹具安装在工作台 1 上，工作台 1 和主轴箱 3 都装在立柱 4 的垂直导轨上，可沿立柱导轨调整上下位置，以适应加工不同高度的工件。因主轴轴线位置固定，当加工不同位置的孔时，必须移动工件，使刀具旋转中心对准被加工孔的中心，因此它仅适用于单件、小批量生产中加工中小工件上的孔。

②摇臂钻床。摇臂钻床的外形如图 3 - 43 所示。工件固定在工作台 10 上，主轴 9 的旋转和轴向进给由电动机 6 通过主轴箱 8 来实现。主轴箱 8 可在摇臂 7 的导轨上水平移动，摇臂又可绕立柱的轴线转动并借助电动机 5 及丝杠 4 的传动沿外立柱 3 上下移动。外立柱 3 可绕内立柱 2 在 ±180° 内回转。由于摇臂钻床结构上的这些特点，可以很方便地调整主轴 9 的坐标位置，而无须移动工件。所以，在单件和中、小批生产中广泛应用摇臂钻床来加工大、中型零件上的孔。

图 3 - 42 立式钻床的外形

1—工作台；2—主轴；3—主轴箱；
4—立柱；5—进给操纵机构

图 3 - 43 摇臂钻床的外形

1—底座；2—内立柱；3—外立柱；4—丝杠；5，6—电动机；
7—摇臂；8—主轴箱；9—主轴；10—工作台

③深孔钻床。对长径比大于 10 的深孔（孔系）和精密浅孔进行钻削加工的的专用机床统称为深孔钻床，如用来加工枪管、炮筒和机床主轴等零件的深孔。深孔钻床主要依靠先进的孔加工技术（枪钻、BTA 内排屑深孔钻、喷吸钻等），通过一次连续的钻削即可达到一般需钻、扩、铰工序才能达到的加工精度和表面粗糙度，加工孔孔径尺寸精度可达 IT11～IT7，孔表面粗糙度 Ra 值可达 $6.3～0.2$ μm。因加工的孔较深，加工时通常由工件转动来实现主运动，深孔钻头并不转动而只做直线进给运动以减少孔中心线的偏斜。由于孔较深且工件往往又较长，为获得好的冷却效果及避免切屑排出影响工件表面质量，深孔钻床中设有冷却液输送装置和周期退刀排屑装置。此外，为了便于排除切屑及避免机床太高，深孔钻床通常采用卧式布局。

2. 镗削加工

镗削加工是用切削刀具加工工件上已有孔使之扩大的一种方法，通常用于加工尺寸较大、精度要求较高的孔，特别是分布在不同表面上、孔距和位置精度要求（平行度、垂直度和同轴度等）较高的孔及孔系，如各种箱体、汽车发动机缸体等零件上的孔。镗孔既可在镗床上进行，也可在车床上进行。

（1）镗孔

镗孔通常有 3 种不同的加工方式：

①工件旋转，刀具做进给运动，如图 3 - 44 所示。在车床上镗孔大都属于这种方式。此方式加工后孔的轴线与工件回转轴线一致，适于加工与外圆表面有同轴度要求的孔。此时机床轴线的回转精度对孔的圆度、刀具进给方向相对工件回转轴线的位置误差对孔的轴向几何形状误差会产生很大的影响。

图 3 - 44　工件旋转、刀具进给的镗孔方式

（a）镗圆柱孔；（b）镗锥孔

②刀具旋转，工件做进给运动，如图 3 - 45 所示。图 3 - 45（a）为在镗床上镗孔，图 3 - 45（b）为用专用镗模镗孔。此时，镗床主轴带动镗刀转动，工件由工作台带动实现进给。前一种方式中，镗杆悬伸长度一定，镗杆变形对孔的轴向形状精度无影响，但工作台进给方向相对主轴轴线的平行度误差会引起孔轴心线的位置误差。后一种方式中，镗杆与主轴浮动连接，镗杆支承在镗模的两个导向套中，刚性较好，如再采用双刃浮动镗刀镗孔，则孔的位置精度由镗模精度直接保证，进给方向相对主轴轴线的平行度误差对它没有影响。

③刀具旋转并做进给运动，如图 3 - 46 所示。此时，镗杆的悬伸长度发生变化，受力变形也发生变化，必然会导致孔的形状误差，形成锥孔，同时过大的镗杆悬伸长度以及因主轴自重引起的弯曲变形也会使孔轴线产生相应的弯曲，所以只适于加工较短的孔。

(a)

(b)

图 3 – 45　刀具旋转、工件进给的镗孔方式

（a）在镗床上镗孔；（b）用专用镗模镗孔

1—镗杆；2—镗刀；3—工件；4—工作台；5—主轴；6—镗模；7—拖板

图 3 – 46　刀具旋转并进给的镗孔方式

1—镗杆；2—镗刀；3—工件；4—工作台；5—主轴

（2）镗床

卧式镗床的主参数是主轴直径。镗床加工时，镗刀的旋转为主运动，镗刀或工件的移动为进给运动。镗床的主要类型有卧式镗床、坐标镗床、金刚镗床和落地镗床等，这里主要介绍前两种。

①卧式镗床。图 3 – 47 所示为卧式镗床的外形。主轴箱 2 中安装有水平布置的主轴组件、主传动和进给传动的变速机构，可沿前立柱 3 垂直导轨上下移动。加工时，刀具安装在主轴 4 前端的锥孔中，或装在平旋盘 5 的径向刀架上。主轴既可以旋转，还可沿轴向移动做进给运动，平旋盘只能做旋转主运动，而装在平旋盘导轨上的径向刀架，可做径向进给运动，这时可以车端面。工作台 6 可在上滑座的圆导轨上绕垂直轴线转位，以便加工相互平行或成一定角度的孔与平面，也可与安装在其上的工件一起随上、下滑座 7 和 8 做横或纵向移动。后立柱 11 可沿床身导轨做纵向移动，以调整位置，其上装有支承架 10，用来支承悬伸较长的刀杆，以增加刀杆的刚度。

图 3 – 47　卧式镗床的外形

1—床身；2—主轴箱；3—前立柱；4—主轴；5—平旋盘；6—工作台；7—上滑座；

8—下滑座；9—导轨；10—支承架；11—后立柱

卧式镗床因其工艺范围非常广泛而得到普遍应用，可对各种大中型工件进行钻孔、镗孔、扩孔、铰孔、锪平面、车削内外螺纹、车削外圆柱面和端面以及铣平面等加工，若再利用特殊附件和夹具，还可扩大其工艺范围。一般情况下，零件可在一次装夹中完成大部分甚至全部的加工工序。但由于卧式镗床结构复杂，生产率较低，故在大批量生产中加工箱体零件时多采用组合机床和专用机床。

提要：请总结卧式镗床所能实现的运动。

②坐标镗床。坐标镗床是指具有精密坐标定位装置的镗床，其主参数是工作台的宽度。它主要用于镗削精密的孔（IT5 级或更高）及位置精度要求比较高的孔系，还能进行钻孔、扩孔、铰孔、锪端面、切槽、铣削等加工，也能进行精密刻度、样板的精密划线、孔间距及直线尺寸的精密测量等。

坐标镗床按其布局和形式不同有立式和卧式之分，立式坐标镗床适于加工轴线与安装基面（底面）垂直的孔系和铣削顶面，卧式坐标镗床适用于加工与安装基面平行的孔系和铣削侧面。

图 3 – 48 所示为卧式坐标镗床的外形，其主轴 4 水平布置。镗孔坐标位置由下滑座 1 沿床身

图 3 – 48　卧式坐标镗床的外形

1—下滑座；2—上滑座；3—工作台；4—主轴；

5—立柱；6—主轴箱；7—床身

7 的导轨纵向移动和主轴箱 6 沿立柱 5 的导轨上下移动来实现，主轴 4 轴向移动或上滑座 2 横向移动实现孔加工时的进给运动。回转工作台 3 可在水平面内回转一定角度，以进行精密分度。

二、刨削、插削、拉削加工与直线运动机床

刨削、插削和拉削的主运动都为直线运动，所使用的机床如刨床、插床和拉床统称为直线运动机床。

1. 刨削和插削加工与刨床、插床

（1）刨削和插削加工

在刨床上用刨刀对工件做水平直线往复运动进行切削加工的方法称为刨削加工，其主要应用如图 3-49 所示。刨削只在进程中进行加工，回程为空行程。

图 3-49　刨床的主要应用

（a）刨平面；（b）刨垂直面；（c）刨台阶；（d）刨垂直沟槽；（e）刨斜面；（f）刨燕尾槽；
（g）刨 T 形槽；（h）刨 V 形槽；（i）刨曲面；（j）刨内孔键槽

刨削因主运动是直线往复运动且回程不切削，且刀具在切入切出时会产生冲击，因此切削速度受限，生产率较低。刨削有逐渐被其他加工方法取代的趋势，牛头刨床目前几乎只在维修、装配车间有应用。但在加工窄而长的表面时，刨削效率可能超过铣削。

刨削方法的因加工过程不连续引起冲击和振动，使其加工质量不如车削。通常加工精度可达 IT9~IT7，表面粗糙度 Ra 值一般为 6.3~1.6 μm。

在插床上用插刀相对工件做垂直直线往复运动的切削方法称为插削加工。插削可以看作是"立式刨削"，主要用于单件、小批生产中加工内孔中的键槽、花键槽等内表面以及各种多边形孔，也可加工某些外表面，如扇形齿轮等。插削加工所能达到的加工精度、表面粗糙度与刨削相近。

（2）刨床、插床

①刨床。刨床主要用于加工各种平面和沟槽，其主要类型有牛头刨床和龙门刨床。

a. 牛头刨床。图 3-50 所示为牛头刨床的外形。滑枕 3 带着刀架 1 可沿床身导轨在水平方向做往复直线运动，使刀具实现主运动，而工作台 6 带着工件做间歇的横向进给运动。刀架可沿刀架座导轨上下移动（一般手动），以调整刨削深度以及在加工垂直平面和斜面时做进给运动，刀架还可左右偏转 60°（调整转盘 2），以加工斜面或斜槽。滑座 5 可在床身 4 上升降，以适应不同的工件高度。由于滑枕在换向的瞬间有较大的惯量，限制了主运动速度的

提高，使切削速度较低，且牛头刨床的刀具在返程时不加工，因此其生产率较低，多用于单件、小批生产或机修车间中加工中小型零件的平面、沟槽或成形平面。

b. 龙门刨床。龙门刨床因"龙门"式框架结构而得名，主要用于加工大型或重型零件上的各种平面、沟槽和各种导轨面，也可在工作台上一次装夹数个中小型零件进行多件加工。

图 3-51 所示为龙门刨床的外形。龙门刨床的主运动是工作台 2 带着工件沿床身导轨所做的纵向直线往复运动，两个立刀架 5 可在横梁 3 的导轨上间歇地做横向进给运动，以刨削工件的水平平面。横梁 3 可沿立柱 4 升降，以调整工件与刀具的相对位置。刀架上的滑板可使刨刀上、下移

图 3-50　牛头刨床的外形
1—刀架；2—转盘；3—滑枕；4—床身；
5—滑座；6—工作台

动，做切入运动或刨削竖直平面。滑板还能绕水平轴线调整一定的角度，以加工倾斜平面。装在立柱 4 上的侧刀架 9 可沿立柱导轨做间歇移动，以刨削竖直平面。

图 3-51　龙门刨床的外形
1—床身；2—工作台；3—横梁；4—立柱；5—立刀架；6—顶梁；
7—进给箱；8—变速箱；9—侧刀架

②插床。插床实质上是立式刨床，主要用于单件、小批量生产中插削与安装基面垂直的面，如内孔中的键槽及多边形孔或内外成形表面。

图 3-52 所示为插床的外形。滑枕 2 带动插刀沿立柱 3 垂直方向所做的直线往复运动为主运动。工件安装在圆工作台 1 上，通过下滑座 5 及上滑座 6 可分别做横向及纵向进给，圆工作台 1 可绕垂直轴线旋转，完成圆周进给或通过分度盘 4 实现分度。

图 3 – 52　插床的外形

1—圆工作台；2—滑枕；3—立柱；4—分度盘；
5—下滑座；6—上滑座；7—底座

2. 拉削加工与拉床

（1）拉削加工

在拉床上用拉刀加工工件的方法称为拉削加工。加工时，若刀具所施的力不是拉力而是推力，则称为推削，所用刀具称为推刀。但推削易引起推刀弯曲，因此远不如拉削应用范围广。

拉刀是一种复杂的多齿刀具，借助后刀齿比前刀齿高出一定的尺寸来去除加工余量，实现切削加工。通常，一次工作行程即能加工成形，生产效率极高，但因拉刀结构复杂，制造成本高，且有一事实上的专用性，因此拉削主要用于成批大量生产。在单件、小批生产中，对于某些精度要求较高、形状特殊的成形表面，用其他方法很难加工时，也可采用拉削加工，但不能用于加工盲孔、深孔、阶梯孔及有障碍的外表面等。采用螺旋拉削装置，使螺旋齿拉刀与工件做相对直线运动和回转运动，还可拉削内螺纹、螺旋花键孔和螺旋内齿轮等。

因拉削速度较低，在拉削普通结构钢和铸铁时，一般粗拉速度为 $3 \sim 7$ m/min，精拉速度小于 3 m/min；且拉削一般采用润滑性能较好的切削液，例如切削油和极压乳化液等，在高速拉削时，切削温度高，常选用冷却性能好的化学切削液和乳化液。所以拉削加工的精度较高，可达 IT7 ~ IT5，表面粗糙度较好，Ra 值可达 $0.8 \sim 0.4$ μm。

（2）拉床

拉床是用拉刀加工各种内外成形表面的机床，可加工各种形状的通孔、平面及成形表面等，图 3 – 53 所示为拉削加工的典型表面形状。拉削时，拉刀使被加工表面一次拉削成形，所以拉床只有主运动，没有进给运动。拉床的主运动为拉刀的直线运动。拉床的主运动多采用液压驱动，以承受较大的切削力并使拉削过程平稳。

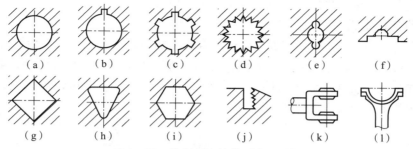

图 3 – 53 拉削加工的典型表面形状

（a）拉圆孔；（b）拉内键槽；（c）拉内齿轮；（d）拉内锯齿面；（e）拉内成形面；

（f）拉内半圆孔；（g）拉内方孔；（h）拉内三角孔；（i）拉内六角；

（j）拉外锯齿；（k）拉平面；（l）拉连杆半圆孔

　　拉床按加工表面种类不同可分为内拉床和外拉床，分别用于拉削工件的内、外表面。按机床布局可分为卧式拉床和立式拉床。图 3 – 54（a）所示为拉床中最常用的卧式内拉床，用以拉花键孔、键槽和精加工孔。图 3 – 54（b）所示为立式外拉床，因行程较短，多用于汽车、拖拉机行业加工气缸体等零件的平面。拉床的主参数是额定拉力（吨）。

图 3 – 54 拉床

（a）卧式拉床；（b）立式外拉床

1—液压缸；2—活塞杆；3—随动支架；4—刀夹；5—床身；6—拉刀；

7—支承座；8—工件；9—支承滚柱；10—拉刀尾部支架；11—工件；12—拉刀

第七节　组合机床与数控机床简介

一、组合机床

　　组合机床是以系列化、标准化的通用部件为基础，配以少量的专用部件组成的多轴、多刀、多任务工序、多面或多任务位同时加工的高效专用机床。组合机床一般采用多刀、多轴、多面或多工位、多工序同时加工方式，用来加工箱体类或特殊形状的零件，既具有专用机床的结构简单、生产率和自动化程度较高的特点，又具有一定的重新调整能力，以适应工件变化的需要。加工时，工件一般不旋转，由刀具旋转实现主运动，刀具和工件的相对移动实现进给运动来进行钻、镗、铰、攻丝、车削、铣削等切削加工，最适用于在大批、大量生产中对一种或几种类似零件的一道或几道工序进行加工。

1. 组合机床的组成

图3-55所示为一种单工位双面复合式组合机床的组成示意图。机床由立柱底座1、立柱2、动力箱3、镗削头6、滑台7、侧底座8、中间底座9等通用部件及多轴箱4、夹具5等主要专用部件组成，而这些专用部件中的绝大多数零件也是通用件或标准件，因此，给设计、制造和调整带来很大方便。

图3-55　单工位双面复合式组合机床的组成示意图

1—立柱底座；2—立柱；3—动力箱；4—多轴箱；5—夹具；

6—镗削头；7—滑台；8—侧底座；9—中间底座

被加工工件安装在夹具5中，加工时固定不动。多轴箱4上的许多钻头（或其他孔加工刀具）和镗削头6上的镗刀，分别由电动机通过动力箱3、多轴箱4和传动装置驱动作旋转主运动，并由各自的滑台7带动作直线运动，完成预定的运动循环。

2. 组合机床的特点

组合机床具有如下特点：

①组合机床中有70%～90%的通用零、部件，由专业厂家经过精心设计和长期生产实践检验，工作稳定、可靠，使用和维修方便。

②设计和制造组合机床，只是设计少量专用部件，可大大缩短设计、制造周期，降低研制成本。

③工序集中，可多面、多任务位、多轴、多刀同时自动加工，所以生产率高。

④当加工对象改变时，通用零部件可重复利用，可按产品或工艺要求，组成新组合机床及自动线，有利于产品更新。

二、数控机床

数控机床是一种装有程序控制系统的自动化机床。该控制系统能够逻辑地处理具有控制编码或其他符号指令规定的程序，并将其译码，从而使机床动作并加工零件。数控机床是综合应用电子技术、计算技术、自动控制、精密测量和机床设计等领域的先进技术成就而发展起来的一种新型自动化机床，其操作和监控全部在程序控制系统这个数控单元中完成，具有广泛的通用性和较大的灵活性，是柔性制造系统、计算机集成制造系统等的主体设备。

数控机床自 20 世纪 50 年代产生以来，经过几代数控技术的革新，以前采用的专用计算机数控系统（NC）已逐渐被淘汰，目前广泛采用计算机数控系统（CNC）和微处理器控制系统（MNC），它们的控制原理相同，并充分利用现有 PC 的软、硬件资源，正在开发新一代数控系统（PC－NC），规范设计智能数控系统。数控机床本身也在结构、性能、传动方式等多方面取得了较大的进展，产生了加工中心、高速加工机床（中心）、并联机床等一些各具特色的加工设备。

1. 数控机床的组成、工作原理和特点

（1）数控机床的组成

数控机床一般由下列几个部分组成，如图 3－56 所示。

图 3－56 数控机床的组成

①数控装置。这是数控机床的中枢，包括硬件（印刷电路板、CRT 显示器、键盒、纸带阅读机等）以及相应的软件，用于输入数字化的零件程序，并完成输入信息的存储、数据的变换、插补运算以及实现各种控制功能。

②控制介质。这是将零件的加工信息送到数控装置的信息载体，有多种形式，如穿孔带、穿孔卡、磁带及磁盘、光盘和 USB 接口介质等。随着 CAD/CAM 技术的发展，有些数控设备可利用 CAD/CAM 软件在其他计算机上编程，再通过计算机与数控系统通信技术，将程序和数据直接传送给数控装置。

数控装置和控制介质组成了 CNC 系统。

③伺服系统。这是数控机床执行机构的驱动部件，包括驱动和执行两大部分，并与机床上的机械传动和执行部件组成数控机床的进给系统。伺服系统接受数控装置的指令，并按照指令信息要求带动机床的执行部件运动，以加工出符合要求的零件，其性能决定了数控机床的加工精度、表面质量、工作效率、响应快慢和稳定程度等。常用的伺服驱动组件有步进电动机、宽调速直流伺服电动机、交流伺服电动机和直线电机等。

④机床本体。它是数控机床的机械主体，同普通机床相似，就是数控机床上完成各种切削加工的机械部件。它对数控装置和伺服系统的功能的实现有较大的影响，所以在结构设计时需要采取一些措施：如采用高性能的主轴及伺服传动系统，以缩短传动链，简化机械传动结构；更多地采用高效、精密传动部件，如滚珠丝杠副和直线滚动导轨等，以减少摩擦，提高传动精度；提高部件的刚度、阻尼和耐磨性，减小热变形等。

除上述4个主要部分外，数控机床还有一些辅助装置和附属设备，如电器、液压、气动系统，冷却、排屑、润滑、照明、储运装置，以及编程机、对刀仪等，作用是接收数控装置发出的辅助指令信号，经过编译、逻辑判断、功率放大等处理后驱动相应的部件完成一些辅助功能，如工件的自动夹紧、松开，自动喷冷却液等。

（2）数控机床的工作原理

数控机床的加工原理框图如图3-57所示。首先将被加工零件的几何信息和工艺信息用数字量表示出来，用规定的代码和格式编制出数控加工程序，然后用适当的控制介质将此加工程序输入到数控装置。数控装置对输入的信息进行处理和计算后，将结果输出到机床的伺服系统，控制机床运动部件按预定的轨迹和速度运动。当加工对象改变时，除了重新装夹工件和更换刀具外，只需更换一个事先准备好的控制介质，不需对机床做任何调整，就能自动加工出所需的零件。

（3）数控机床的特点

与普通机床相比，数控机床有以下优点：

①只需更换零件程序就能加工不同零件，因此适应性强，特别有利于加工形状复杂的工件和试制新产品。

图3-57 数控机床的工作原理框图

②提高了机床本体部件的精度、刚度等性能，且加工过程由数控系统控制，消除了操作者的主观误差，因此加工精度高，产品质量稳定。

③数控机床具有不停车自动变速和快速空行程等辅助功能，大大缩短了辅助时间，因此生产率较高。

④通过程序编制，可以方便地加工形状复杂的零件。

⑤机床自动化程度高，可以减轻操作者的劳动强度。

数控机床也存在着一些问题：如成本比普通机床高、需要专门的维护保养人员和熟练的零件编程技术人员等。

2. 加工中心

加工中心是一种功能较全的数控机床，往往配有刀库、换刀机械手、交换工作台、多动力头等装置。数控系统能控制机床按不同工序自动选择、更换刀具、自动对刀、自动改变主轴转速、进给量等，一次装夹即可连续完成铣削、镗削、钻削、铰削、攻丝等多种工序，因而大大减少了工件装夹、测量和机床调整等辅助工序时间，对加工形状比较复杂、精度要求较高、品种更换频繁的零件具有良好的经济效果，也可大大节约机床的数量。图3-58所示为立式加工中心，它实质上是一种具有自动换刀装置的CNC数控立式镗铣机床，主要用于加工箱体类零件。

图 3 - 58　立式加工中心

1—床身；2—滑座；3—工作台；4—数控柜底座；5—立柱；
6—数控柜；7—刀库；8—机械手；9—主轴箱

3. 高速加工机床

（1）高速加工机床简介

高速加工是指采用比传统切削速度高出很多（通常高出 5 ~ 10 倍）的速度进行的加工。它集高效、优质、低耗于一身，以高切削速度、高进给量、高加工精度为主要特征。自 20 世纪 30 年代德国切削物理学家萨洛蒙博士提出高速切削的基本理论，已经有 80 多年的历史，但相应的高速切削技术却进展缓慢，原因主要就在于缺乏相应的高速加工机床技术的支持。近些年来，随着科学技术水平的提高，特别是机床各主要单元技术（如主轴技术、CNC 技术、进给技术、高速刀具技术、检测技术等）的迅速发展，推动了高速加工机床技术的快速发展，已经从 90 年代中后期的三轴高速加工中心发展到五轴高速加工中心，驱动方式已从直线运动（$X/Y/Z$ 轴）的伺服电机和滚珠丝杠驱动发展到目前的直线电动机驱动，回转运动（A 和 C 轴）采用了直接驱动的转矩电动机，有的公司通过直线电动机和转矩电动机使加工中心发展成全采用直接驱动的五轴加工中心，显著提高了高速加工中心的行程速度、动态性能和定位精度。图 3 - 59 所示为瑞士 MIKRON 公司生产的 MIKRON UCP800DURO 高速加工中心，其主轴最高转速为 20 000 r/min，最大快移速度为 30 m/min，刀库内有 30 把刀具，主电动机功率为 30 kW，主轴最大扭矩为 91 N·m，重复定位精度为 ±0.002 mm，主轴端径向圆跳动小于 3 μm。机床的工作台尺寸为 600 mm × 600 mm，工作行程分别为 X 800 mm、Y 650 mm、Z 500 mm、回转轴 C 为 $n×360°$，摆动轴为 A +120°/ -100°。

图 3-59 高速加工中心

高速切削所用的 CNC 机床、刀具和 CAD/CAM 软件等，技术含量高，价格昂贵，使高速切削投资很大，这在一定程度上制约了高速切削技术的推广应用。高速机床要求高性能的主轴单元和冷却系统、高刚性的机床结构、安全装置以及优良的静动力特性等等，主要表现在以下几个方面：

①机床结构的刚性。要求机床提供高速进给的驱动器（快进速度约 40 m/min，3D 轮廓加工速度为 10 m/min），能够提供 $0.4 \sim 10$ m/s^2 的加速度和减速度。

②主轴和刀柄的刚性。要求满足 10 000 ~ 50 000 r/min 的转速，通过主轴压缩空气或冷却系统控制刀柄和主轴间的轴向间隙不大于 0.000 2 英寸[①]。

③控制单元。要求 32 或 64 位并行处理器，具有高的数据传输率，能够自动加减速。

④可靠性与加工工艺。能够提高机床的利用率（6 000 h/y）和无人操作的可靠性，工艺模型有助于对切削条件和刀具寿命之间关系的理解。

（2）高速加工机床关键部件

①高频电主轴。高速主轴是高速加工中心最重要的部件。要求动平衡性很高，刚性好，回转精度高，有良好的热稳定性，能传递足够的力矩和功率，能承受高的离心力，带有准确的测温装置和高效的冷却装置。通常采用主轴电动机一体化的电主轴部件，实现无中间环节的直接传动，电动机大多采用感应式集成主轴电动机。而随着技术的进步，新近开发出一种使用稀有材料铌的永磁电动机，该电动机能更高效、大功率地传递扭矩，且传递扭矩大，易于对使用中产生的温升进行在线控制，且冷却简单，不用安装昂贵的冷却器，加之电动机体积小，结构紧凑，所以大有取代感应式集成主轴电动机之势。最高主轴转速受限于主轴的轴

---

① 1 英寸 = 25.4 mm。

承性能，提高主轴的 dn 值是提高主轴转速的关键。目前一般使用较多的是陶瓷轴承、空气轴承以及性能极佳的磁力轴承。润滑多采用油—气润滑、喷射润滑等技术，主轴冷却一般采用主轴内部水冷或气冷。图 3 - 60 所示为一种采用陶瓷轴承的电主轴。

图 3 - 60　采用陶瓷轴承的电主轴

②高精度快速进给系统。高速加工是高切削速度、高进给率和小切削量的组合，进给速度也为传统的 5 ~ 10 倍。这就要求机床进给系统有很高的进给速度和良好的加减速特性，常规的进给系统（如滚珠丝杠）性能需要发挥到技术极限才能基本满足要求。采用先进的直线电动机驱动，使 CNC 机床不再有质量惯性、超前、滞后和振动等问题，加快了伺服响应速度，提高了伺服控制精度和机床加工精度。但直线电动机在使用中存在着承载力小、发热等问题，有待改进。图 3 - 61 所示为直线电动机驱动的快速进给系统示意图。

图 3 - 61　直线电动机驱动的快速进给系统示意图
1—减摩导轨；2—主要部件；3—工作台；4—测量系统；5—二级部件

③高性能 CNC 控制系统。高速加工要求 CNC 控制系统有快速处理数据的能力，来保证高速加工时的插补精度。新一代的高性能 CNC 控制系统采用 32 位或 64 位 CPU，程序段处理时间短至 1.6 ms。近几年网络技术已成为 CNC 机床加工中的主要通信手段和控制工具，相信不久的将来，将形成一套先进的网络制造系统，通信将更快和更方便。大量的加工信息可通过网络进行实时传输和交换，包括设计数据、图形文件、工艺资料和加工状态等，极大地提高了生产率。但目前用得最多的还是利用网络改善服务，给用户提供技术支持等。如美国 Cincinati Machine 公司研发的网络制造系统，用户只要购买所需的软件、调制解调器、网

络摄像机和耳机等，即可上网，无须安装网络服务器，通过网上交换多种信息，生产率得到了提高。日立精机机床公司开发的万能用户接口的开放式 CNC 系统，能将机床 CNC 操作系统软件和因特网连接，进行信息交换。

④安全性要求。高速加工过程中，高速旋转的刀具具有很高的能量以及很大的离心力，给机床、工件以及操作工人等造成了一定的潜在威胁。为了避免这种可能发生的潜在伤害，高速加工机床必须配备主动及被动安全防护系统，如图 3-62 所示。

图 3-62 高速加工机床的安全防护系统

4. 并联机床

（1）并联机床研究简介

前面介绍的各种机床，它们的基本结构基本相似，一般都采用由床身、立柱、主轴箱和工作台等部件串联而成的结构布局。按这种模式制造的机床，虽具有容易计算和控制、作业范围大、灵活性好等优点，但也具有一些固有缺陷，如由于串联配置，终端构件需由始端构件和中间构件带动和加速；全部的力（包括横向力和弯矩、扭矩）都作用在每一根轴上，且终端构件还要承担始端构件的重力和惯性力等；为达到机床高刚度的要求，每个环节都要为此增加更多的材料，这不但增加了材料和能源的消耗，而且制约了进给速度的提高。

直到 1994 年的芝加哥国际机床展览会（IMTS′94）上，美国两家公司 Ingersoll 以及 Giddings & Lewis 公司首次分别展出了名为 Hexapod 和 Variax 的并联机床，引起了极大的轰动，并由此带动了世界性的研究、开发并联机床的热潮。1997 年德国汉诺威国际机床展览会（EMO′97）上，展出了 10 多台并联机床样机，并首次进行了金属工件铣削表演。也就是在这次展览会上，将传统机床结构称为串联机构，而将"六条腿"类机床结构称为并联机构，在对这些机构本质的认识上有了重大的飞跃。1999 年法国巴黎欧洲机床展览会（EMO Paris′99）上出现了一些新的并联机构，配套的功能部件品种已基本齐全，出现了专门制造关键部件的厂商，说明国际上并联机床正逐步走向商品化和实用化。

国内也有多家单位对此进行了研究开发：中科院机器人学开放研究实验室 1995 年开发出了样机；清华大学在国家 863 高科技计划 CIMS 主题和清华大学"211"工程，985 先进制造学科群建设项目的支持下，与天津大学合作于 1997 年 12 月共同开发出了我国第一台具有自主知识产权的名为"VAMT1Y"的原型样机，并于 1998 年中国机床商品展览交易会（CMTF′98）上向公众展出；东北大学以钢坯修磨为实用目的研制了一台新型机器人化三腿机床；天津大学与天津第一机床厂合作研制了我国第一台商品化并联机器人机床，被列入天津市产学研重点项目，据业内权威人士评价，该机床已达国际领先水平。还有许多高校、研究所和企业也积极开展研究，如哈尔滨工业大学研制的"BJ-1并联机床"于1999年8月通过了省级鉴定，该校还和哈尔滨量具刃具厂联合研制了新一代商品化的"6自由度"的并联机床，在2001年北京国际机床展览会上展出，并进行了不锈钢1Cr13汽轮机叶片的实物切削加工，赢得了参展各界的好评，该项目获得2005年度中国机械行业科技进步二等奖。图3-63所示为哈尔滨工业大学和淮阴工学院联合开发的"BJ-04-02（A）型并联机床"，采用交叉轴式结构，在加工涡轮机叶片等复杂曲面上有明显的优势。

图3-63　BJ-04-02（A）型并联机床

（2）并联机床的组成

并联机床实质上是机器人技术与机床结构技术结合的产物。机床的主轴（动平台）与机座（静平台）之间为并联连接，称为并联结构，具有这种结构的机床称为并联机床（曾称为虚拟轴机床、"六足虫"、新概念机床等）。并联机床被誉为"21世纪新一代的加工设备""机床结构的重大革命"。这种机床通常由以下4部分组成：

①上平台。上平台是一个刚性的箱体机架，上面装有固定工件的工作台。

②下平台。下平台用来安装主轴头，主轴头内有主驱动电动机，能同时进行6轴（X、Y、Z、A、B、C）运动，有的并联机床还能进行8轴控制。

③轴向可调的6根伸缩杆（"6条腿"）。每根伸缩杆由各自的伺服电动机和滚珠丝杠驱动，一端固定在下平台机架上，另一端则与上平台相连，通过这六条腿的伸缩协调实现主轴的位置和姿态控制，以满足刀具运动轨迹的要求，理论上可加工任意复杂的曲面零件（如叶轮、模具、雕刻品等）。

④控制系统及其软件。控制系统特别是软件的开发是该类机床的关键和难点。并联机床的控制系统不仅要实现向"6条腿"定时发送实现预定刀具运动轨迹的控制信号，而且要实时处理"6条腿"长度的测量反馈信号，以立即动态补偿刀具与工件的相对位置误差。

并联机床的结构组成及其与传统机床的区别如图3-64所示。

并联机构与串联机构的区别在于：传递力的运动链是6条腿构成的6个"并联"运动链，主轴平台所受外力由6根杆分别承担，故每杆受的力要比总负荷小得多，且这些杆件只承受拉压载荷，而不承受弯矩和扭矩，因此具有刚度高、传力大、质量小、末端执行件速度快、结构简单、精度高等优点。串联机构与并联机构的主要性能对比见表3-12。

图 3-64　并联机床的结构组成及其与传统机床的区别

（a）传统机床

1—床身；2—立柱；3—主轴部件；4—刀头点；5—工作台

（b）并联机床

1—动平台；2—主轴部件；3—机床框架（固定平台）；4—伸缩杆；5—刀头点；6—工作台

表 3-12　串联机构与并联机构的主要性能对比

主要性能	串联机构	并联机构
刚性	低；柔性相互叠加；轴受到弯矩	高；刚性相互叠加；轴内只有拉力和压力
误差传递	各个轴的误差相互叠加而变大	各个轴的误差形成平均值，彼此间抵消一部分
运动质量	大；一个轴使跟随的轴加速；工件、工作台大部分都运动	小；只有主轴和腿运动；工件和工作台不动
动态性能	差；随着机床尺寸加大而恶化	好；即使大型机床也能达到很好的动态性能
坐标换算	一般不需要	绝对需要
运动耦合	各轴之间一般或少量耦合	各轴紧密耦合且非线性
控制	简单；各轴可以单独控制	复杂；需对整个系统进行控制
运动学	正运动学简单，逆运动学复杂	正运动学复杂，逆运动学简单

　　可见，两者在性能上存在对偶关系，在应用上不是替代关系，而是互补关系。传统串联机床已经有很长的发展历程和无数的应用，任何有关并联机床将取代传统机床的想法都是不现实的。

　　并联机床的出现为机床设计提供了一种全新的科学思路，对机床的产品创新具有重要的意义。但作为一个新生事物，还有许多问题有待研究，如运动学求解、关节运动精度、工作空间以及动力学性能等问题，请参考有关文献。

复习思考题

3-1 表面发生线的形成方法有哪几种？试简述其形成原理。

3-2 试以外圆车床为例分析机床的哪些运动是主运动，哪些运动是进给运动？

3-3 机床有哪些基本组成部分？试分析其主要功用。

3-4 什么是外联系传动链？什么是内联系传动链？各有何特点？

3-5 指出下列机床型号中各字母和数字代号的具体含义。

CG6125B　　　　XK5040　　　　Y3150E

3-6 分析 CA6140 型卧式车床的传动系统：

①证明 $f_纵 ≈ 0.5f_横$。

②分析车削径节螺纹时的传动路线，列出运动平衡式。为什么此时能车削出标准的径节螺纹？

③当主轴转速分别为 40、160 及 400 r/min 时，能否实现螺距扩大 4 及 16 倍？为什么？

④为何用既有光杠又有丝杠来实现刀架的直线运动？可否单独设置丝杠或光杠？为什么？

⑤为何在主轴箱中有两个换向机构？能否取消其中一个？溜板箱内的换向机构又有何用处？

⑥说明齿式离合器 M_3、M_4 和 M_5 的功用？是否可取消其中之一？

3-7 试述铣床的工艺范围、种类及其适用范围。

3-8 应用范成法与成形法加工圆柱齿轮各有何特点？

3-9 对比滚齿机和插齿机的加工方法，说明它们各自的特点及主要应用范围。

3-10 画出滚切直齿圆柱齿轮、斜齿圆柱齿轮的传动原理图，分别有哪几条传动链？各自是什么性质？

3-11 磨削加工有何特点及应用？

3-12 砂轮的特性由哪些因素决定？什么叫砂轮硬度？如何正确选择砂轮的硬度？

3-13 万能外圆磨床磨削外圆柱面有几种方法？分别需要哪些运动？

3-14 无心外圆磨床的工作原理是什么？为什么它的加工精度和生产率往往比普通外圆磨床高？

3-15 试分析卧轴矩台平面磨床与立轴圆台平面磨床在磨削方法、加工质量、生产率等方面的区别及适用场合？

3-16 常用钻床、镗床各有哪几类？分别用于什么场合？

3-17 试分析可用于加工外圆表面、内孔、平面和沟槽的各有哪些机床？它们的适用范围有何区别？

3-18 组合机床的组成有哪些？其特点是什么？适用于什么场合？

3-19 数控机床一般由哪些部分组成？试叙述其工作原理。

3-20 高速加工机床的特点及关键部件有哪些？

3-21 并联机床的组成及其与传统机床的主要区别有哪些？

第四章　机床夹具设计原理

本章知识要点：

1. 机床夹具的作用、分类及组成；
2. 六点定位原理；
3. 常见定位方式与定位件；
4. 定位误差的分析与计算；
5. 夹紧装置、夹紧力的确定；
6. 典型夹紧机构；
7. 专用夹具设计。

前期知识：

金工实习、生产实习等实践性环节，前面各章节的理论及实践知识。

　　导学： 要铣削图 4－1 所示零件的键槽，要如何确定零件在机床上的正确位置，保证相关技术要求？加工时用什么零件和方式保持这一正确位置？会有哪些误差影响加工精度？如何设计一套机构将工件固定在预定位置？

图 4－1　铣槽

第一节　概　　述

　　在机械制造中，用来固定加工对象，使其占有正确位置，以接受加工或检测的装置，统称为夹具。它广泛地应用于机械制造过程中，如焊接过程中用于拼焊的焊接夹具；零件检验过程中用的检验夹具；装配过程中用的装配夹具等。在金属切削机床上使用的夹具统称为机床夹具。在现代生产中，机床夹具是一种不可缺少的工艺装备，它直接影响着零件加工的精度、劳动生产率和产品的制造成本等。本章所讲述的夹具仅限于机床夹具，后面简称为"夹具"。

一、夹具的作用

在机床上加工零件时，为了使该工序所要加工的表面能够达到图纸所规定的尺寸、几何形状及与其他表面间的相互位置精度等技术要求，在加工前首先应将工件装好、夹牢。

把工件装好这一过程称为定位，就是在机床上使工件相对于刀具及机床占有正确的位置。工件只有在这个位置上接受加工，才能保证被加工表面达到所要求的各项技术要求。

把工件夹牢这一过程称为夹紧，以保证定位好的工件，在加工过程中不会受切削力、离心力、冲击力、振动力等外力的影响而变动位置。

因此，夹具的作用就是在加工过程中对工件进行定位和夹紧。

工件的装夹方法按其实现工件定位的方式分为两种：一种是按找正方式定位的装夹方法；另一种是用专用夹具装夹工件的方法。

1. 按找正方式定位的装夹方法

这种装夹方法，一般是先按图样要求在工件表面划线，划出加工表面的尺寸和位置，装夹时用划针或百分表找正后再夹紧。在金工实习时钻锤头上用于装锤柄的孔时，就采用"先划线、再找正"这种方法装夹。

按找正方式装夹工件的方法，能够很好地适应工序或加工对象的变换，夹具结构简单，使用简便经济，适用于单件和小批生产。但这种方式生产效率低，劳动强度大，加工质量不高，往往需要增加划线工序。

2. 用专用夹具装夹工件的方法

当生产数量大、质量要求高时，需要专用夹具加工。在成批生产中，钻图 4 − 2 所示中后盖零件上的 $\phi10$ mm 径向孔，保证距后端面距离为（18 ± 0.1）mm，$\phi10$ mm 孔的轴心线与 $\phi30$ mm 孔的中心线垂直，$\phi10$ mm 孔的轴线与下面 $\phi5.8$ mm 孔的轴线在同一平面上。其钻床夹具如图 4 − 3 所示。$\phi10$ mm 孔径尺寸由钻套 1 保证，距后端面距离（18 ± 0.1）mm 由支承板 4 保证，$\phi10$ mm 孔的轴线与 $\phi30$ mm 孔的轴线垂直由钻套和圆柱销 5 共同保证，$\phi10$ mm 孔的轴线与下面 $\phi5.8$ mm 孔的轴线在同一平面上由菱形销 9 保证。加工时拧紧螺母 7，实现定位，松开螺母 7，拿开开口垫圈 6，实现快速更换工件。

图 4 − 2 后盖零件钻径向孔的工序图

通过上面的例子，不难看出使用专用夹具装夹工件主要有以下作用：

（1）保证工件加工精度

用夹具装夹工件时，工件相对于刀具及机床的位置精度由夹具保证，不受工人技术水平的影响，使一批工件的加工精度趋于一致。

（2）提高劳动生产率

使用夹具装夹工件方便、快速，工件不需要划线找正，可显著地减少辅助工时；工件在夹具中装夹后提高了工件的刚性，因此可加大切削用量；可使用多件、多工位装夹工件的夹具，并可采用高效夹紧机构。这些都可提高劳动生产率。

（3）扩大机床的使用范围

在通用机床上采用专用夹具可以扩大机床的工艺范围，充分发挥机床的潜力，达到一机多用的目的。例如，使用专用夹具可以在普通车床上很方便地加工小型壳体类工件，甚至在车床上拉出油槽，减少了昂贵的专用机床，降低了成本。这对中小型工厂尤其重要。

（4）改善操作者的劳动条件

由于气动、液压、电磁等动力源在夹具中的应用，一方面减轻了工人的劳动强度；另一方面也保证了夹紧工件的可靠性，并能实现机床的互锁，避免事故的发生，保证了操作者和机床设备的安全。

（5）降低成本

在批量生产中使用夹具后，由于劳动生产率的提高、使用技术等级较低的工人以及废品率下降等，明显地降低了生产成本。夹具制造成本分摊在一批工件上，每个工件增加的成本是极少的。工件批量越大，使用夹具所取得的经济效益就越显著。

但专用夹具也有其弊端，如设计制造周期长；因工件直接装在夹具体中，不需要找正工序，因此对毛坯质量要求较高等，所以专用夹具主要适用于生产批量较大，产品品种相对稳定的场合。

图 4 - 3　后盖零件钻床夹具

1—钻套；2—钻模板；3—夹具体；4—支承板；
5—圆柱销；6—开口垫圈；7—螺母；
8—螺杆；9—菱形销

二、夹具的分类

1. 按夹具的通用特性分类

根据夹具在不同生产类型中的通用特性，夹具可分为通用夹具、专用夹具、可调夹具、组合夹具和自动线夹具等 5 大类。

（1）通用夹具

通用夹具是指结构、尺寸已规格化、标准化，而且具有一定通用性的夹具，如三爪自动定心卡盘、四爪单动卡盘、平口钳、万能分度头、顶尖、中心架和电子吸盘等。这类夹具通用性强，可用来装夹一定形状和尺寸范围内的各种工件，且已标准化，可由专门厂家生产，作为机床附件供应给用户。

（2）专用夹具

专用夹具是指专为零件的某一道工序的加工而专门设计制造的。在产品相对稳定、批量较大的生产中，常用各种专用夹具，可获得较高的生产率和加工精度。

除大批大量生产之外，中小批量生产中也需要采用一些专用夹具，但在结构设计时要进行具体的技术经济分析。

（3）可调夹具

可调夹具是针对通用夹具和专用夹具的缺陷而发展起来的一类新型夹具。对不同类型和尺寸的工件，只需调整或更换原来夹具上的个别定位元件和夹紧元件便可使用。它一般又可分为通用可调夹具和成组夹具两种。前者的通用范围比通用夹具更大；后者则是一种专用可调夹具，它按成组原理设计并能加工一族相似的工件，故在多品种、中小批量生产中使用时有较好的经济效果。

（4）组合夹具

组合夹具是一种按照零件的加工要求，由一套事先制造好的标准元件和部件组装而成的标准化、模块化的夹具。标准的模块元件具有较高的精度和耐磨性，可组装成各种夹具。夹具用毕可拆卸，清洗后留待组装新的夹具。由于组合夹具具有组装迅速、周期短、能反复使用等优点，因此在单件、小批生产和新产品试制中得到广泛应用。

（5）自动线夹具

自动线夹具一般分为两大类：一是固定式夹具，它与专用夹具相似；另一种为随行夹具，使用中随工件一起运动，并将工件沿自动线从一个工位移至下一个工位。

2. 按使用的机床分类

夹具按使用机床可分为车床夹具、铣床夹具、钻床夹具、镗床夹具、磨床夹具以及其他机床夹具等。

3. 按夹紧的动力源分类

夹具按夹紧的动力源可分为手动夹具、气动夹具、液压夹具、气液增力夹具、电动夹具、电磁夹具、真空夹具、离心力夹具等。

三、夹具的组成

夹具的种类和结构虽然繁多，但它们的组成均可概括为以下几个部分。

1. 定位元件

夹具的首要任务是定位，因此无论任何夹具，都有定位元件。当工件定位基准面的形状确定后，定位元件的结构也就基本确定了。如图4-3中的圆柱销5、菱形销9和支承板4都是定位元件，通过它们使工件在夹具中占据正确的位置。

2. 夹紧装置

工件在夹具中定位后，加工前必须要将工件夹紧，以确保工件在加工过程中不因受外力作用而破坏其定位。如图4-3中的螺杆8（与圆柱销合成一个零件）、螺母7和开口垫圈6构成夹紧装置。

3. 夹具体

夹具体是夹具的基体和骨架，通过它将夹具所有元件构成一个整体。如图4-3中的夹具体3。

以上这 3 部分是夹具的基本组成部分，也是夹具设计的主要内容。

4. 对刀或导向装置

对刀或导向装置用于确定刀具相对于定位元件的正确位置。如图 4 – 3 中的钻套 1 和钻模板 2 组成导向装置，确定了钻头轴线相对定位元件的正确位置。

5. 连接元件

连接元件是确定夹具在机床上正确位置的元件。如图 4 – 2 中 3 的底面为安装基面，保证了钻套 1 的轴线垂直于钻床工作台以及圆柱销 5 的轴线平行于钻床工作台。因此，夹具体可兼作连接元件。车床夹具上的过渡盘、铣床夹具上的定位键都是连接元件。

6. 其他装置或元件

根据加工需要，有些夹具可分别采用分度装置、靠模装置、上下料装置、顶出器和平衡块等。这些元件或装置也需要专门设计。

四、夹具的现状及发展方向

夹具最早出现在 18 世纪后期。随着科学技术的不断进步，夹具已从一种辅助工具发展成为门类齐全的工艺装备。

1. 机床夹具的现状

国际生产工程科学院（CIRP）的统计表明，目前中、小批多品种生产的工件品种已占工件种类总数的 85% 左右。现代生产要求企业所制造的产品品种经常更新换代，以适应市场的需求与竞争。然而，一般企业仍习惯于大量采用传统的专用夹具，在具有中等生产能力的工厂里，约拥有数千甚至近万套专用夹具；另一方面，在多品种生产的企业中，每隔 3 ~ 4 年就要更新 50% ~80% 专用夹具，而夹具的实际磨损量仅为 10% ~20% 。特别是近年来，数控机床、加工中心、成组技术、柔性制造系统（FMS）等新加工技术的应用，对机床夹具提出了如下新的要求：

①能迅速而方便地装备新产品的投产，以缩短生产准备周期，降低生产成本；

②能装夹一组具有相似性特征的工件；

③能适用于精密加工的高精度机床夹具；

④能适用于各种现代化制造技术的新型机床夹具；

⑤采用以液压站等为动力源的高效夹紧装置，以进一步减轻劳动强度和提高生产率；

⑥提高机床夹具的标准化程度。

2. 现代机床夹具的发展方向

现代机床夹具的发展方向主要表现为标准化、精密化、高效化和柔性化四个方面。

（1）标准化

机床夹具的标准化与通用化是相互联系的两个方面。目前我国已有夹具零件及部件的行业标准 JB/T 8004—1999 以及各类通用夹具、组合夹具标准等。机床夹具的标准化，有利于夹具的商品化生产，有利于缩短生产准备周期，降低生产总成本。

（2）精密化

随着机械产品精度的日益提高，势必相应提高了对夹具的精度要求。精密化夹具的结构类型很多，例如用于精密分度的多齿盘，其分度精度可达 ±0.1 μm；用于精密车削的高精度三爪自定心卡盘，其定心精度为 5 μm。

（3）高效化

高效化夹具主要用来减少工件加工的基本时间和辅助时间，以提高劳动生产率，减轻工人的劳动强度。常见的高效化夹具有自动化夹具、高速化夹具和具有自动夹紧功能的夹具等。例如，在铣床上使用电动虎钳装夹工件，效率可提高 5 倍左右；在车床上使用高速三爪自定心卡盘，可保证卡爪在试验转速为 9 000 r/min 的条件下仍能牢固地夹紧工件，从而使切削速度大幅提高。目前，除了在生产流水线、自动线配置相应的高效、自动化夹具外，在数控机床上，尤其在加工中心上出现了各种自动装夹工件的夹具以及自动更换夹具的装置，充分发挥了数控机床的效率。

（4）柔性化

机床夹具的柔性化与机床的柔性化相似，它是指机床夹具通过调整、组合等方式，以适应工艺可变因素的能力。工艺的可变因素主要有：工序特征、生产批量、工件的形状和尺寸等。具有柔性化特征的新型夹具种类主要有：组合夹具、通用可调夹具、成组夹具、模块化夹具、数控夹具等。为适应现代机械工业多品种、中小批量生产的需要，扩大夹具的柔性化程度，改变专用夹具的不可拆结构为可拆结构，发展可调夹具结构，将是当前夹具发展的主要方向。

第二节　工件定位方法及定位元件

一、工件的定位

在确定工件定位方案时，主要利用六点定位原理，根据工件的具体结构特点和加工精度要求去正确选择定位方式、设计定位元件、进行定位误差的分析与计算。

（一）六点定位原理

一个物体在三维空间中可能具有的运动，称为自由度。在 $OXYZ$ 坐标系中，物体可沿 X、Y、Z 轴移动以及绕 X、Y、Z 轴转动，共有 6 个独立的运动，即有 6 个自由度。所谓工件的定位，就是采取适当的约束措施，来消除工件的 6 个自由度。图 4 – 4 所示为长方体工件的定位，图 4 – 5 所示为圆盘工件的定位，图 4 – 6 所示为轴类工件的定位。

(a)　　　　　　　　　　　　　　(b)

图 4 – 4　长方体工件的定位

（a）约束坐标系；（b）定位方式

图4-5 圆盘工件的定位

（a）约束坐标系；（b）定位方式

图4-6 轴类工件的定位

（a）约束坐标系；（b）定位方式

六点定位原理就是采用6个按一定规则布置的约束点，限制工件的6个自由度，使工件实现定位。

通过上述分析，说明了六点定位原则的几个主要问题：

①定位支承点是定位元件抽象而来的。在夹具的实际结构中，定位支承点要通过具体的定位元件体现，即支承点不一定用点或销的顶端，而常用面或线来代替。由数学概念可知，两点决定一条直线，三点决定一个平面，即一条直线可代替两个支承点，一个平面可代替三个支承点。在具体应用时，还可用窄长平面（条形支承）代替直线，用较小的平面来替代点。

②定位支承点与工件定位基准面始终保持接触，才能起到限制自由度的作用。

③分析定位支承点的定位作用时，不考虑力的影响。工件的某一自由度被限制，是指工件在某个坐标方向有了确定的位置，并不是指工件在受到使其脱离定位支承点的外力时不能运动。使工件在外力作用下不能运动，要靠夹紧装置来完成。

2. 工件定位时的几种情况

加工时工件的定位需要限制几个自由度，完全由工件的加工要求所决定。

（1）完全定位

工件的 6 个自由度完全被限制的定位称为完全定位。例如，图 4-7（a）所示工件上铣一个槽，要求保证工序尺寸 A、B、C，保证槽的侧面和底面分别与工件的侧面和底面平行。为保证工序尺寸 A 以及槽底和工件底面平行，工件的底面应放置在铣床工作台面相平行的平面上定位，三点可以决定一个平面，这就相当于在工件的底面上设置了三个支承点，它限制了工件 $\vec{Z}$、$\hat{Y}$ 和 $\hat{X}$ 三个自由度；为保证工序尺寸 B 以及槽侧面与工件侧面平行，工件的侧面应紧靠与铣床工作台纵向进给方向相平行的某一直线，两点可以确定一条直线，这就相当于让工件侧面靠在两个支承点上，它限制了工件 $\vec{X}$ 和 $\hat{Z}$ 两个自由度；为保证工序尺寸 C，工件的端面紧靠在一个支承点上，以限制工件 $\vec{Y}$ 自由度。这样，工件的 6 个自由度完全被限制，满足了加工要求。图 4-4～图 4-6 所示也都是完全定位的实例。

（2）不完全定位

在保证加工精度的前提下，并不需要完全限制工件的 6 个自由度，不影响加工要求的自由度可以不限制，称为不完全定位。例如，在图 4-7（a）所示工件上铣键槽，限制 $\vec{X}$、$\vec{Z}$、$\hat{X}$、$\hat{Y}$ 和 $\hat{Z}$ 5 个自由度，就可以保证图 4-7（b）所示工件的加工要求，工件沿 Y 方向的移动自由度可以不加限制。

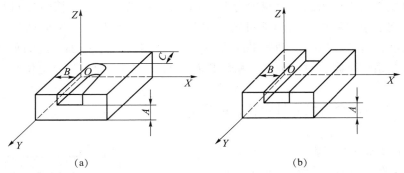

图 4-7　铣槽加工不同定位分析
（a）需完全定位；（b）不需完全定位

（3）欠定位

根据加工要求，工件应该限制的自由度未被限制，称为欠定位。例如，图 4-7（b）所示铣槽工序需限制 $\vec{X}$、$\vec{Z}$、$\hat{X}$、$\hat{Y}$ 和 $\hat{Z}$ 5 个自由度，如果在工件侧面上只放置一个支承点，则工件的 $\hat{Z}$ 自由度就未被限制，加工出来的工件就不能满足尺寸 B 的要求，也不能满足槽侧面与工件侧面平行的要求，很显然欠定位不能保证加工要求，因此是不允许的。

（4）过定位

过定位也叫重复定位。它是指几个定位支承点重复限制一个或几个自由度的定位。过定位一般是不允许的，因为它可能产生破坏定位、工件不能装入、工件变形或夹具变形。如图 4-8 所示，加工连杆孔的定位方案中，长圆柱销 1 限制 $\vec{X}$、$\vec{Y}$、$\hat{X}$、$\hat{Y}$ 4 个自由度，支承板 2 限制 $\hat{X}$、$\hat{Y}$ 和 $\vec{Z}$ 三个自由度。其中，$\hat{X}$、$\hat{Y}$ 被两个定位元件重复限制，产生过定位。若工件孔与端面垂直度误差较大，且孔与销间隙又很小，则定位情况如图4-8（b）所示，定位后工件歪斜，端面只有一点接触。若长圆柱销刚度好，压紧后连杆将变形；若刚度不足，压紧后长圆柱销将歪斜，工件也可能变形［见图4-8（b）、（c）］，二者都会引起加工大孔的位置误差，使连杆两孔的轴线不平行。

图4-8 连杆的过定位

（a）过定位；（b）工件变形；（c）销变形

1—长圆柱销；2—支承板

消除过定位及其干涉有两种途径：一是改变定位元件的结构，以减少转化支承点的数目，消除被重复限制的自由度（如生产中常用的一面两销定位方案，其中一销为削边销，其限制的自由度数目由原来的2个减少为1个）；二是提高工件定位基面之间及夹具定位元件工作表面之间的位置精度，以消除过定位引起的干涉（如上例中保证销与基面、孔与连杆端面的垂直度；再如，以一个精确平面代替三个支承点来支承已加工过的平面，可提高定位稳定性和工艺系统刚度，对保证加工精度是有利的，这种表面上的过定位在生产实际中仍然应用。

根据图4-9所示台阶式芯轴定位，回答下面几个问题：

问题1：长圆柱芯轴限制哪几个自由度？

问题2：台阶端面B限制哪几个自由度？

问题3：该工件的定位方法属于哪种定位？

问题4：该工件的定位方法有什么缺陷？如何解决？

图4-9 台阶式芯轴定位

二、典型的定位方式、定位元件及装置

工件在夹具中要想获得正确的定位，首先应正确选择定位基准，其次是选择合适的定位元件。工件定位时，工件定位基准和夹具的定位元件接触形成定位副，以实现工件的六点定位。

1. 对定位元件的基本要求

①限位基面应有足够的精度，才能保证工件的定位精度。

②限位基面应有较好的耐磨性。由于定位元件的工作表面经常与工件接触和磨擦，容易磨损，为此要求定位元件限位表面的耐磨性要好，以保持夹具的使用寿命和定位

精度。

③支承元件应有足够的强度和刚度。定位元件在加工过程中，受工件重力、夹紧力和切削力的作用，因此要求定位元件应有足够的刚度和强度，避免使用中变形和损坏。

④定位元件应有较好的工艺性。定位元件应力求结构简单、合理，便于制造、装配和更换。

⑤定位元件应便于清除切屑。定位元件的结构和工作表面形状应有利于清除切屑，以防切屑嵌入夹具内影响加工和定位精度。

2. 常用定位元件所能限制的自由度

常用定位元件可按工件典型定位基准面分为以下几类：

①用于平面定位的定位元件，包括固定支承（钉支承和板支承）、自位支承、可调支承和辅助支承。

②用于外圆柱面定位的定位元件，包括 V 形块、定位套和半圆定位座等。

③用于孔定位的定位元件，包括定位销（圆柱定位销和圆锥定位销）、圆柱芯轴和小锥度芯轴。

由于工件千变万化，代替约束的定位元件是多种多样的。各种定位元件可以代替哪几种约束、限制工件的哪些自由度，以及它们的组合可以限制的自由度情况，对初学者来说，应反复分析研究，熟练掌握。常用定位元件所能限制的自由度见表 4-1。

表 4-1　常用定位元件所能限制的自由度

工件的定位面	夹具的定位元件				
平面	支承钉	定位情况	一个支承钉	两个支承钉	三个支承钉
		图示			
		限制的自由度	$\vec{X}$	$\vec{Y}$、$\hat{Z}$	$\vec{Z}$、$\hat{X}$、$\hat{Y}$
	支承板	定位情况	一块条形支承板	两块条形支承板	一块矩形支承板
		图示			
		限制的自由度	$\vec{Y}$、$\hat{Z}$	$\hat{Z}$、$\hat{X}$、$\hat{Y}$	$\vec{Z}$、$\hat{X}$、$\hat{Y}$

续表

工件的定位面		夹具的定位元件			
圆孔	圆柱销	定位情况	短圆柱销	长圆柱销	两段短圆柱销
		图示			
		限制的自由度	$\vec{Y}$、$\vec{Z}$	$\vec{Y}$、$\vec{Z}$、$\hat{Y}$、$\hat{Z}$	$\vec{Y}$、$\vec{Z}$、$\hat{Y}$、$\hat{Z}$
		定位情况	菱形销	长销小平面组合	短销大平面组合
		图示			
		限制的自由度	$\vec{Z}$	$\vec{X}$、$\vec{Y}$、$\vec{Z}$、$\hat{Y}$、$\hat{Z}$	$\vec{X}$、$\vec{Y}$、$\vec{Z}$、$\hat{Y}$、$\hat{Z}$
	圆锥销	定位情况	固定圆锥销	浮动圆锥销	固定与浮动圆锥销组合
		图示			
		限制的自由度	$\vec{X}$、$\vec{Y}$、$\vec{Z}$	$\vec{Y}$、$\vec{Z}$	$\vec{X}$、$\vec{Y}$、$\vec{Z}$、$\hat{Y}$、$\hat{Z}$
	芯轴	定位情况	长圆柱芯轴	短圆柱芯轴	小锥度芯轴
		图示			
		限制的自由度	$\vec{X}$、$\vec{Z}$、$\hat{X}$、$\hat{Z}$	$\vec{X}$、$\vec{Z}$	$\vec{X}$、$\vec{Z}$
外圆柱面	V形块	定位情况	一块短V形块	两块短V形块	一块长V形块
		图示			
		限制的自由度	$\vec{X}$、$\vec{Z}$	$\vec{X}$、$\vec{Z}$、$\hat{X}$、$\hat{Z}$	$\vec{X}$、$\vec{Z}$、$\hat{X}$、$\hat{Z}$
	定位套	定位情况	一个短定位套	两个短定位套	一个长定位套
		图示			
		限制的自由度	$\vec{X}$、$\vec{Z}$	$\vec{X}$、$\vec{Z}$、$\hat{X}$、$\hat{Z}$	$\vec{X}$、$\vec{Z}$、$\hat{X}$、$\hat{Z}$

续表

工件的定位面		夹具的定位元件			
		定位情况	固定顶尖	浮动顶尖	锥度芯轴
圆锥孔	锥顶尖和锥度芯轴	图示			
		限制的自由度	$\vec{X}$、$\vec{Y}$、$\vec{Z}$	$\vec{Y}$、$\vec{Z}$	$\vec{X}$、$\vec{Y}$、$\vec{Z}$、$\hat{Y}$、$\hat{Z}$

3. 常用定位元件的选用

常用定位元件选用时，应按工件定位基准面和定位元件的结构特点进行选择。

（1）工件以平面定位

对于箱体、床身、机座、支架类零件的加工，最常用的定位方式是以平面为基准。平面定位方式所需的定位元件及定位装置均已标准化，下面作一简单介绍。

①支承钉和支承板。支承钉和支承板又称为固定支承。支承钉有平头、圆头和花头之分，如图4-10所示。圆头支承钉容易保证它与工件定位基准面间的点接触，位置相对稳定，但易磨损，多用于粗基准定位。平头支承钉则可以减少磨损，避免压坏定位表面，常用于精基准定位。花头支承钉摩擦力大，但由于其容易存屑，常用于侧面粗定位。

图4-10　支承钉

（a）平头；（b）圆头；（c）花（锯齿）头

两种常用的支承板如图4-11所示，用于大、中型零件的精基准定位。图4-11（a）为平板式支承板，结构简单、紧凑，但不易清除落入沉头螺孔中的切屑，一般用于侧面定位。图4-11（b）为斜槽式支承板，它在结构上做了改进，即在支承面上开两个斜槽为固定螺钉用，使清屑容易，适用于底面定位。

②可调节支承。在夹具体上，支承点的位置可调节的定位元件可称为可调支承。图4-12所示为几种常用的可调支承。调整时要先松后调，调好后用锁紧螺母锁紧。

图4-11　支承板

（a）平板式；（b）斜槽式

图 4 – 12　可调节支承

（a）平头可调支承；（b）圆头可调支承

图 4 – 13（a）所示工件为砂型铸件，在加工过程中，一般先铣 B 面，再以 B 面为基准镗双孔。为了保证镗孔工序有足够和均匀的余量，最好先以毛坯孔为粗基准，但装夹不太方便。此时可将 A 面置于调节支承上，通过调整调节支承的高度来保证 B 面与两毛坯中心的距离尺寸 H_1、H_2，对于毛坯尺寸比较准确的小型工件，有时每批仅调整一次，这样对于一批工件来说，调节支承即相当于固定支承。

在同一夹具上加工形状相似而尺寸不等的工件时，也常采用调节支承。如图 4 – 13（b）所示，在轴上钻径向孔。对于孔至端面的距离不等的几种工件，只要调整支承钉的伸出长度，该夹具便都可适用。

图 4 – 13　可调节支承的应用

（a）粗加工；（b）加工形状相似工件

③浮动支承（自位支承）。在工件定位过程中，能自动调整位置的支承称为浮动支承。浮动支承的结构如图 4 – 14 所示，它们与工件的接触点数虽然是二点、三点或更多点，但仍只限制工件的一个自由度。浮动支承点的位置随工件定位基准面的变化而自动调节，当基面有误差时，压下其中一点，其余各点即上升，直到全部接触为止。由于增加了接触点数，可提高工件的安装刚性和定位的稳定性，但夹具结构较复杂。浮动支承适用于工件以毛坯定位或刚性不足的场合。

④辅助支承。辅助支承是每个工件定位后才经调整而参与支承的元件，它不起定位作用，而是用来提高工件的装夹刚度和稳定性，承受工件的重力、夹紧力或切削力。如图 4 – 15所示，铣凸台面时，工件以左侧圆柱销定位。由于右端为一悬臂，铣削时工件的刚

性差。若在 A 处设置一辅助支承，用来承受铣削力，既不破坏定位，又增加了工件的刚性。图 4-16 所示为几种常用的辅助支承结构。

图 4-14　浮动支承

（a）锯齿头；（b）圆头；（c）平头

图 4-15　铣凸台面时辅助支承的应用

图 4-16　辅助支承

（a）销锁定；（b）螺母锁定；（c）斜面锁定

1—活塞杆；2—斜面顶销；3—滑柱支承

　　各种辅助支承在每次卸下工件后，必须松开，装上工件后再调整和锁紧。由于采用辅助支承会使夹具结构复杂，操作时间增加，因此当定位基准面精度较高，允许重复定位时，往往用增加固定支承的方法来增加支承刚度。

（2）工件以内孔表面定位

工件以孔为定位基准时，常用的定位元件是各种定位销和定位芯轴。定位销和定位芯轴的种类比较多，所限制的自由度数应具体分析。

①定位销。定位销可分为固定式和可换式两种。图 4 – 17（a）、（b）、（c）所示为固定式定位销，固定式定位销是直接用过盈配合装在夹具体上，图 4 – 17（d）所示为可换式定位销。

$d < 10$ $d = 10 \sim 18$ $d > 18$ $d > 10$

（a）   （b）   （c）   （d）

图 4 – 17　几种常用的定位销

（a），（b），（c）固定式；（d）可换式

当定位销直径 d 为 $3 \sim 10$ mm 时，为增加刚性，避免使用中折断或热处理时淬裂，通常把图 4 – 17 定位销顶部倒成圆角 R。夹具体上应设有沉孔，使定位销的圆角部分沉入孔内而不影响定位。在大量生产时，工件更换频繁，定位销易于磨损丧失定位精度，需要定期更换，可采用图 4 – 17（d）所示的可换式定位销，衬套外径与夹具体为过渡配合，衬套内径与圆柱销为间隙配合，两者存在的定位间隙会影响定位精度。但这种方式可就地更换定位销，快速方便。为便于工件装入，定位销头部有 15°倒角。定位销的有关参数可查阅有关国家标准。

圆锥销常用于工件孔端的定位，其结构如图 4 – 18 所示。图 4 – 18（a）用于精基准，图 4 – 18（b）用于粗基准，均可限制三个自由度。

（a）   （b）

图 4 – 18　圆锥销定位

（a）完整锥面；（b）削边锥面

②定位芯轴。定位芯轴主要用于盘套类零件的定位。工件在芯轴上的定位通常限制了工件除绕自身轴线转动和沿自身轴线移动以外的4个自由度，是4点定位。

芯轴形式很多，图4－19所示为几种常见的刚性芯轴。其中图4－19（a）所示为过盈配合芯轴，图4－19（b）所示为间隙配合芯轴，图4－19（c）所示为小锥度芯轴。

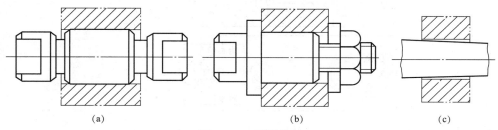

（a）　　　　　　　　　　　　　（b）　　　　　　　　　　　　（c）

图4－19　刚性芯轴

（a）过盈配合芯轴；（b）间隙配合芯轴；（c）小锥度芯轴

小锥度芯轴的锥度为1：5 000～1：1 000。工件安装时轻轻敲入或压入，通过孔和芯轴接触表面的弹性变形来夹紧工件。使用小锥度芯轴定位可获得较高的定位精度。

除了刚性芯轴外，在生产中还经常使用弹性芯轴、液塑芯轴、自动定心芯轴等。这些芯轴在对工件定位的同时也将工件夹紧，使用方便。

（3）工件以外圆表面定位

以圆柱表面定位的工件有轴类、套类、盘类、连杆类以及小壳体类等。常用的定位元件有V形块、定位套、半圆套、圆锥套等。

①V形块。不论定位基准是否经过加工、是完整的圆柱面还是圆弧面，都可以采用V形块定位。其优点是对中性好，即能使工件的定位基准轴线对中在V形块两斜面的对称面上，而不受定位基面直径误差的影响，并且安装方便。

常用V形块的结构如图4－20所示。

（a）　　　　（b）　　　　（c）　　　　（d）

图4－20　常用V形块的结构

（a）短V形块；（b）长中凸V形块；（c）分段长V形块；（d）长镶硬V形块

图4－20（a）用于精基准定位，且基准面较短；4－20（b）适用于粗基准或阶梯形圆柱面的定位；4－20（c）适用于长的精基准表面或两段相距较远的轴定位；4－20（d）适用于直径和长度较大的重型工件，其V形块采用铸铁底座镶淬硬的支承板或硬质合金的结构，以减少磨损，提高寿命和节省钢材。

V形块两斜面间的夹角 α，一般选用60°、90°、120°，以90°V形块应用最广，其结构和尺寸均已标准化。

V形块有固定式和活动式两种。图4－21所示为加工连杆孔时用活动式V形块定位，活动式V形块限制工件一个转动自由度，其沿V形块对称面方向的移动可以补偿工件因毛坯尺寸变化而对定位的影响，同时还兼有夹紧的作用。

图4-21 活动式V形块的应用

（a）水平移动；（b）垂直移动；（c）不同轴水平移动

②定位套。图4-22所示为常用工件在定位套内定位的情况，其内孔轴线是限位基准，内孔面是限位基面。为了限制工件沿轴向的自由度，常与端面联合定位。用端面作为主要限位面时，应控制套的长度，以免夹紧时工件产生不允许的变形。

图4-22 工件在定位套内定位

（a）普通定位套；（b）带螺纹定位套

定位套结构简单、容易制造，但定心精度不高，故只适用于精定位基面。

③半圆套。图4-23所示为外圆柱面用半圆套定位的结构。下面的半圆套是定位元件，上面的半圆套起夹紧作用，其最小直径应取工件定位外圆的最大直径。这种定位方式主要用于大型轴类零件及不便于轴向装夹的零件。定位基面的精度不低于IT9～IT8，其定位的优点是夹紧力均匀，装卸工件方便。

问题1：三爪卡盘属于什么定位方式？当三爪卡盘夹持工具部位长的时候限制几个自由度？当夹持工件部位短的时候限制几个自由度？

问题2：举例说明哪些情况下可以出现过定位？

图 4 – 23　外圆柱面用半圆套定位的结构

（a）上面的半圆套可拆卸；（b）上面的半圆套可旋转

（4）工件以组合表面定位

前面介绍了一些常见的典型定位方式，从中可以看出，它们都是以一些简单的几何表面（如平面、内外圆柱面、圆锥面等）作为定位基准的。因为尽管机器零件的结构形状千变万化，但它们只是由一些简单的几何表面作各种不同的组合而构成的。因此，只要掌握简单几何表面的典型定位方式，就可以根据各种复杂零件的表面组成情况，把它们的定位问题简化为一些简单几何表面的典型定位方式的各种不同组合。从前面所列举的一些定位实例中，也可看到，一般机器零件很少以单一几何表面作为定位基准来定位，通常都是由两个以上的几何表面作为定位基准而采取组合定位。

采用组合定位时，如果各定位基准之间彼此无紧密尺寸联系（即没有尺寸精度要求），那么，这些定位基准的组合定位，就只能是把各种单一几何表面的典型定位方式直接予以组合而不能彼此发生重复限制自由度的过定位情况。但在实际生产中，有时是采用两个以上彼此有一定紧密尺寸联系（即有一定尺寸精度要求）的定位基准作组合定位，以提高多次重复定位时的定位精度。这时，常会发生相互重复限制自由度的过定位现象。由于这些定位基准相互之间有一定尺寸精度联系，因此只要设法协调定位元件与定位基准的相互尺寸联系，就可克服上述过定位现象，以达到多次重复定位时，提高定位精度的目的。下面就以生产中最常见的"一面两孔"定位为例来进行分析。

① "一面两孔"定位时要解决的主要问题。在成批和大量生产中，加工箱体、杠杆、盖板等类零件时，常常以一平面和两定位孔作为定位基准实现组合定位。这时，工件上的两个定位孔，可以是工件结构上原有的，也可以专为工艺上定位需要而特地加工出来的。

"一面两孔"定位时所用的定位元件是：平面采用支承板定位，两孔采用定位销定位，如图 4 – 24（a）所示。"一面两孔"定位中，支承板限制了 3 个自由度，短圆柱定位销 1 限制了 2 个自由度，还剩下一个绕垂直轴线的转动自由度需要限制。短圆柱定位销 2 也要限制 2 个自由度，它除了限制这个转动自由度外，还要限制一个沿 X 轴的移动自由度。但这个移动自由度已被短圆柱定位销 1 所限制，于是两个定位销 1 重复限制沿 X 轴的移动自由度 $\vec{X}$ 而发生矛盾。最严重时，便如图 4 – 24（b）所示。我们先不考虑两定位销中心距的误差，假设销心距为 L；一批工件中每个工件上的两定位孔的孔心距是在一定的公差范围内变化的，其中最大是 $L+\delta$，最小是 $L-\delta$，即在 2δ 范围内变化。当这样一批工件以两孔定位装入夹具的定位销中时，就会出现像图 4 – 24（b）所示那样的工件根本无法装入的严重情况，这就是因为定位销1和定位销2重复限制了 $\vec{X}$ 自由度所引起的。由于两定位销中心距和两定位孔中心距，都在规定的公差范围内变化，因而只要设法改变定位销2的尺寸偏差或定位销2的结构，来补偿在这个范围内的中心距变动量，便可消除因重复限制 X 自由度所引起的矛盾。这就是采用"一面两孔"定位时所要解决的主要问题。

图4-24　"一面两孔"的组合定位

（a）一面两孔定位；（b）产生干涉

②解决两孔定位问题的两种方法

a. 采用两个圆柱定位销作为定位元件。当选用两个圆柱定位销作为定位元件时，采用减小定位销2直径的方法来解决上述两孔装不进定位销的矛盾，如图4-25所示。

b. 采用一个圆柱定位销和一个削边（又称菱形）定位销作为两孔定位时所用的定位元件，如图4-26所示，假定定位孔1和定位销1的中心完全重合，则两定位孔间的中心距差和两定位销间的中心距误差，全部由定位销2来补偿。

图4-25　减小定位销的直径

图4-26　使用削边销

常用的削边定位销结构如图4-27所示。图中4-27（a）用于定位孔直径很小时，为了不使定位销削边后的头部强度过分减弱，所以不削成菱形。图4-27（c）是用于孔径大于50 mm时，这时销钉本身强度已足够，主要是为了求得制造更为简便。直径为3～

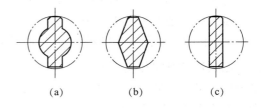

图4-27　削边削的形式

（a）圆槽削边销；（b）菱形削边销；（c）直槽削边销

50 mm的标准削边销都是做成菱形的。

三、定位误差及其分析计算

1. 定位误差产生的原因

六点定位原则解决了消除工件自由度的问题，即解决了工件在夹具中位置"定与不定"的问题。但是，由于一批工件逐个在夹具中定位时，各个工件所占据的位置不完全一致，即出现工件位置定得"准与不准"的问题。如果工件在夹具中所占据的位置不准确，加工后各工件的加工尺寸必然大小不一，形成误差。这种只与工件定位有关的误差称为定位误差，用 Δ_D 表示。因为对一批工件来说，刀具经调整后位置是不动的，即被加工表面的位置相对于定位基准是不变的，所以定位误差就是工序基准在加工尺寸方向上的最大变动量。

在工件的加工过程中，产生误差的因素很多，定位误差仅是加工误差的一部分，为了保证加工精度，一般限定定位误差不超过工件加工公差 T 的 $1/5 \sim 1/3$，即

$$\Delta_D \leqslant \left(\frac{1}{5} \sim \frac{1}{3}\right)T \tag{4-1}$$

式中　Δ_D——定位误差，mm；

T——工件的加工误差，mm。

造成定位误差的原因有：

①定位基准与工序基准不一致所引起的定位误差，称基准不重合误差，即工序基准相对定位基准在加工尺寸方向上的最大变动量，以 Δ_B 表示。

②定位副的制造公差及最小配合间隙的影响，会引起定位基准在加工尺寸方向上有位置变动，其最大位置变动量称为基准位移误差，以 Δ_Y 表示。

（1）基准不重合误差

如图 4-28（a）所示，工件以内孔在芯轴上定位铣键槽。对于工序尺寸 a 来说，其工序基准为外圆下母线 A，而所用的定位基准为内孔中心线 O，故基准不重合。由于一批工件的外圆直径在 $d_{min} \sim d_{max}$ 变化，使工序基准 A 的位置也发生变化，从而导致这一批工件的加工尺寸 a 有了误差。由图 4-28（b）可知，基准不重合误差为

$$\Delta_B = \frac{d_{max}}{2} - \frac{d_{min}}{2} = \frac{T_d}{2} \tag{4-2}$$

式中　T_d——工件外圆的直径公差，mm。

（2）基准位移误差

图 4-28（a）所示的工件，由于定位副有制造公差和最小配合间隙，假设工件定位后始终是内孔的上母线与芯轴的上母线相接触，则工件内孔中心线与芯轴中心线 O 不同轴，如图 4-28（c）所示，一批工件的定位基准——内孔中心线在 O_1 和 O_2 之间变动，从而也会使一批工件的加工尺寸 a 有误差。由图 4-28（c）可知，基准位移误差为

$$\Delta_Y = OO_2 - OO_1 = \frac{D_{max} - d_{0min}}{2} - \frac{D_{min} - d_{0max}}{2} = \frac{T_D + T_{d_0}}{2} \tag{4-3}$$

式中　T_D——工件内孔的直径公差，mm；

T_{d_0}——定位芯轴的直径公差，mm。

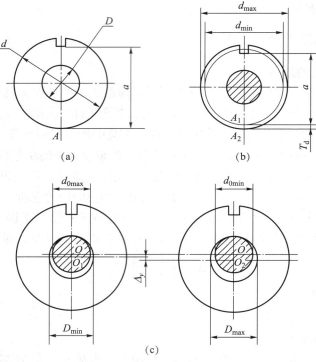

图 4 – 28　定位误差的产生

（a）工件；（b）基准不重合误差；（c）基准位移误差

2. 常见定位方式的定位误差分析与计算

（1）工件以平面定位时的误差

工件以平面定位，夹具上相应的定位元件是支承钉或支承板，工件定位面的平面度误差和定位元件的平面度误差都会产生定位误差。从高度工序尺寸来说，如图 4 – 29 所示，当用已加工平面作定位基面时，此项误差很小，一般可忽略不计。对于水平方向的工序尺寸，其定位基准为工件左侧面 A，工序基准与定位基准重合，即 $\Delta_{jb} = 0$。由于工件左侧面与底面存在角度误差（$0 \pm \Delta\alpha$），对于一批工件来说，其定位基准 A 的最大变动量为水平方向的基准位移误差，即

图 4 – 29　平面定位的定位误差计算

$$\Delta_{jw} = 2H\tan\Delta\alpha \tag{4-4}$$

水平方向的尺寸定位误差为

$$\Delta_{dw} = \Delta_{jb} + \Delta_{jw} = 2H\tan\Delta\alpha \tag{4-5}$$

式中　H——侧面支承点到底面的距离，当 H 等于工件高度的一半时，定位误差达最小值，所以从减小误差出发，侧面支承点应布置在工件高度一半处。

（2）工件以外圆在 V 形块上定位时定位误差计算

如图 4-30 所示的键槽工序，工件在 V 形块上定位，定位基准为圆柱轴心线。如果忽略 V 形块的制造误差，则定位基准在垂直方向上的基准位移误差为

$$\Delta_Y = OO_1 = \frac{d}{2\sin\frac{\alpha}{2}} - \frac{d - \delta_d}{2\sin\frac{\alpha}{2}} = \frac{\delta_d}{2\sin\frac{\alpha}{2}} \tag{4-6}$$

图 4-30　工件在 V 形块上的定位误差分析

对于图中的 3 种尺寸标注，下面分别计算其定位误差。

当尺寸标注为 B_1 时，工序基准和定位基准重合，故基准不重合误差 $\Delta_B = 0$。所以 B_1 尺寸的定位误差为

$$\Delta_{D(B_1)} = \Delta_Y = \frac{\delta_d}{2\sin\frac{\alpha}{2}} \tag{4-7}$$

当尺寸标注为 B_2 时，工序基准为上母线。此时存在基准不重合误差，即

$$\Delta_B = \frac{1}{2}\delta_d \tag{4-8}$$

所以 Δ_D 应为 Δ_B 与 Δ_Y 的矢量和。由于当工件轴径由最大变到最小时，Δ_B 与 Δ_Y 都是向下变化的，所以它们的矢量和应是相加，则

$$\Delta_{D(B_2)} = \Delta_Y + \Delta_B = \frac{\delta_d}{2\sin\frac{\alpha}{2}} + \frac{1}{2}\delta_d = \frac{\delta_d}{2}\left(\frac{1}{\sin\frac{\alpha}{2}} + 1\right) \tag{4-9}$$

当尺寸标注为 B_3 时，工序基准为下母线。此时基准不重合误差仍然是 $\frac{1}{2}\delta_d$，但当 Δ_Y 向

下变化时，Δ_B 的方向是朝上，所以它们的矢量和应是相减，则

$$\Delta_{D(B_3)} = \Delta_Y - \Delta_B = \frac{\delta_d}{2}\left(\frac{1}{\sin\dfrac{\alpha}{2}} - 1\right) \quad (4-10)$$

通过以上分析可以看出：工件以外圆在 V 形块上定位时，加工尺寸的标注方法不同，所生产的定位误差也不同，所以定位误差一定是针对具体尺寸而言的。在这 3 种标注中，从下母线标注的定位误差最小，从上母线标注的定位误差最大。

（3）圆孔定位时的定位误差

工件以圆孔定位时产生定位误差的原因是圆孔与芯轴（或定位销）之间存在安装所需的间隙，造成圆孔中心与芯轴（或定位销）中心发生偏移而产生了基准位移误差。如果工件以圆孔中心线为其工序基准在过盈配合芯轴上定位，因无间隙存在，圆孔中心线的位置固定不变，属于基准重合，故不产生定位误差。

①固定边接触。如图 4 - 31（a）所示，工件以圆孔在动配合芯轴上定位，若加工平面 M，要求保证加工表面位置尺寸 h。此时，假设工件轴心线与芯轴轴心线重合，在这种理想的安装位置上不会有定位误差产生。但由于定位圆孔与芯轴间存在着装配间隙，若芯轴水平设置，工件便会因自重而始终使圆孔上母线和芯轴上母线保持固定边接触，如图 4 - 31（b）所示。此时，工件上加工平面 M 的工序基准（定位圆孔中心线）向下产生偏移，由点 O 移至点 O_1。因此，工序基准 O 的极限位置变动量就是对加工尺寸 h 所产生的定位误差，即

$$\Delta_{\text{dw}(h)} = OO_1 = h' - h'' = \frac{1}{2}\left(D_{\max} - d_{\min}\right) \quad (4-11)$$

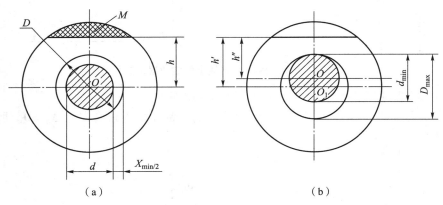

图 4 - 31　固定边接触时的定位误差

（a）轴心线重合；（b）存在装配间隙

②非固定边接触。如图 4 - 32（a）所示，工件仍以圆孔在动配合芯轴上定位，若要求在该零件上加工一侧平面，并保证加工尺寸 L。如果芯轴垂直设置时，工件定位圆孔与芯轴母线之间的接触可以是任意方向，即非固定边接触。工序基准 O 的最大变动范围，如图 4 - 32（b）中虚线圆所示。本例中，对加工尺寸 L 产生影响的工序基准最大变动量为 OO_1。因此，对尺寸 L 所产生的定位误差为

$$\Delta_{\text{dw}(L)} = OO_1 = L' - L'' = OO_1 + OO_2 = D_{\max} - d_{\min} \quad (4-12)$$

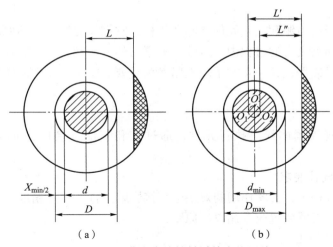

图 4 - 32 非固定边接触时的定位误差

（a）加工工序图；（b）最大变动范围

第三节 工件在夹具中的夹紧

在机械加工过程中，工件会受到切削力、离心力、惯性力等的作用。为了保证在这些外力作用下，工件仍能在夹具中保持已由定位元件所确定的加工位置，而不致发生振动和位移，在夹具结构中必须设置一定的夹紧装置将工件可靠地夹牢。

一、夹紧装置的组成和要求

1. 夹紧装置的组成

夹具中的夹紧装置一般由以下 3 个部分组成，如图 4 - 33 所示。

图 4 - 33 气压夹紧铣床夹具

1—压板；2—铰链臂；3—活塞杆；4—气缸；4—活塞

（1）动力源装置

夹紧装置中产生动力的部分叫作动力源装置。常用的动力源装置大多采用机动夹紧方式，所使用的动力源主要有气动、液压、电动、真空以及利用机床的运动等，其中，以气动和液压装置的应用最为普遍。图 4 - 33 中气缸、活塞组成气压夹紧中的一种动力装置。

（2）传力机构

传力机构是介于动力源和夹紧元件之间的机构，它把动力源产生的原动力传递给夹紧元件。传力机构在传递夹紧力的过程中，可改变夹紧力的方向和大小。它还具有一定的自锁性能，以保证夹紧的可靠性，这一点对手动夹紧尤为重要。图4-33中的铰链臂、活塞杆便是中间传力机构。

（3）夹紧元件

夹紧元件是实现夹紧的最终执行元件，通过它和工件直接接触而完成夹紧工件，如图4-32中的压板。

2. 夹紧装置的设计要求

在夹紧工件的过程中，夹紧作用的效果会直接影响工件的加工精度、表面粗糙度以及生产效率。因此，设计夹紧装置应遵循以下原则：

（1）工件不移动原则

夹紧过程中，应不改变工件定位后所占据的正确位置。

（2）工件不变形原则

夹紧力的大小要适当，既要保证夹紧可靠，又应使工件在夹紧力的作用下不致产生加工精度所不允许的变形。

（3）工件不振动原则

对刚性较差的工件，或者进行断续切削，以及不宜采用气缸直接压紧的情况，应提高支承元件和夹紧元件的刚性，并使夹紧部位靠近加工表面，以避免工件和夹紧系统的振动。

（4）安全可靠原则

夹紧传力机构应有足够的夹紧行程，手动夹紧要有自锁性能，以保证夹紧可靠。

（5）经济实用原则

夹紧装置的自动化和复杂程度应与生产纲领相适应，在保证生产效率的前提下，其结构应力求简单，便于制造、维修，工艺性能好；操作方便、省力，使用性能好。

二、夹紧力的确定

夹紧力包括作用方向、作用点和大小三个要素，它们的确定是夹紧机构设计中首先要解决的问题。

1. 夹紧力的作用方向

夹紧力的作用方向不仅影响加工精度，而且影响夹紧的实际效果。具体应考虑如下几点：

①夹紧力的作用方向应保证定位准确可靠，而不破坏工件的原有定位精度。工件在夹紧力作用下，应确保其定位基面贴在定位元件的工作表面上。为此主要夹紧力的方向应指向主要定位基准面，其余夹紧力的方向应指向工件的定位支承。如图4-34所示，在直角支座零件上镗孔，要求保证孔与端面的垂直度，则应以端面A作为第一定位基准面，此时夹紧力作用方向应如图中F_{j1}所示，若要求保证孔的轴线与支座底面平行，则应以底面B作为第一定位基准面，此时夹紧力的作用方向应如图中F_{j2}所示，否则，由于A面与B面的垂直度误差，将会引起孔轴线相对于A面（或B面）的位置误差。实际上，在这种情况下，由于夹紧力的作用方向不当，会使工件的主要定位基准面发生转换，从而产生定位误差。

图 4 – 34　夹紧力作用方向的选择

②夹紧力的作用方向应使工件的夹紧变形尽量小。由于工件在不同方向上刚度是不等的，不同的受力表面也因其接触面积大小而变形各异。如图 4 – 35 所示加工薄壁套筒，由于工件的径向刚度很差，用图 4 – 35（a）的径向夹紧方式将产生过大的夹紧变形。若改用图 4 – 35（b）的轴向夹紧方式，则可减少夹紧变形，保证工件的加工精度。

（a）　　　　　　　　　　（b）

图 4 – 35　薄壁套筒零件的夹紧方法

（a）径向夹紧方式；（b）轴向夹紧方式

③夹紧力的作用方向应尽可能与切削力、工件重力方向一致，以减小所需的夹紧力。如图 4 – 36（a）所示，所需夹紧力 F_j 与主切削力方向一致，切削力由夹具的支承承受，所需夹紧力较小。如图 4 – 36（b）所示，则夹紧力至少要大于切削力。

（a）　　　　　　　　　　　　　（b）

图 4 – 36　夹紧力与切削力的方向

（a）夹紧力与切削力同向；（b）夹紧力与切削力反向

2. 夹紧力的作用点

夹紧力作用点的选择是指在夹紧力作用方向已确定的情况下，确定夹紧元件与工件接触点的位置和接触点的数目。选择夹紧力作用点时一般应注意以下几点：

①夹紧力作用点应正对支承元件或位于支承元件所形成的稳定受力区域内，以保证工件已获得的定位不变。如图 4–37 所示，夹紧力的作用点不正对支承元件或落到了支承元件的支承范围之外，产生了使工件翻转的力矩，破坏了工件的定位。

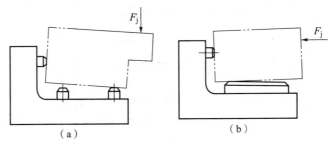

（a） （b）

图 4–37　夹紧力的作用点位置不正确

（a）不正对支承元件；（b）支承范围之外

②夹紧力的作用点应处在工件刚性较好的部位，以减小工件的夹紧变形。如图 4–38（a）所示，夹紧薄壁箱体时，夹紧力不应作用在箱体的顶面，而应作用在刚性较好的凸边上，如图 4–38（b）所示。箱体上没有凸边时，可将单点夹紧改为三点夹紧，如图 4–38（c）所示。

（a）

（b） （c）

图 4–38　夹紧力作用点与夹紧变形的关系

（a）作用在薄弱部位；（b）作用在刚性较好部位；（c）三点夹紧

③夹紧力的作用点和支承点应尽量靠近切削部位，以提高工件切削部位的刚度和抗振性。如图 4–39 所示，辅助支承 a 尽量靠近被加工表面，同时给与附加夹紧力 F_{j2}，这样翻转力矩小又增加了工件的刚性，既保证了定位夹紧的可靠性，又减小了振动和变形。

3. 夹紧力的大小

当夹紧力的方向和作用点确定后，就应计算所需夹紧力的大小。夹紧力的大小直接影响夹具使用的安全性、可靠性。夹紧力过小，则夹紧不稳固，在加工过程中工件仍会发生位移而破坏定位。结果，轻则影响加工质量，重则产生安全事故。夹紧力过大，没必要，反而增加夹紧变形，对加工质量不利，同时夹紧机构的尺寸也会相应加大。所以夹紧力的大小应适当。

图4-39 夹紧力作用点的选择

在实际设计工作中，夹紧力的大小可根据同类夹具的实际使用情况，用类比法进行经验估计，也可用分析计算方法近似估算。

分析计算法，通常是将夹具和工件视为刚性系统，找出在加工过程中，对夹紧最不利的瞬时状态。根据该状态下的工件所受的主要外力即切削力和理论夹紧力（大型工件要考虑工件的重力，旋转运动下的工件要考虑离心力或惯性力），按静力平衡条件解出所需理论夹紧力，再乘以安全系数作为实际所需夹紧力，以确保安全，即

$$F_{sj} = KF_j \qquad (4-13)$$

式中　F_{sj}——所需实际夹紧力，N；

　　　F_j——按静力平衡条件解出的所需理论夹紧力，N；

　　　K——安全系数，根据经验一般粗加工时取 2.5～3，精加工时取 1.5～2。

夹紧力三要素的确定，实际上是一个综合性的问题，必须全面考虑工件的结构特点、工艺方法，定位元件的结构和布置等多种因素，才能最后确定并具体设计出较为理想的夹紧装置。

三、典型夹紧机构

不论采用何种力源（手动或机动）形式，一切外力都要转化为夹紧力，这一转化过程都是通过夹紧机构实现的。因此夹紧机构是夹紧装置中的一个重要组成部分。在各种夹紧机构中，起基本夹紧作用的，多为斜楔、螺旋、偏心、杠杆、薄壁弹性元件等夹具元件，而其中以斜楔、螺旋、偏心以及由它们组合而成的夹紧装置应用最为普遍。

1. 斜楔夹紧机构

（1）作用原理

斜楔夹紧主要用于增大夹紧力或改变夹紧力方向。图4-40（a）所示为手动式，图4-40（b）为机动式。图4-40（b）中斜楔2在气动（或液动）作用下向前推进，装在斜楔2上方的柱塞3在弹簧7的作用下推压板6向前。当压板6与螺钉5靠紧时，斜楔2继续前进，此时柱塞3压缩弹簧而压板6停止不动。斜楔2再向前前进时，压板6后端抬起，前端将工件压紧。斜楔2只能在楔座1的槽内滑动。松开时，斜楔2向后退、弹簧7将压板6抬起，斜楔2上的销子4将压板6拉回。

（2）夹紧力的计算

斜楔夹紧时的受力情况如图4-41（a）所示，斜楔受外力 F_Q 产生的夹紧力为 F_j，按斜楔受力的平衡条件，可推导出斜楔夹紧机构的夹紧力计算公式为

$$F_j = \frac{F_Q}{\tan\varphi_1 + \tan(\alpha + \varphi_2)}$$

$$F_Q = F_j\tan\varphi_1 + F_j\tan(\alpha + \varphi_2) \qquad (4-14)$$

图 4 – 40　斜楔夹紧机构

（a）手动式；（b）机动式

1—楔座；2—斜楔；3—柱塞；4—销子；5—螺钉；6—压板；7—弹簧

图 4 – 41　斜楔夹紧受力分析

（a）夹紧受力图；（b）自锁受力图；（c）夹紧行程

式中　F_j——夹紧力，N；

　　　F_Q——作用力，N；

　　　φ_1、φ_2 分别为斜楔与支承面及与工件受压面间的摩擦角，常取 $\varphi_1 = \varphi_2 = 5° \sim 8°$；

　　　α——斜楔的斜角，常取 $\alpha = 6° \sim 10°$。

当 α、φ_1、φ_2 均很小且 $\varphi_1 = \varphi_2 = \varphi$ 时，式（4 – 14）可近似简化为

$$F_j = \frac{F_Q}{\tan(\alpha + 2\varphi)} \tag{4 – 15}$$

（3）斜楔的自锁条件

图 4 – 41（b）所示，当作用力消失后，斜楔仍能夹紧工件而不会自行退出。根据力的平衡条件，可推导出自锁条件：

$$F_1 \geqslant F_{R2}\sin(\alpha - \varphi_2) \tag{4 – 16}$$

$$F_1 = F_j\tan\varphi_1 \tag{4 – 17}$$

$$F_j = F_{R2}\cos(\alpha - \varphi_2) \tag{4 – 18}$$

将式（4 – 17）、式（4 – 18）代入式（4 – 16），得：

$$F_j\tan\varphi_1 \geqslant F_j\tan(\alpha - \varphi_2) \tag{4 – 19}$$

$$\alpha \leqslant \varphi_1 + \varphi_2 = 2\varphi \qquad (设\ \varphi_1 = \varphi_2 = \varphi) \qquad (4-20)$$

一般钢铁的摩擦系数 $\mu = 0.10 \sim 0.15$。摩擦角 $\varphi = \arctan\ (0.10 \sim 0.15)\ = 5°43' \sim 8°32'$，故 $\alpha \leqslant 11° \sim 17°$。但考虑到斜楔的实际工作条件，为自锁可靠起见，取 $\alpha = 6° \sim 8°$。当 $\alpha = 6°$ 时，$\tan\alpha \approx 0.1 = \dfrac{1}{10}$，因此斜楔机构的斜度一般取 $1:10$。

（4）斜楔机构的结构特点

①斜楔机构具有自锁的特性。当斜楔的斜角小于斜楔与工件以及斜楔与夹具体之间的摩擦角之和时，满足斜楔的自锁条件。

②斜楔机构具有增力特性。斜楔的夹紧力与原始作用力之比称为增力比 i_F（或称为增力系数），即

$$i_F = \frac{F_j}{F_Q} = \frac{1}{\tan\varphi_1 + \tan\ (\alpha + \varphi_2)} \qquad (4-21)$$

当不考虑摩擦时，$i_F = \dfrac{1}{\tan\alpha}$，此时 α 越小，增力作用越大。

③斜楔机构的夹紧行程小。工件所要求的夹紧行程 h 与斜楔相应移动的距离 s 之比称为行程比 i_s，即

$$i_s = \frac{h}{s} = \tan\alpha \qquad (4-22)$$

因 $i_F = \dfrac{1}{i_s}$，故斜楔理想增力倍数等于夹紧行程的缩小倍数。因此，选择升角 α 时，必须同时考虑增力比和夹紧行程两方面的问题。

④斜楔机构可以改变夹紧力的作用方向。由图 4-40 可知，当对斜楔机构外加一个水平方向的作用力时，将产生一个垂直方向的夹紧力。

（5）斜楔机构的适用范围

由于手动斜楔夹紧机构在夹紧工件时，费时费力，效率极低所以很少使用。因其夹紧行程较小，因此对工件的夹紧尺寸（工件承受夹紧力的定位基准至其受压面间的尺寸）的偏差要求很高，否则将会产生夹不着或无法夹紧的状况。因此，斜楔夹紧机构主要用于机动夹紧机构中，且毛坯的质量要求很高。

2. 螺旋夹紧机构

（1）螺旋夹紧机构的作用原理

螺旋夹紧机构由螺钉、螺母、螺栓或螺杆等带有螺旋的结构件与垫圈、压板或压块等组成。它不仅结构简单、制造方便，而且由于缠绕在螺钉面上的螺旋线很长、升角小，所以螺旋夹紧机构的自锁性能好，夹紧力和夹紧行程都较大，是目前应用较多的一种夹紧机构。

螺旋夹紧机构中所用的螺旋，实际上相当于把斜楔绕在圆柱体上，因此，其作用原理与斜楔是一样的。只不过这是通过转动螺旋，使绕在圆柱体上的斜楔高度发生变化而产生夹紧力来夹紧工件。图 4-42 所示为典型的螺旋夹紧机构。

由于螺旋夹紧机构具有结构简单、制造容易、夹紧可靠、增力比大、夹紧行程不受限制等特点，所以在手动夹紧装置中广泛使用。螺旋夹紧机构的缺点是动作慢。为提高其工作效率，常采用一些快撤装置。

(a) (b)

(c) (d)

图 4 – 42 典型的螺旋夹紧机构

(a) 单螺旋夹紧机构；(b) 双头螺旋夹紧机构；(c) 螺旋压板夹紧机构；
(d) 承受倾覆力矩的夹紧机构

（2）螺旋夹紧机构的夹紧力计算

图 4 – 43 所示为螺旋夹紧机构的受力分析。当工件处于夹紧状态时，根据力矩的平衡原理，图 4 – 43（a）所示的三个力矩满足下式

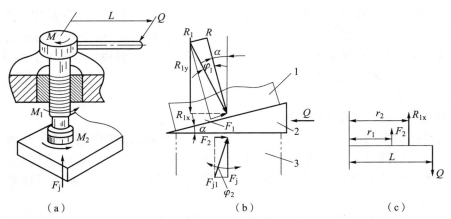

(a) (b) (c)

图 4 – 43 螺旋夹紧机构的受力分析

(a) 螺旋夹紧；(b) 受力分析；(c) 力矩分析
1—螺母；2—螺杆；3—工件

$$M = M_1 + M_2 \tag{4 – 23}$$

式中　M——作用于螺杆的原始力矩，N·mm；

　　　M_1——螺母给螺杆的反力矩，N·mm；

M_2——工件给螺杆的反力矩，N·mm。

图 4-43（b）所示为螺旋沿中径展开图，螺杆可视为楔块，由图 4-43（c）可得：

$$\begin{cases} M = Q \times L \\ M_1 = R_{1x} \times r_z = r_z F_j \tan\left(\alpha + \varphi_1\right) \\ M_2 = F_2 \times r_1 = r_1 F_j \tan\varphi_2 \end{cases} \tag{4-24}$$

式中 R_{1x}——螺母对螺杆反作用力 R_1 的水平分力，N；而 R_1 为螺母对螺杆的摩擦力 F_1 和
正压力 R 的合力；

F_2——工件给螺杆的摩擦阻力，N；

r_z——螺旋中径的一半，mm；

r_1——压紧螺钉端部的当量摩擦半径，mm。

φ_1——螺母与螺杆间的摩擦角，（°）；

φ_2——工件与螺杆头部（或压块）间的摩擦角，（°）；

α——螺旋升角，（°），一般为 2°~4°。

由式（4-23）和式（4-24）可得螺旋夹紧机构的夹紧力 F_j 为

$$F_j = \frac{QL}{r_z \tan(\alpha + \varphi_1) + r_1 \tan\varphi_2} \tag{4-25}$$

压紧螺钉端部的当量摩擦半径 r_1 的值与螺杆头部（或压块）的结构有关，压紧螺钉端部的当量摩擦半径计算见表 4-2。

表 4-2 压紧螺钉端部的当量摩擦半径 r_1 的计算   mm

接触形式	点接触	平面接触	圆环线接触	圆环面接触
r_1	0	$\dfrac{D}{3}$	$R\cot\dfrac{\beta}{2}$	$\dfrac{1}{3}\dfrac{D^3 - d^3}{D^2 - d^2}$
简图				

（3）螺旋夹紧机构的自锁条件

螺旋夹紧机构的自锁条件和斜楔夹紧机构相同，即

$$\alpha \leqslant \varphi_1 + \varphi_2 \tag{4-26}$$

螺旋夹紧机构的螺旋升角 α 很小（一般为 2°~4°），故自锁性能好。

（4）螺旋夹紧的扩力比（扩力系数）

螺旋夹紧的扩力比为

$$i_p = \frac{F_j}{Q} = \frac{L}{r_z \tan\left(\alpha + \varphi_1\right) + r_1 \tan\varphi_2} \tag{4-27}$$

因为螺旋升角小于斜楔的楔角，而 L 大于 r_z 和 r_1，可见，螺旋夹紧机构的扩力作用远大于斜楔夹紧机构。

（5）应用场合

由于螺旋夹紧机构结构简单，制造容易，夹紧行程大，扩力比大，自锁性能好，所以在实际设计中得到广泛应用，尤其适合于手动夹紧机构。但其夹紧动作缓慢，效率低，不宜使用于自动化夹紧装置上。

在实际应用中，单螺旋夹紧机构常与杠杆压板构成螺旋压板组合夹紧机构，如图4-44所示。其中图4-44（a）的扩力比最小，图4-44（b）次之，图4-44（c）最大。实际设计时，在满足工件结构需要前提下，要注意合理布置杠杆比例，寻求最省力、最方便的方案。

（a）　　　　　　　　（b）　　　　　　　　（c）

图4-44　螺旋压板组合夹紧机构

（a）一端支撑，夹紧臂长；（b）中间支撑；（c）一端支撑，夹紧臂短

3. 偏心夹紧机构

用偏心元件直接夹紧或与其他元件组合而实现对工件的夹紧机构称为偏心夹紧机构，它是利用转动中心与几何中心偏移的圆盘或轴等为夹紧元件。图4-45所示为常见的偏心夹紧机构，其中图4-45（a）是偏心轮和螺栓压板的组合夹紧机构；图4-45（b）是利用偏心轴夹紧工件的。

（a）　　　　　　　　　　　　　　（b）

图4-45　常见的偏心夹紧机构

（a）偏心轮和螺栓压板的组合夹紧机构；（b）利用偏心轴夹紧机构

（1）偏心夹紧机构的工作特性

如图4-46（a）所示的圆偏心轮，其直径为D，偏心距为e，由于其几何中心C和回转中心O不重合，当顺时针方向转动手柄时，就相当于一个弧形楔卡紧在转轴和工件受压表面之间而产生夹紧作用。将弧形楔展开，则得如图4-46（b）所示的曲线斜楔，曲线上任意一点的切线和水

平线的夹角即为该点的升角。设 α_x 为任意夹紧点 x 处的升角，其值可由 $\triangle OxC$ 中求得：

$$\frac{\sin\alpha_x}{e} = \frac{\sin(180° - \varphi_x)}{\dfrac{D}{2}} \tag{4-28}$$

$$\sin\alpha_x = \frac{2e}{D}\sin\varphi_x \tag{4-29}$$

式中，转角 φ_x 的变化范围为 $0° \leqslant \varphi_x \leqslant 180°$，由式（4-29）可知，当 $\varphi_x = 0°$ 时，m 点的升角最小，$\alpha_m = 0°$；随着转角 φ_x 的增大，升角 α_x 也增大，当 $\varphi_x = 90°$ 时（即 T 点），升角 α 为最大值，此时

$$\sin\alpha_T = \sin\alpha_{max} = \frac{2e}{D} \tag{4-30}$$

$$\alpha_T = \alpha_{max} = \arcsin\frac{2e}{D} \tag{4-31}$$

因 α 很小，故取 $\alpha_{max} \approx 2e/D$。

当 φ_x 继续增大时，α_x 将随着 φ_x 的增大而减小，$\varphi_x = 180°$，即 n 点处，此处的 $\alpha_n = 0°$。偏心轮的这一特性很重要，因为它与工作段的选择、自锁性能、夹紧力的计算以及主要结构尺寸的确定关系极大。

（2）偏心轮工作段的选择

从理论上讲，偏心轮下半部整个轮廓曲线上的任何一点都可以用来作夹紧点，相当于偏心轮转过 $180°$，夹紧的总行程为 $2e$，但实际上为防止松夹和咬死，常取 P 点左右圆周上的 $1/6 \sim 1/4$ 圆弧，即相当于偏心轮转角为 $60° \sim 90°$ 的所对应的圆弧为工作段。如图 4-46（c）所示的 AB 弧段。由图 4-46（c）可知，该段近似为直线，工作段上任意点的升角变化不大，几乎近于常数，可以获得比较稳定的自锁性能。因而，在实际工作中，多按这种情况来设计偏心轮。

图 4-46　圆偏心特性及工作段

（a）偏心轮；（b）展开的曲线斜楔；（c）受力分析

（3）偏心轮夹紧的自锁条件

使用偏心夹紧时，必须保证自锁，否则将不能使用。要保证偏心轮夹紧时的自锁性能，和前述斜楔夹紧机构相同，应满足下列条件：

$$\alpha_{max} \leqslant \varphi_1 + \varphi_2 \tag{4-32}$$

式中　α_{max}——偏心轮工作段的最大升角；

φ_1——偏心轮与工件之间的摩擦角；

φ_2——偏心轮转角处的摩擦角。

因为 $\alpha_P = \alpha_{max}$，$\tan\alpha_P \leqslant \tan(\varphi_1 + \varphi_1)$，已知 $\tan\alpha_P = 2e/D$。为可靠起见，不考虑转轴处的摩擦，又 $\tan\varphi_1 = \mu_1$，故得偏心轮夹紧点自锁时的外径 D 和偏心量 e 的关系为

$$\frac{2e}{D} \leqslant \mu_1 \tag{4-33}$$

当 $\mu_1 = 0.10$ 时，$D/e \geqslant 20$；当 $\mu_1 = 0.15$ 时，$D/e \geqslant 14$。

称 D/e 值为偏心率或偏心特性。按上述关系设计偏心轮时，应按已知的摩擦系数和需要的工作行程定出偏心量 e 及偏心轮的直径 D。一般摩擦系数取较小的值，以使偏心轮的自锁更可靠。

（4）偏心夹紧机构的适用范围

偏心夹紧机构的特点是结构简单、动作迅速，但它的夹紧行程受偏心距 e 的限制，夹紧力较小，故一般用于工件被夹压表面的尺寸变化较小和切削过程中振动不大的场合，多用于小型工件的夹具中。对于受压面的表面质量有一定的要求，受压面的位置新变化也要较小。

四、其他典型夹紧机构

1. 铰链夹紧机构

采用以铰链相连接的连杆作中间传力元件的夹紧机构，称为铰链夹紧机构。根据夹紧机构中所采用的连杆数量，可将其分为单臂夹紧机构、双臂夹紧机构及三臂和多臂夹紧机构等各种类型。其中应用最广的是图4-47所示的单臂和双臂铰链夹紧机构。图4-47（a）为单臂铰链夹紧机构，图4-47（b）为双臂单作用铰链夹紧机构，图4-47（c）为双臂作用铰链夹紧机构。

（a）

图4-47 铰链夹紧机构

（a）单臂铰链夹紧机构

图 4 - 47 铰链夹紧机构（续）

（b）双臂单作用铰链夹紧机构；（c）双臂作用铰链夹紧机构

2. 定心夹紧机构

定心夹紧机构能够在实现定心作用的同时，又起着将工件夹紧的作用。定心夹紧机构中与工件定位基面相接触的元件，既是定位元件，又是夹紧元件。

定心夹紧机构从工作原理可分为依靠定心夹紧机构等速移动实现定心夹紧和依靠定心夹紧机构产生均匀弹性变形实现定心夹紧两种类型。图 4 - 48 所示为螺旋定心夹紧机构，螺杆 3 的两端分别有螺距相等的左、右螺纹带动两个 V 形块 1 和 2 同步向中心移动，从而实现工件的定心夹紧。叉形件 7 可用来调整对称中心的位置。

图 4 - 48 螺旋定心夹紧机构

1，2—V 形块；3—螺杆；4，5，6，8，9，10—螺钉；7—叉形件

图 4 - 49（a）所示为工件以外圆柱面定位的弹簧夹头，旋转螺母 4，其内螺孔端面推动弹性筒夹 2 向左移动，锥套 3 内锥面迫使弹性筒夹 2 上的簧板向里收缩，将工件夹紧。图 4 - 49（b）所示为工件以内孔定位的锥度芯轴，旋转带肩螺母 8 时，其端面向左推动锥套 7 迫使弹性筒夹 6 上的簧瓣向外张开，将工件定心夹紧。

（a）   （b）

图 4 - 49 弹性定心夹紧机构

（a）以外圆柱面定位的弹簧夹头；（b）以内孔定位的锥度芯轴

1，5—夹具体；2，6—弹性筒夹；3，7—锥套；4，8—螺母

3. 联动夹紧机构

根据工件结构特点和生产率的要求，有些夹具要求对一个工件进行多点夹紧，或者需要同时夹紧多个工件。如果分别依次对各点或各工件夹紧，不仅费时，也不易保证各夹紧力的一致性。为提高生产率及保证加工质量，可采用各种联动夹紧机构实现联动夹紧。

联动夹紧机构是指操纵一个手柄或利用一个动力装置，就能对一个工件的同一方向或不同方向的多点进行均匀夹紧，或同时夹紧若干个工件。前者称为多点联动夹紧，后者称为多件联动夹紧。

（1）多点联动夹紧机构

最简单的多点联动夹紧机构是浮动压头，如图 4 - 50 所示。其特点是具有一个浮动元件 2，当其中的某一点夹压后，浮动元件就会摆动或移动，直到另一点也接触工件均衡压紧工件为止。

图 4 - 51 所示为两点对向联动夹紧机构，当液压缸中的活塞杆向下移动时，通过双臂铰链使浮动压板 2 相对转动，最后将工件 1 夹紧。

图4-50　浮动压头示意图

1—工件；2—浮动压板；3—活塞杆

图4-51　两点对向联动夹紧机构

1—工件；2—浮动压板

（2）多件联动夹紧机构

多件联动夹紧机构多用于中小型工件的加工，按其对工件施加力方式的不同，一般可分为平行夹紧、顺序夹紧、对向夹紧及复合夹紧等方式。

图4-52（a）所示为浮动压板机构对工件平行夹紧的实例。由于压板2、摆动压块3和球面垫圈4可以相对转动，均是浮动件，故旋动螺母5即可同时平行夹紧每个工件。图4-52（b）所示为液性介质联动夹紧机构。密闭腔内的不可压缩液性介质既能传递力，还能起浮动环节作用。旋紧螺母5时，液性介质推动各个柱塞7，使它们与工件全部接触并夹紧。

（a）　　　　　　　　　　　　　　　（b）

图4-52　平行式多件联动夹紧机构

1—工件；2—压板；3—摆动压块；4—球面垫圈；5—螺母；6—垫圈；7—柱塞；8—液性物质

第四节　夹　具　设　计

一、夹具设计的基本要求

夹具设计时，应满足以下主要要求：

①所设计的专用夹具，应当既能保证工序的加工精度又能保证工序的生产节拍。特别对

于大批量生产中使用的夹具，应设法缩短加工的基本时间和辅助时间。

②夹具的操作要方便、省力和安全。若有条件，尽可能采用气动、液压以及其他机械化、自动化的夹紧机构，以减轻劳动强度。同时，为保证操作安全，必要时可设计和配备安全防护装置。

③保证夹具有一定的使用寿命和较低的制造成本。夹具的复杂程度应与工件的生产批量相适应，在大批量生产中应采用气动、液压等高效夹紧机构；而小批量生产中，则宜采用较简单的夹具结构。

④要适当提高夹具元件的通用化和标准化程度。选用标准化元件，特别应选用商品化的标准元件，以缩短夹具的制造周期，降低夹具成本。

⑤应具有良好的结构工艺性，以便于夹具的制造和维修。

以上要求有时是相互矛盾的，故应在全面考虑的基础上，处理好主要矛盾，使之达到较好的效果。

二、夹具的设计步骤

1. 设计准备

根据设计任务书，明确本工序的加工技术要求和任务，熟悉加工工艺规程、零件图、毛坯图和有关的装配图，了解零件的作用、形状、结构特点和材料，以及定位基准、加工余量、切削用量和生产纲领等。收集所用机床、刀具、量具、辅助工具和生产车间等资料和情况。

收集夹具的国家标准、部颁标准、企业标准等有关资料及典型夹具资料。

2. 夹具结构方案设计

这是夹具设计的重要阶段。首先确定夹具的类型、工件的定位方案，选择合适的定位元件；再确定工件的夹紧方式，选择合适的夹紧机构、对刀元件、导向元件等其他元件；最后确定夹具总体布局、夹具体的结构形式和夹具与机床的连接方式，绘制出总体草图。对夹具的总体结构，最好设计几个方案，以便进行分析、比较和优选。

3. 绘制夹具总图

总图的绘制，是在夹具结构方案草图经过讨论审定之后进行的。总图比例一般取 1:1，但若工件过大或过小，可按制图比例缩小或放大。夹具总图应有良好的直观性，因此，总图上的主视图，应尽量选取正对操作者的工作位置。在完整地表示出夹具工作原理的基础上，总图上的视图数量要尽量少。

总图的绘制顺序如下：先用黑色双点画线画出工件的外形轮廓、定位基准面、夹紧表面和被加工表面，被加工表面的加工余量可用网纹线表示（必须指出：总图上的工件，是一个假想的透明体，因此，它不影响夹具各元件的绘制）；然后，围绕工件的几个视图依次绘出：定位元件、对刀（或导向）元件、夹紧机构、动力源装置等的夹具体结构；最后绘制夹具体，标注有关尺寸、形位公差、其他技术要求和零件编号，编写主标题栏和零件明细表。

三、机床夹具总图的主要尺寸和技术条件

1. 机床夹具总图上应标注的主要尺寸

（1）外形轮廓尺寸

外形轮廓尺寸是指夹具的最大轮廓尺寸，以表示夹具在机床上所占据的空间尺寸和可能

活动的范围。

（2）工件与定位元件之间的联系尺寸

如工件定位基面与定位件工作面的配合尺寸、夹具定位面的平直度、定位元件的等高性、圆柱定位销工作部分的配合尺寸公差等，以便控制工件的定位精度。

（3）对刀或导向元件与定位元件之间的联系尺寸

这类尺寸主要是指对刀块的对刀面至定位元件之间的尺寸、塞尺的尺寸、钻套导向孔尺寸和钻套孔距尺寸等。

（4）与夹具安装有关的尺寸

这类尺寸用以确定夹具体的安装基面相对于定位元件的正确位置。如铣床夹具定向键与机床工作台上 T 型槽的配合尺寸，车、磨夹具与机床主轴端的连接尺寸，以及安装表面至定位表面之间的距离尺寸和公差。

（5）其他配合尺寸

其他配合尺寸主要是指夹具内部各组成元件之间的配合性质和位置关系，如定位元件和夹具体之间、钻套外径与衬套之间、分度转盘与轴承之间等的尺寸和公差配合。

2. 夹具总图上应标注的位置精度

通常应标注以下三种位置精度：

①定位元件之间的位置精度；

②连接元件（含夹具体基面）与定位元件之间的位置精度；

③对刀或导向元件的位置精度。通常这类精度是以定位元件为基准，为了使夹具的工艺基准统一，也可取夹具体的基面为基准。夹具上与工序尺寸有关的位置公差，一般可按工件相应尺寸公差的 1/2 ~ 1/5 估算。其角度尺寸的公差及工作表面的相互位置公差，可按工件相应值的 1/2 ~ 1/3 确定。

3. 夹具的其他技术条件

夹具在制造上和使用上的其他要求，如夹具的平衡和密封、装配性能和要求、磨损范围和极限、打印标记和编号及使用中应注意的事项等，要用文字标注在夹具总图上。

四、夹具设计实例

1. 夹具设计任务

图 4 - 53（a）所示为钻摇臂小头孔的工序简图。已知：工件材料为 45 钢，毛坯为模锻件，所用机床为 Z5125 型立式钻床，成批生产规模。试为该工序设计一钻床夹具。

2. 确定夹具的结构方案

（1）确定定位元件

根据工序简图规定的定位基准，选用定位销和活动 V 形块实现定位，如图 4 - 53（b）所示。

上述定位方案是否可行，需核算其定位误差。

定位孔与定位销的配合尺寸取为 $\phi36\dfrac{H7}{g6}$（定位孔 $\phi 36^{+0.026}_{0}$ mm，定位销 $\phi 36^{-0.009\,5}_{-0.026\,5}$ mm）。对于工序尺寸（120 ± 0.08）mm 而言，其定位基准与工序基准重合 $\Delta_{jb} = 0$；其定位基准位移误差 $\Delta_{jw} = (0.026\,0 + 0.017\,0 + 0.009\,5)$ mm = 0.052 5 mm；定位误差 $\Delta_{dw} = 0.052\,5$ mm，它

小于该工序尺寸制造公差 0.16 的 1/3，证明上述定位方案可行。

钻套孔径D	
钻孔	$\phi17F7$
扩孔	$\phi17.85F7$
粗铰孔	$\phi17.94G7$
精铰孔	$\phi18.013G6$

技 术 要 求

1. 钻套孔轴线对定位芯轴轴线平行度公差为0.02 mm；
2. 定位心轴轴线对夹具底面垂直度公差为0.02 mm；
3. 活动V形块对钻套孔与定位芯轴轴线所决定的平面对称度公差为0.05 mm。

图 4 – 53　夹具设计实例

（2）确定导向装置

本工序需依次对被加工孔进行钻、扩、粗铰、精铰等 4 个工序的加工，才能最终达到工序简图上规定的加工要求［$\phi18H7$、（120 ± 0.08）mm］，故此夹具选用快换钻套 4 作导向元件，如图 4 – 53（c）所示。

钻套高度 $H = 1.5D = 1.5 \times 18$ mm $= 27$ mm，排屑空间高度 $h = d = 18$ mm。

（3）确定夹紧机构

针对成批生产的工艺特征，此夹具选用螺旋夹紧机构夹压工件，如图 4 – 53（d）所示。装夹工件时，先将工件定位孔装入定位销 2 上，接着向右移动 V 形块 5 使之与工件小头外圆靠紧，实现定位；然后将工件与螺母之间插上开口垫圈 3，拧紧螺母夹紧工件。

（4）确定其他装置

为提高工艺系统的刚度，在工件小头孔端面设置一辅助支承，见图4-53（d）。画夹具体，将上述各种装置组成一个整体。

3. 画夹具装配图

画夹具装配图，见图4-53（d）。

4. 在夹具装配图上标注尺寸、配合及技术要求

①根据工序简图上规定的两孔中心距要求，确定钻套中心线与定位销中心线自检的尺寸取为（120±0.02）mm，其公差值取零件的相应尺寸（120±0.08）mm公差值的1/4；钻套中心线对定位销中心线的平行度公差取为0.02 mm。

②活动V形块对称平面相对于钻套4中心线与定位销2中心线的对称度公差取为0.05 mm。

③定位销中心线与夹具底面的垂直度公差取为0.02 mm。

④参考机床夹具设计手册，标注关键部位的配合尺寸：$\phi26\dfrac{F7}{m6}$、$\phi35\dfrac{H7}{n6}$、$\phi42\dfrac{H7}{r6}$、$\phi36\dfrac{F7}{g6}$和$\phi24\dfrac{H7}{r6}$。

复习思考题

4-1　工件在夹具中定位、夹紧的任务是什么？

4-2　一批工件在夹具中定位的目的是什么？它与一个工件在加工时的定位有何不同？

4-3　何谓重复定位与欠定位？重复定位在哪些情况下不允许出现？欠定位产生的后果是什么？

4-4　辅助支承起什么作用？使用时应注意什么问题？

4-5　选择定位基准时，应遵循哪些原则？

4-6　夹紧装置设计的基本要求是什么？确定夹紧力的方向和作用点的原则有哪些？

4-7　何谓联动夹紧机构？设计联动夹紧机构时应注意哪些问题？

4-8　选择夹紧力作用点应注意哪些原则？并以简图举出几个夹紧力作用点不恰当的例子，说明其可能产生的后果。

4-9　图4-54（a）所示的夹具用于在三通管中心O处加工一孔，应保证孔轴线与管轴线OX、OZ垂直相交；图4-54（b）所示为车床夹具，应保证该外圆与内孔同轴；图4-54（c）所示为车台阶轴；图4-54（d）所示在圆盘零件上钻孔，应保证孔与外圆同轴；图4-54（e）所示用于钻铰连杆小头孔，应保证大小头孔的中心距精度和两孔的平行度。试分析图中各图的定位方案，指出各方案所限制的自由度，判断有无欠定位或过定位，对方案中不合理处提出修改意见。

4-10　在图4-55（a）所示零件上铣键槽，要求保证尺寸$54_{-0.14}^{0}$及对称度。现有3种定位方案，分别如图4-55（b）、（c）、（d）所示。已知内、外轴的同轴度误差为0.02 mm，其余参数见图4-55（a）所示。试计算这3种方案的定位误差，并从中找出最优方案。

（a）　　　　　　　　　　（b）　　　　　　　　　　（c）

（d）　　　　　　　　　　　　（e）

图 4 – 54　题 4 – 9

（a）　　　　　　　　　　（b）

（c）　　　　　　　　　　（d）

图 4 – 55　题 4 – 10

4-11　如图4-56（a）所示为过工件球心钻一孔；图4-56（b）所示为加工齿坯两端面，要求保证尺寸A及两端与孔的垂直度；图4-56（c）所示为在小轴上铣槽，保证尺寸H和L；图4-56（d）所示为过轴心钻通孔，保证尺寸L；图4-56（e）所示为在支座零件上加工两孔，保证尺寸A和H。试分析图4-56所列加工零件所必须限制的自由度；选择定位基准和定位元件；确定夹紧力的作用点和方向，在图中示意画出。

图4-56　题4-11

第五章　机械加工质量及其控制

本章知识要点：

1. 加工精度及加工精度获得的方法，原始误差的概念及包含内容；

2. 加工精度的影响因素及其分析——静误差、动误差以及提高加工精度的方法；

3. 加工误差的统计分析方法——分布图分析法和点图分析法；

4. 机械加工表面质量及改进办法；

5. 机械加工过程中的振动及控制。

前期知识：

复习"机械工程材料""机械原理""机械设计""金工实习"等课程以及实践环节知识。

导学： 图5-1所示为车削外圆时可能出现的情况，原本应该是外圆怎么变成了腰鼓形、马鞍形以及带有一定的锥度，出现了较大的误差。那么这些误差是如何形成的？受哪些因素影响？如何采取措施来减小或消除这些误差？理论上能不能分析误差产生的规律？加工时表面质量会不会受影响？如何提高表面质量？

机械产品的质量与其组成零件的加工质量以及装配质量有着密切的关系，而零件的加工质量直接影响产品的工作性能、使用寿命、生产效率和可靠性等质量指标，它主要包括加工精度和表面质量两个方面。

零件的机械加工精度是指其加工后宏观的尺寸精度、形状精度和相互位置精度，表面质量以零件的加工表面和表面层作为分析对象，主要指其加工后表面的微观几

图5-1　车削外圆时出现的情况

（a）腰鼓形；（b）马鞍形；（c）锥形

何精度以及物理力学性能。加工精度和表面质量的形成机理与分析方法大不相同。

第一节　机械加工精度概述

一、机械加工精度与加工误差

机械加工精度是指零件经机械加工后，其实际几何参数（尺寸、形状、表面相互位置）与理想几何参数的符合程度。符合程度越高，加工精度就越高。反之，实际几何参数与理想几何参数的偏离程度，就称为加工误差。加工误差越小，加工精度就越高。保证和提高加工精度，实际上就是控制和减小加工误差。

生产实践证明，实际加工不可能把零件做得与理想零件完全相符，总会产生一定的偏

差。从机器的使用要求来说，也没有必要把每个零件都加工得绝对准确，只要其误差值不影响机器的使用性能，就允许其在一定的范围内变动，也就是允许有一定的加工误差存在。这个允许变动的范围就是公差，只要加工误差小于图纸上规定的公差，这个零件就是合格的。

零件的加工精度包括三方面的内容：尺寸精度、形状精度和位置精度，三者之间在数值上有一定的对应关系。形状误差应限制在位置公差内，而位置误差又应限制在尺寸公差内。一般尺寸精度高，其相应的形状精度、位置精度也高。通常零件的位置公差和形状公差是相应尺寸公差的 $1/3 \sim 1/2$。但也有一些特殊功用的零件，其形状精度很高，但其位置精度、尺寸精度却不一定要求高，例如测量用的检验平板，对工作平面的平面度要求很高，但对平面与底面的尺寸要求和平行度要求却不高。

二、加工精度的获得方法

1. 尺寸精度的获得方法

（1）试切法

试切法是指通过试切、测量、调整、再试切，如此经过两三次，当被加工尺寸达到要求再切削整个表面的方法。这种方法的效率低、劳动强度大、对操作者的技术水平要求高，主要适用于单件、小批生产。

（2）调整法

调整法是指利用机床上的定程装置、对刀装置等，先调整好刀具和工件在机床上的相对位置，并保持这个位置不变加工一批零件的方法。调整法广泛用于各类半自动、自动机床和自动线上，适用于成批、大量生产。

（3）定尺寸刀具法

定尺寸刀具法是指用具有一定尺寸精度的刀具来保证被加工工件尺寸精度的方法，如钻孔、扩孔、铰孔和攻螺纹等。这种方法的加工精度，主要取决于刀具的制造、磨损和切削用量等，其生产率较高，刀具制造较复杂，常用于孔、槽和成形表面的加工。

（4）自动控制法

自动控制法是指用测量装置、进给机构和控制系统等构成加工过程的自动控制系统，当工件达到要求的尺寸时，自动停止加工的方法。这种方法又有自动测量和数字控制两种，前者机床上具有自动测量工件尺寸的装置，完成自动测量、调整和误差补偿等工作，后者是根据预先编制的数控程序实现切削加工。

2. 形状精度的获得方法

（1）轨迹法

轨迹法是指利用切削运动中刀具与工件的相对运动轨迹来获得工件形状的方法。该方法的加工精度主要取决于这种成形运动的精度。例如，车削时，工件旋转，刀具沿工件轴线作直线运动，刀尖在工件表面上的轨迹形成外圆或内孔。

（2）成形法

成形法是指采用成形刀具切削刃的形状切出工件表面的方法，如用花键拉刀拉花键槽、用曲面成形车刀加工回转曲面等。成形法的加工精度主要取决于刀刃的形状精度和刀具的装夹精度。

（3）展成法

展成法是指利用刀具与工件做展成切削运动，切削刃在工件表面上的包络线形成工件形状的方法，如滚齿或插齿。这种方法的加工精度与刀具制造精度以及展成运动的传动精度有关。

3. 位置精度的获得方法

零件相互位置精度的获得与工件的装夹方式和加工方法有关。如果工件一次装夹加工多个表面，其精度主要由机床精度保证，即数控加工中主要靠机床的精度来保证工件各表面之间的位置精度；如果需要多次装夹加工，工件的位置精度与机床精度、工件找正精度、夹具精度以及量具精度有关。多次装夹根据工件的安装方式，有直接找正法、划线找正法和夹具定位法三种。

三、原始误差

机械加工中，在机床、夹具、刀具和工件组成的工艺系统中，凡是能直接引起加工误差的因素都称为原始误差。这是工件产生加工误差的根源，由于工艺系统中各种原始误差的存在，会使工件和刀具切削运动的相互位置关系遭到破坏。研究加工精度的目的，就是研究工艺系统原始误差的物理、力学本质，掌握其基本规律及其对加工误差的影响规律，从而采取适当措施来保证和提高加工精度。

这些原始误差可以分为三大类：第一类是加工原理误差，如采用近似成形方法等进行加工而存在的误差；第二类是与工艺系统初始状态有关的原始误差，可称为几何误差或静态误差，如机床、夹具、刀具的制造误差等；第三类是与工艺过程有关的原始误差，可称为动态误差，也称为加工过程误差，如在加工过程中产生切削力、切削热和摩擦而引起的受力变形、受热变形和磨损等。可能出现的影响加工精度的原始误差如图5-2所示。

图5-2 影响加工精度的原始误差

对于具体加工过程，原始误差因素需要具体分析，上述3大类原始误差不一定全部都会出现，如车削外圆时就不需考虑原理误差。

四、误差敏感方向

通常，各种原始误差的大小和方向各不相同，对加工精度的影响程度也不一样。把对加工误差影响最大的原始误差方向称为误差敏感方向，它是通过切削刃加工表面的法线方向。在图 5 – 3 外圆车削过程中，工件的回转轴心是 O，刀尖正确位置在 A，假定某瞬时由于各种因素的影响，使刀尖位移到 A'。$\overline{AA'}$ 就是原始误差 δ，它与 OA 间夹角为 ϕ，引起工件加工后的半径由 $R_0 = \overline{OA}$ 变为 $R = \overline{OA'}$，故半径上（即工序尺寸方向上）的加工误差 ΔR 为

$$\Delta R = \overline{OA'} - \overline{OA} = \sqrt{R_0^2 + \delta^2 + 2R_0\delta\cos\phi} - R_0$$

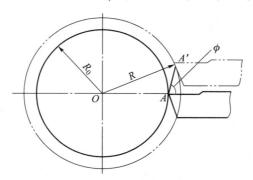

图 5 – 3　误差的敏感方向

可以看出：当原始误差的方向恰为加工表面法线方向时（$\phi = 0°$），引起的加工误差 $\Delta R_{\max} = \delta$ 为最大，原始误差 1：1 地反映为加工误差。当原始误差的方向为加工表面的切线方向时（$\phi = 90°$），引起的加工误差为最小，通常可以忽略不计。

对一般方向的原始误差，ϕ 在 0° ~ 90° 变化，可将该原始误差引起的加工误差向误差敏感方向投影，并只考虑该投影对加工误差的影响，从而简化分析。

五、加工误差的性质

根据加工一批工件时误差出现的规律，加工误差可分为系统性误差和随机性误差。

1. 系统性误差

在顺序加工一批工件中，其大小和方向保持不变或按一定规律变化的误差称为系统性误差。前者称为常值系统误差，后者称为变值系统误差。

加工原理误差，机床、刀具、夹具的制造误差，工艺系统受力变形引起的加工误差，均与时间无关，其大小和方向在一次调整中也基本不变，机床、夹具、量具等磨损引起的加工误差，在一次调整中也无明显差异，都可看作常值系统误差。常值系统误差可以通过对工艺装备进行维修、调整，或采取针对性的措施来加以消除。

机床、刀具、夹具等在热平衡前的热变形误差、刀具的磨损等，都是随加工时间而有规律变化的，属于变值系统误差。若能掌握其大小和方向随时间变化的规律，可以通过采取自动连续、周期性补偿等措施来加以控制。

2. 随机性误差

在顺序加工一批工件中，其加工误差的大小和方向的变化是随机性的，称为随机性误差。如毛坯误差（余量不均、硬度不均等）的复映、夹紧误差、残余应力引起的误差、多次调整的误差等，都属于随机性误差。

随机性误差是不可避免的，但可以从工艺上采取措施来控制其影响，如提高工艺系统刚度、提高毛坯加工精度（使余量均匀）、毛坯热处理（使硬度均匀）、时效（消除内应

力）等。

提要：在不同场合下，误差的表现性质也可能不同。比如，机床一次调整中加工一批工件时，调整误差是常值系统误差。但大批量加工时，可能需要多次调整机床，每次调整时的误差不可能是常值，也无一定的变化规律，此时对这样的大批工件，调整误差所引起的加工误差又转化为随机误差。

第二节 加工精度的影响因素及其分析

一、原理误差

加工原理误差是由于采用了近似的加工方法、近似的成形运动或近似的切削刃轮廓而产生的误差，也称为理论误差。例如用齿轮滚刀切削渐开线齿轮时，滚刀应为一渐开线蜗杆，而实际上为了使滚刀制造方便，采用阿基米德基本蜗杆或法向直廓基本蜗杆代替渐开线蜗杆，从而在加工原理上产生了误差。另外，由于滚刀切削刃数有限，切削不连续，滚切出的齿形不是光滑的渐开线，齿形实际上是由刀具上有限条切削刃所切出的折线包络而成。再如，在普通车床上加工英制螺纹时，螺纹导程的换算参数中包含无理数，不可能用调整交换齿轮的齿数来准确实现，只能用近似的传动比值即近似的成形运动来切削，也会带来一定的误差。

采用近似的成形运动或近似的刀刃轮廓虽然会带来加工原理误差，但往往可简化机床或刀具的结构，工艺上容易实现，有利于从总体上提高加工精度、降低生产成本。因此，原理误差的存在有时是合理的、可以接受的，只要其误差不超过规定的精度要求，在生产中仍能得到广泛的应用。

二、工艺系统的几何误差（静态误差）

工艺系统的几何误差（静态误差）包括机床、夹具、刀具的误差，是由制造误差、安装误差、调整误差以及使用过程中的磨损（不含刀具磨损）等引起的。

1. 机床的几何误差

根据我国的国家标准《金属切削机床 精度分级》（GB/T 25372—2010），机床在出厂前都要通过精度检验，要求相关指标不超过规定的数值。工件的加工精度也在很大程度上取决于机床的精度。机床几何误差中对工件加工精度影响较大的是主轴回转误差、导轨误差和传动链误差。

（1）主轴回转误差

①主轴回转误差的概念。主轴回转误差是指主轴的实际回转轴线对其理想回转轴线（各瞬时回转轴线的平均位置）的偏移量。偏移量越大，回转误差越大，回转精度越低。

机床主轴回转误差表现为端面圆跳动、径向圆跳动、角度摆动 3 种基本形式，如图 5 -4所示。

端面圆跳动——实际主轴回转轴线沿平均回转轴线的方向做轴向运动，又称纯轴向窜动，见图 5 -4（a）。

图5-4 主轴回转误差的基本形式

（a）端面圆跳动；（b）径向圆跳动；（c）角度摆动

径向圆跳动——实际回转轴线相对于平均回转轴线在径向方向的偏移量，见图5-4（b）。

角度摆动——实际回转轴线相对于平均回转轴线成一个倾斜角度，但其交点位置固定不变的运动，见图5-4（c）。

②主轴回转误差的影响因素。实践和理论分析表明，影响主轴回转误差的因素主要有主轴支承轴颈的误差、轴承的误差、轴承的间隙、箱体支承孔的误差、轴承定位端面与轴向垂直度误差以及主轴刚度和热变形等。不同类型的机床，影响因素也不相同。在主轴采用滑动轴承时，主轴是以轴颈在轴套内旋转的，对于工件回转类机床（如车床、内圆磨床），因切削力的方向不变，主轴轴颈被压向轴套表面的一定地方，孔表面接触点几乎不变，此时，主轴支承轴颈的圆度误差影响较大，而轴套孔的误差影响较小，如图5-5（a）所示；对于刀具回转类机床（如钻、铣镗床），切削力方向随旋转方向而改变，轴表面接触点几乎不变，此时，轴套孔的圆度误差影响较大，而主轴支承轴颈的圆度误差影响较小，如图5-5（b）所示。当机床主轴采用滚动轴承时，影响主轴回转误差的主要因素有轴承内外滚道的圆度误差、内环的壁厚差、内环滚道的波纹度以及滚动体的圆度误差、尺寸误差等，如图5-6所示。

图5-5 采用滑动轴承时影响主轴回转误差的因素

（a）主轴支承轴颈的圆度误差；（b）轴套孔的圆度误差

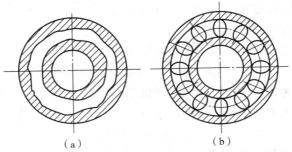

图5-6 采用滚动轴承时影响主轴回转误差的因素

（a）内外环滚道的圆度误差；（b）滚动体的圆度、尺寸误差

③主轴回转误差对加工精度的影响。不同的加工方法，主轴回转误差引起的加工误差也不同。如轴向圆跳动对内、外圆柱面车削或镗孔影响不大，主要在车端面时它使工件端面产生垂直度、平面度误差和轴向尺寸精度误差，车螺纹时，使导程产生误差。表5-1列出了不同加工方法时机床主轴回转误差引起的加工误差。

表5-1　不同加工方法时机床主轴回转误差引起的加工误差

主轴回转误差的基本形式	车　削			镗　削	
	内、外圆	端面	螺纹	孔	端面
径向圆跳动	近似真圆（理论上为心脏线形）	无影响	螺距误差	椭圆孔（每周跳动一次时）	无影响
端面圆跳动	无影响	平面度、垂直度	螺距误差	无影响	平面度、垂直度
角度摆动	近似圆柱（理论上为锥形）	影响极小	螺距误差	椭圆柱孔（每周摆动一次时）	平面度（马鞍形）

主轴回转误差实际上是上述3种形式误差的合成，主轴实际回转轴线在空间的运动轨迹不断变化，既影响所加工工件圆柱面的形状精度，又影响端面的形状精度，且上述3种运动所引起的误差是一个瞬时值。

④提高主轴回转精度的措施如下：

a. 提高主轴轴承精度。轴承是影响主轴回转精度的关键部件，对精密机床宜采用精密滚动轴承、多油楔动压和静压滑动轴承。

b. 减少主轴回转误差对加工精度的影响。如外圆磨削时，采用固定顶尖加拨杆的方式，可避免主轴回转误差的影响；再如采用高精度镗模镗孔时，让镗杆与机床主轴浮动连接等。

c. 提高主轴轴颈、箱体支承孔及与轴承相配合零件有关表面的加工精度。

d. 对滚动轴承进行预紧，以消除间隙，提高承载能力。

提要： 对各种静态误差以及下面的动态误差、下面章节的机械加工质量方面的内容，本教材都是采用在分析它们对加工过程影响的基础上，探讨这些误差、衡量指标受哪些因素影响，然后给出减少这类误差、改进相关指标的常用措施。掌握这种学习思路，对综合理解这些知识会有很大帮助。

（2）导轨误差

导轨是机床中确定各主要部件位置关系的基准，也是运动的基准，它的各项误差直接影响工件的加工精度。

①机床导轨误差对工件加工精度的影响。

a. 导轨在水平面内的直线度误差。导轨如果有水平面内的直线度误差，则在纵向加工时，刀尖运动轨迹相对于主轴轴线不能保持平行，使工件在纵向截面和横向截面内分别产生形状误差和尺寸误差。当导轨向后凸出时，工件上产生鞍形误差；当导轨向前凸出时，工件上产生鼓形误差。如图5-7所示，磨床导轨在水平方向存在误差Δ，磨削外圆时工件沿砂轮法线方向产生位移，引起工件在半径方向上的误差为$\Delta R = \Delta$。当磨削长外圆柱表面时，这一误差将明显反映到工件上，造成工件的圆柱度误差。

b. 导轨在垂直面内的直线度误差。如图 5 - 8 所示，由于磨床导轨在垂直面内存在误差 Δ，磨削外圆时，工件沿砂轮切线方向（误差非敏感方向）产生位移，此时工件半径方向上产生误差 $\Delta R \approx \Delta^2 / 2R$，其值甚小。但对平面磨床、龙门刨床、铣床等，导轨在垂直方向上的误差将引起法向方向（误差敏感方向）的位移，将直接反映到被加工工件的表面，造成工件的形状误差，如图 5 - 9 所示。

图 5 - 7　磨床导轨在水平面内的直线度误差

（a）导轨在水平面内的直线度误差；（b）引起的加工误差
1—水平面；2—导轨水平面内直线度；3—砂轮；4—工件

c. 前后导轨的平行度误差（扭曲）。若车床前后导轨有平行度误差，会使大溜板产生横向倾斜扭曲，刀具产生位移，因而引起工件形状误差。从图 5 - 10 可知，工件产生的半径误差值为 $\Delta R = \Delta x = \dfrac{H}{B} \Delta$。一般车床 $H/B \approx 2/3$，外圆磨床 $H/B \approx 1$，因此导轨扭曲对加工精度的影响不容忽视。

图 5 - 8　磨床导轨在垂直面内的直线度误差

（a）导轨在垂直面内的直线度误差；（b）引起的加工误差

图 5 - 9　龙门刨床导轨在垂直方向上的直线度误差

1—刀具；2—工件；3—工作台；4—床身导轨

图 5 - 10　导轨的扭曲

d. 导轨对主轴回转轴线的位置误差。若导轨与机床主轴回转轴线存在误差，则会引起工件的几何形状误差，如车床导轨与主轴回转轴线在水平面内不平行，会使工件的外圆柱表面产生锥度；在垂直面内不平行，会使工件的外圆柱表面产生马鞍形误差。

②影响机床导轨误差的因素及提高导轨运动精度的措施。影响因素主要有以下几方面：一是导轨原有精度，主要受机床制造误差，包括导轨、溜板的制造误差以及机床的装配误差等的影响；二是机床安装不正确或地基不牢固引起的导轨误差，往往远大于制造误差，尤其是刚性较差的长床身，在自重的作用下很容易产生变形；三是导轨磨损，由于使用程度不同及受力不均，导轨在全长上的磨损量不等，会引起导轨在水平面和垂直面内产生位移及倾斜。

因此，提高导轨运动精度主要从以下几方面入手：一是提高机床导轨、溜板的制造精度及配合接触精度；二是采用耐磨合金铸铁、镶钢导轨、贴塑导轨、导轨表面淬火等措施提高导轨的耐磨性及选用适当的导轨类型，如滚动导轨、液体或气体静压导轨等来减少或防止导轨面在使用过程中的磨损；三是正确安装机床和定期检修等措施均可提高导轨导向精度。

（3）传动链误差

传动链误差是指内联系传动链中首末两端传动元件之间相对运动的误差。如车螺纹、滚齿、插齿等加工时，刀具和工件之间有严格的传动比要求，这是由刀具与工件间的传动链来保证的。传动链中的各传动元件，如齿轮、蜗轮、蜗杆等有制造误差（主要是影响运动精度的误差）、装配误差（主要是装配偏心）和磨损时，就会破坏正确的运动关系，使工件产生误差，这些误差的累积，就是传动链的传动误差。

通过分析，减少传动链传动误差的措施主要有：

①减少传动环节，尽量缩短传动链，以减少误差来源。

②提高传动元件的制造精度和装配精度，特别是末端传动元件（如车床丝杆螺母副、滚齿机分度蜗杆副）的精度。因为它的原始误差对加工精度的影响要比传动链中其他零件的影响大。

③尽可能采用降速传动。传动件在同样原始误差的情况下，采用降速传动时，其对加工误差的影响较小。特别是末端传动副的降速比尽量大一些，如齿轮加工机床，分度蜗轮的齿数一般比被加工齿轮的齿数多，目的就是得到很大的降速传动比，一些精密滚齿机的分度蜗轮的齿数在 1 000 齿以上。

④采用误差校正机构对误差进行补偿。

2. 夹具误差与工件安装误差

夹具误差主要是指夹具的定位元件、导向元件及夹具体等的加工与装配误差，它将直接影响工件加工精度，对被加工工件的位置误差影响最大。在设计夹具时，凡影响工件精度的尺寸应严格控制其制造误差，一般夹具可取工件上相应尺寸公差或位置公差的 1/2 ~ 1/10，粗加工（工件公差较大）时夹具可取工件公差的 1/5 ~ 1/10，精加工（工件公差较小）时取工件公差的 1/2 ~ 1/3。夹具的磨损是逐渐而缓慢的过程，它对加工误差的影响不是很明显，对它们进行定期的检测和维修即可。工件安装误差包括定位误差与夹紧误差。

3. 刀具制造和安装误差

刀具制造误差对加工精度的影响因刀具的种类不同而不同，依具体加工条件可能会影响工件的尺寸、形状或位置精度。机械加工中常用的刀具有：一般刀具、定尺寸刀具、成形刀具和展成刀具。一般刀具（普通车刀、单刃镗刀和平面铣刀等）的制造误差，对加工精度没有直接影响。定尺寸刀具（如钻头、铰刀、拉刀等）的尺寸误差直接影响加工工件的尺寸精度。成形刀具和展成刀具（如成形车刀、成形铣刀及齿轮刀具等）的制造误差，直接影响被加工表面的形状精度。刀具在使用中安装不当，也将影响加工精度。

4. 调整误差

在机械加工工序中，总是要对机床、刀具、夹具等进行这样或那样的调整工作。由于调整不可能绝对准确，这就带来了一项原始误差即调整误差。

工艺系统的调整有如下两种基本方式，相应的误差来源也不同。

（1）试切法调整

单件、小批生产中，通常采用试切法调整，产生调整误差的来源除测量误差外主要有：

①进给机构的位移误差。试切时要微量调整刀具的位置，这时常会出现进给机构的"爬行"（低速时由于静、动摩擦系统不同而引起的进给机构时走时停、时快时慢的现象），刀具的实际位移与刻度盘上的数值就会不一致，造成加工误差。

②加工余量的影响。精加工时，试切的最后一刀余量往往很小，若切削余量小于最小切削厚度，切削刃就会打滑，只起挤压作用而不起切削作用，为使切削刀不打滑，就会多切工件，正式切削时的深度就会较大，从而造成工件的尺寸误差。

（2）调整法调整

在大批量生产时，常用调整法加工。影响调整精度的因素主要有：

①定程机构的误差。定程机构的制造、调整误差以及与它们配合使用的电、液、气动元件的灵敏度等是调整误差的主要来源。

②样件或样板的误差。样件或样板的制造误差、安装误差和对刀误差以及它们的磨损等都对调整精度有影响，多刀加工时常用这种方法。

③抽样件数的影响。工艺系统调整时，一般要试切几个工件，并以其平均尺寸作为判断调整是否准确的依据。由于试切加工的工件数（称为抽样件数）不可能太多，不能完全反映整批工件切削过程中的各种误差，故这几个工件的平均尺寸与总体尺寸不会完全符合，从而造成加工误差。

三、加工过程误差（动态误差）

1. 工艺系统受力变形引起的误差

机械加工中工艺系统在切削力、夹紧力以及重力等的作用下，将产生相应的变形，破坏已调好的刀具和工件在静态下调整好的位置关系，从而产生加工误差。例如，车削细长轴时，工件在切削力的作用下弯曲变形，加工后会产生中间粗、两头细的腰鼓形的情况；在内圆磨床上用横向切入法磨孔时，由于内圆磨头主轴弯曲变形，磨出的孔带有锥度，造成圆柱度误差。

（1）工艺系统的刚度

工艺系统的受力变形通常是弹性变形，其大小不仅取决于外力的大小，而且和工艺系统抵抗变形的能力有关，这种能力用刚度来描述。工艺系统在各种外力作用下，将在各个受力方向产生相应的变形，我们主要研究误差敏感方向上的变形。因此，工艺系统的刚度 k_{xt} 定义为：作用在加工表面法向方向的切削分力 F_p 与工艺系统的法向变形（位移）δ 的比值。

$$k_{xt} = \frac{F_p}{\delta} \tag{5-1}$$

要注意，此处的变形 δ 是总切削力的三个分力 F_c、F_p、F_f 综合作用的结果，因此有可能出现变形方向与 F_p 方向不一致的情况，若 F_p 与变形的方向相反，工艺系统就处于副刚度状态。如图 5-11 所示的车削加工中，刀架在 F_p 的作用下引起同向变形，而在主切削力 F_c 作用下引起的变形与 F_p 方向相反，这时就出现副刚度现象。这种现象应尽量避免，此时车刀的刀尖将扎入工件的外圆表面，造成刀具的破损与振动。

图 5-11　副刚度现象

（a）F_p 引起同向变形；（b）F_c 引起反向变形

（2）工艺系统刚度的计算

①工艺系统总刚度的计算。由于工艺系统各个部分在外力作用下都会产生变形，故工艺系统的总变形量应是

$$\delta = \delta_{jc} + \delta_{dj} + \delta_{jj} + \delta_{g} \tag{5-2}$$

而根据刚度的概念得

$$k_{jc} = \frac{F_p}{\delta_{jc}}, \ k_{dj} = \frac{F_p}{\delta_{dj}}, \ k_{jj} = \frac{F_p}{\delta_{jj}}, \ k_{g} = \frac{F_p}{\delta_{g}}$$

式中　δ_{jc}，δ_{dj}，δ_{jj}，δ_{g}——分别为机床、刀具、夹具、工件的变形量，mm；

　　　k_{jc}，k_{dj}，k_{jj}，k_{g}——分别为机床、刀具、夹具、工件的刚度，N/mm。

所以，工艺系统的总刚度为

$$\frac{1}{k_{xt}} = \frac{1}{k_{jc}} + \frac{1}{k_{dj}} + \frac{1}{k_{jj}} + \frac{1}{k_{g}} \tag{5-3}$$

因此，若已知工艺系统各组成部分的刚度，即可求出系统的刚度。

由于切削过程中切削力是不断变化的，工艺系统在动态力作用下的变形与静态变形不一样，即有静刚度和动刚度之分。一般情况下，工艺系统的动刚度与静刚度成正比，此外还与系统的阻尼、交变力频率与系统固有频率之比有关。本节只讨论静刚度，简称为刚度。动刚度是系统振动问题的一部分。

②各部分刚度的计算。当工件、刀具的形状比较简单时，其刚度可用材料力学的有关公式进行近似计算，结果与实际相差无几。

对于由若干个零件组成的机床部件及夹具，结构复杂，其受力变形与各零件间的接触刚度和部件刚度有关，至今还没有合适的计算方法，需要用实验方法测定。因夹具一般总是固定在机床上使用，可视为机床的一部分，一般情况下一起用实验方法测定即可。

（3）工艺系统刚度对加工精度的影响

①切削力作用点位置变化引起的加工误差。切削过程中，工艺系统的刚度会随切削力作用点位置的变化而变化，使工艺系统受力变形随之变化。下面以在车床顶尖间加工光轴为例来讨论，如图 5-12 所示。

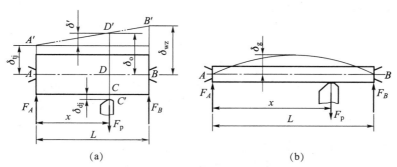

图 5-12 工艺系统变形随切削力作用点变化而变化

（a）机床变形引起的误差；（b）工件变形引起的误差

a. 机床的变形。假定工件和刀具的刚度很好，其受力变形比机床的变形要小得多，可忽略不计。也就是说，工艺系统的变形主要取决于机床，即机床头架、尾座（含顶尖）和刀架的位移，如图 5-12（a）所示，同时假定在加工过程中切削力保持不变。

再设当车刀以径向切削力 F_p 进给到图 5-12（a）所示的 x 位置时，车床主轴箱（头架）受作用力 F_A，相应的变形 $\delta_{tj} = \overline{AA'}$；尾座受力 F_B，相应的变形 $\delta_{wz} = \overline{BB'}$；刀架受力 F_p，相应的变形 $\delta_{dj} = \overline{CC'}$。这时工件轴心线 AB 位移到 $A'B'$，因而刀具切削点处工件轴线的变形 δ_x 为

$$\delta_x = \delta_{tj} + \delta' = \delta_{tj} + \left(\delta_{wz} - \delta_{tj}\right)\frac{x}{L}$$

式中　L——工件长度；

　　　x——车刀至头架的距离。

考虑到刀架的变形量 δ_{dj} 与工件轴线的变形量 δ_x 的方向相反，所以机床总的变形为

$$\delta_{jc} = \delta_x + \delta_{dj} \tag{5-4}$$

由刚度定义有

$$\delta_{tj} = \frac{F_A}{k_{tj}} = \frac{F_p}{k_{tj}}\left(\frac{L-x}{L}\right), \ \delta_{wz} = \frac{F_B}{k_{wz}} = \frac{F_p}{k_{wz}}\frac{x}{L}, \ \delta_{dj} = \frac{F_p}{k_{dj}} \tag{5-5}$$

式中　k_{tj}，k_{wz}，k_{dj}——分别为头架、尾座、刀架的刚度。

把式（5-5）代入式（5-4），最后可得机床的总变形为

$$\delta_{jc} = F_p\left[\frac{1}{k_{tj}}\left(\frac{L-x}{L}\right)^2 + \frac{1}{k_{wz}}\left(\frac{x}{L}\right)^2 + \frac{1}{k_{dj}}\right] \tag{5-6}$$

可见，随着切削力作用点位置的变化，工艺系统的变形是变化的，这正是由于工艺系统的刚度随切削力作用点变化而变化所致。根据具体位置将 x 代入，就可求出各点的变形量，

并可用极值的方法，求出当 $x = \left(\dfrac{k_{wz}}{k_{tj} + k_{wz}} \right) L$ 时，机床变形最小，即

$$\delta_{jcmin} = F_p \left(\frac{1}{k_{tj} + k_{wz}} + \frac{1}{k_{dj}} \right)$$

由于变形大的地方，从工件上切去的金属层薄，变形小的地方，切去的金属层厚，因此因机床受力变形而使加工出来的工件产生两端粗、中间细的马鞍形圆柱度误差。

b. 工件的变形。若在两顶尖间车削细长轴等刚性很差的零件，此时在切削力作用下，其变形大大超过机床、夹具和刀具所产生的变形，则必须考虑工件的变形。此时可不考虑机床、夹具和刀具的受力变形。如图 5 – 12（b），则可由材料力学公式计算工件在切削点的变形量为

$$\delta_g = \frac{F_p (L-x)^2 x^2}{3EI \quad L}$$

显然，当 $x = 0$ 或 $x = L$ 时，$\delta_g = 0$；当 $x = L/2$ 时，工件刚度最小、变形最大，即

$$\delta_{gmax} = \frac{F_p L^3}{48EI}$$

因此加工后的工件产生两端细、中间粗的腰鼓形圆柱度误差。

c. 工艺系统的总变形。当同时考虑机床和工件的变形时，工艺系统的总变形为二者的叠加。故工艺系统的总变形为

$$\delta = \delta_{jc} + \delta_g = F_p \left[\frac{1}{k_{tj}} \left(\frac{L-x}{L} \right)^2 + \frac{1}{k_{wz}} \left(\frac{x}{L} \right)^2 + \frac{1}{k_{dj}} \right] + \frac{F_p (L-x)^2 x^2}{3EI \quad L}$$

因此，如果测得机床头架、尾座、刀架三个部件的刚度，确定了工件的材料和尺寸，就可由 x 值估算工艺系统的刚度。再根据切削条件等算出切削力，利用上面的公式就可估算出不同位置处工件半径的变化量。

另外，机床类型不同，因切削力作用点变化而引起的刚度变化形式也不相同，其造成的加工误差也就不同。例如立式车床、龙门刨床、龙门铣床等的横梁及刀架、铣床滑枕内的主轴等，其刚度随刀架位置或滑枕伸出长度不同而异，分析过程一般也可参照上面的方法进行。

提要：这部分内容需要用到材料力学课程的知识，学习时要注意复习相关前期知识。

②切削力大小变化引起的加工误差。在切削加工中，加工余量或材料硬度不均匀，都会引起切削力大小的变化，工艺系统变形的大小就会不一致而产生加工误差。

在车削短圆柱外圆时，如图 5 – 13 所示，由于毛坯的形状误差，在工件每转一周中，背吃刀量在最大值 a_{p1} 与最小值 a_{p2} 中变化，相应的切削力在 F_{p1} 和 F_{p2} 之间变化，导致产生相应的变形 δ_1 和 δ_2，车削后得到的工件仍然具有圆度误差。因此，当车削具有圆度误差 $\Delta_m = a_{p1} - a_{p2}$ 的毛坯时，由于工艺系统受力变形不一致而使工件产生相应的圆度误差 $\Delta_g = \delta_1 - \delta_2$。这种由于工艺系统受力变形不一致而使毛坯的形状误差复映到加工后工件

图 5 – 13　误差复映

表面的现象，称为"误差复映"，因误差复映现象而产生的加工误差，称复映误差。可以用

工件误差 Δ_g 与毛坯误差 Δ_m 之比来衡量误差复映的程度。

$$\varepsilon = \frac{\Delta_g}{\Delta_m} \qquad (5-7)$$

式中　ε——误差复映系数，$\varepsilon \leqslant 1$。

设工艺系统的刚度为 k_{xt}，则工件的圆度误差为

$$\Delta_g = \delta_1 - \delta_2 = \frac{1}{k_{xt}}(F_{p1} - F_{p2}) \qquad (5-8)$$

由前面切削原理的公式可知：

$$F_p = \lambda C_{F_c} a_p f^{0.75}$$

式中　$\lambda = F_p / F_c$，一般取 $\lambda = 0.4$；

C_{F_c}——与工件材料、刀具几何参数及切削条件有关的系数；

a_p——背吃刀量；

f——进给量。

所以

$$\delta_1 = \frac{\lambda C_{F_c} a_{p1} f^{0.75}}{k_{xt}}, \quad \delta_2 = \frac{\lambda C_{F_c} a_{p2} f^{0.75}}{k_{xt}}$$

把 δ_1、δ_2 代入式（5-8）得

$$\Delta_g = \delta_1 - \delta_2 = \frac{\lambda C_{F_c} f^{0.75}}{k_{xt}}(a_{p1} - a_{p2}) = \frac{\lambda C_{F_c} f^{0.75}}{k_{xt}} \Delta_m \qquad (5-9)$$

则

$$\varepsilon = \frac{\lambda C_{F_c} f^{0.75}}{k_{xt}}$$

ε 是一个小于 1 的正数，定量地反映了毛坯误差经加工后所减小的程度，并且工艺系统刚度越高，则 ε 越小，毛坯复映到工件上的误差也越小。经多次进给或多道工序后，ε_Σ 降至一个极小的数值，工件加工误差也逐渐降低到工件公差所允许的范围内。则经过多次进给加工后，则误差复映为

$$\Delta_g = \varepsilon_1 \varepsilon_2 \varepsilon_3 \cdots \varepsilon_n \Delta_m = \varepsilon_\Sigma \Delta_m$$

式中　ε_Σ——总误差复映系数，$\varepsilon_\Sigma = \varepsilon_1 \varepsilon_2 \varepsilon_3 \cdots \varepsilon_n$。

减小径向切削力或增大工艺系统刚度都能使 ε 减小。例如，减小进给量 f，既可减小切削力，又增加了进给次数，减小了 ε，提高了加工精度，但生产率降低了。增大工艺系统刚度 k_{xt} 具有重要意义，不但能减小加工误差，而且可以在保证加工精度前提下相应增大进给量，提高生产率。

③工艺系统中其他作用力引起的加工误差。

a. 夹紧力的影响。工件在装夹时，当工件刚度较低或夹紧不当时，会使其产生相应变形，造成加工误差。如图 5-14 所示，用三爪卡盘夹持薄壁套筒，假定坯件是正圆形，夹紧后坯件呈三棱形［见图 5-14（a）］，虽在夹紧状态下镗出的孔为正圆形［见图 5-14（b）］，但松开后，套筒的弹性恢复使孔又变成三角棱圆形［见图 5-14（c）］。为了减少加工误差，可采用开口过渡环［见图 5-14（d）］或采用宽卡爪等专用卡爪［见图 5-14（e）］夹紧，使夹紧力均匀分布。

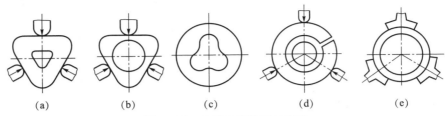

图 5 - 14　套筒夹紧变形的误差

（a）第一次夹紧；（b）镗孔；（c）松开后工件变形；（d）采用开口过渡环；（e）采用专用卡爪

　　b. 重力的影响。工艺系统中有关零部件自身的重力所引起的相应变形，如龙门铣床、龙门刨床刀架横梁的变形，镗床的镗杆自重下垂变形等都会造成加工误差。在图 5 - 15 中，大型立式车床刀架的自重引起的横梁变形，使工件端面的平面度和外圆圆柱度产生了误差。

图 5 - 15　机床部件自重引起的加工误差

（a）变形引起平面度误差；（b）变形引起外圆圆柱度误差

　　c. 惯性力的影响。在高速切削时，如果工艺系统中高速旋转的构件（包括夹具、工件和刀具等）不平衡，就会产生离心力。离心力在工件的每一转中不断变更方向，引起工件的回转误差和工艺系统振动，既降低加工精度又影响被加工零件的表面质量。可采用"对重平衡"等方法来消除这种影响。

　　d. 传动力的影响。在车床或磨床上加工轴类零件时，常用单爪拨盘拨动工件旋转。传动力在每一转中不断改变方向，与切削力时而同向，时而反向，造成与惯性力相似的加工误差。精度要求较高时应采用双爪拨盘或柔性连接装置带动工件旋转。

　　（4）减少工艺系统受力变形的措施

　　由式（5 - 1）及以上分析可知，总的来说，减少工艺系统受力变形的措施为：一是提高工艺系统刚度；二是减小切削力及其变化。

　　①提高工艺系统刚度。

　　a. 提高接触刚度。减少组成件的数量、提高接触面的表面质量，均可减少接触变形，提高接触刚度。如采用刮研与研磨等方法提高机床导轨副、锥体与锥孔、顶尖与中心孔等配合面的配合质量，使实际接触面增加，从而有效地提高接触刚度；又如在各类轴承的调整中，可在接触面间适当预紧消除间隙，增大受力面积，减少受力后的变形量。

　　b. 提高工件的刚度。在加工叉架类、细长轴等自身刚度较低的零件时，常采用中心架或跟刀架作为辅助支承，缩小切削力的作用点到支承之间的距离，以增大工件在切削时的刚度。

　　c. 提高机床部件的刚度。当机床部件刚度低时常采用增加辅助装置，减少悬伸量，以及增大刀杆直径等措施来提高机床部件的刚度。图 5 - 16（a）、（b）所示分别为在转塔车床上采用固定导向支承套装在主轴孔内的转动导向支承套，并用加强杆与导向支承套配合以提高机床部件的刚度。

图 5-16 提高机床部件刚度的装置

（a）采用固定导向支承套

1—固定导向支承套；2—加强杆；3—转塔刀架

（b）采用转动导向支承套

1—转动导向支承套；2—转塔刀架；3—工件；4—加强杆

d. 合理的装夹方式和加工方法。加工刚度低的工件时，采用合理的装夹方式和加工方法，能减少夹紧变形，提高加工精度。在铣床上加工角铁零件，图 5-17（a）所示的卧式安装、面铣刀加工时工艺系统刚度显然比图 5-17（b）的立式安装、圆柱铣刀加工时的刚度高。

图 5-17 铣角铁工件的两种安装及加工方法

（a）卧式安装、面铣刀加工；（b）立式安装、圆柱铣刀加工

②减小切削力及其变化。改善毛坯制造工艺，尽量使一批工件的材料性能均匀，对工件材料进行适当的热处理以改善材料的加工性能，合理选择刀具的几何参数和刀具材料、保持加工余量均匀等都可使切削力及其变化幅度减小。

2. 工艺系统受热变形引起的误差

工艺系统受到切削热、摩擦热以及阳光和取暖设备的辐射热等各种热的影响而产生变形，破坏刀具与工件的相对位置关系，造成工件的加工误差。据统计，由于热变形所引起的加工误差通常会占到工件加工总误差的 40% ~ 70%。工艺系统热变形不仅影响加工精度，而且影响加工效率。随着高精度、高效率加工及自动化加工技术的发展，加工误差不能再由人工进行补偿，工艺系统热变形问题就更加突出。

（1）工艺系统的热源

实践表明，引起工艺系统变形的热源可分为内部热源和外部热源两大类。

内部热源包括切削热和摩擦热。切削热是切削加工过程中的主要热源，对加工精度的影响也最为直接。不同加工方式切削热的影响也不一样，如车削时，大部分热量被切屑带走，传给工件的只有 10% 左右，而磨削时传给工件的热量多达 80% 以上，磨削区温度可高达 800 ~ 1 000 ℃。传动部分将产生摩擦热（如轴承副、齿轮副、离合器、导轨副、液压泵、丝杠螺母副等），并通过润滑油将热量散布开来，虽然摩擦热比切削热少，但有时会使工艺系统某个局部产生较大的热变形。

外部热源包括环境热和辐射热，如靠近窗口的机床受到日光照射的影响，会使机床产生变形等。

工艺系统在工作时，一方面受到各种热源的影响使温度逐渐升高；另一方面，它也通过各种传热方式和介质向周围散发热量。当单位时间内传入、传出的热量接近相等时，工艺系统就达到了热平衡状态，工艺系统各部分的温度保持在某一相对固定的数值上，热变形将趋于相对稳定。

（2）工件热变形对加工精度的影响

工件在机械加工过程中的热变形主要是由切削热引起的，有些大型零件、精密零件的周围环境温度变化和日光、取暖设备等外部热源对工艺系统的局部辐射等也不容忽视。不同的材料、形状尺寸、加工方法，工件的热变形也不相同。如加工铜、铝等有色金属零件时，由于热膨胀系数大，其热变形尤为显著。

一些形状简单、对称的零件，加工时热量能比较均匀地传入工件，如轴类零件在车削或磨削时，其热变形可按下式求出：

$$\Delta L = \alpha L \Delta t \tag{5-10}$$

式中 L——工件变形方向的尺寸（长度或直径），mm；

   α——工件材料的热膨胀系数，1/℃；

   Δt——工件的平均温升，℃。

通常，工件热变形在精加工中比较突出，特别是长度长而精度要求很高的零件，如精密丝杆磨削时，工件的受热伸长会引起螺距累积误差。若丝杠长度为 3 m，每一次走刀磨削温度升高约 3 ℃，则丝杠的伸长量 $\Delta L = \alpha L \Delta t = (1.17 \times 10^{-5} \times 3\ 000 \times 3)$ mm = 0.1 mm（1.17×10^{-5} 为钢材的热膨胀系数），已超过 6 级丝杠的螺距累积误差在全长上不允许超过 0.02 mm 的要求，由此可见热变形的严重性。

对均匀受热的工件，一般情况下只影响尺寸精度。若工件受热不均匀，如刨削、铣削、磨削平面，工件单面受热，上下平面间产生温差将导致工件向上凸起，凸起部分被工具切去，加工完毕冷却后，加工表面就产生了中凹，造成了形状误差，而形状误差很难用调整的方法解决。

（3）刀具热变形对加工精度的影响

刀具热变形主要是由切削热引起的。通常传入刀具的热量并不太多，但由于热量集中在切削部分，刀头体积小，热容量小，导致刀具切削部分温升急剧升高，而其热伸长直接改变刀具和工件的相对位置，对加工精度的影响比较显著。例如高速钢刀具车削时，刃部的温度可达 $700 \sim 800$ ℃，刀具热伸长量可达 $0.03 \sim 0.05$ mm。如车削长轴，可能由于刀具热伸长而产生锥度（尾座处的直径比主轴箱附近的直径大）。

为了减小刀具的热变形，降低切削温度，应合理选择刀具几何参数、切削用量，并给以充分冷却和润滑。

（4）机床热变形对加工精度的影响

由于机床结构、工作条件及热源形式各不相同，分布也不均匀，因此，不仅各部件的温升不同，而且同一部件不同位置的温升也不相同，形成不均匀的温度场，热变形对加工精度的影响也不相同。图 5-18 所示为几种机床在工作状态下热变形的趋势。车、铣、钻、镗类机床的主要热源是主轴箱的齿轮、轴承摩擦发热及润滑油发热，使主轴箱和床身（或立柱）的温度升高而产生变形和翘曲，从而造成主轴的位移和倾斜；磨床类机床的主要热源为砂轮主轴轴承和液压系统的发热，引起砂轮架位移、工作头架位移和导轨床身的变形。龙门刨床、导轨磨床、立式车床等大型机床导轨副的摩擦热会使导轨面与底面产生温差，导致床身产生较大的中凸热变形。

图 5-18　几种机床热变形的趋势

（a）车床；（b）铣床；（c）平面磨床；（d）双端面磨床

在机床达到热平衡状态之前，机床几何精度不稳定，对加工精度的影响也变化不定。生产上要求，精密加工应在机床处于热平衡之后进行。一般机床，如车床、磨床等，其空运转的热平衡时间为 4~6 h，中小型精密机床为 1~2 h，大型精密机床往往要超过 12 h。

（5）减少工艺系统热变形对加工精度影响的措施

①减少发热和隔离热源。凡能分离出去的热源，如电动机、变速箱、液压系统、冷却系统等尽可能移出，使之成为独立单元；不能分离的热源，如主轴轴承、丝杠螺母副、高速运动的导轨副、摩擦离合器等，尽可能从结构设计、润滑等方面改善其摩擦特性，减少发热。例如机床主轴可采用静压轴承、静压导轨，改用低黏度润滑油、锂基润滑脂，或使用循环润滑、油雾润滑等措施。另一方面也可采用隔热措施，将发热部件和机床的床身、立柱等基础件隔离开来。

②均衡温度场。图 5-19 所示为端面磨床均衡温度场的示意图。由风扇将主轴箱内的热空气，经管道引导至防护罩和立柱后壁的空间排出，使原来温度较低的立柱后壁温度升高，和立柱前壁的温度大致相等，这样可以降低立柱的弯曲变形。据测定，采取这种热补偿方法后，使被加工零件的端面平行度误差降低为原来的 1/4~1/3。

图 5-19 均衡立柱前后壁温度场

③采用合理的机床部件结构及装配基准。

a. 采用热对称结构。如对加工中心，单立柱结构会产生较大的扭曲变形，双立柱结构因左右对称，仅产生垂直方向的平移，这就很容易用垂直坐标的移动量来补偿，如图 5-20 所示。

（a）　　　　　　　　　（b）

图 5-20 热对称结构

（a）单立柱结构；（b）双立柱结构

b. 合理选择机床零部件的安装基准。合理选择机床零部件的安装基准，使关键件的热变形尽量避开误差敏感方向。

④加速达到工艺系统的热平衡。为了缩短机床达到热平衡状态的时间，可以在加工前使机床做高速空运转，或在机床的适当部位增设控制热源，人为给机床加热，使机床在较短时间内达到热平衡。

⑤控制环境温度。精密机床应安装在恒温车间，平均温度一般为 20 ℃，冬季可取 17 ℃，夏季取 23 ℃，其恒温精度一般控制在 ±1 ℃以内，精密级为 ±0.5 ℃。

3. 工艺系统内应力引起的变形

内应力（或残余应力）是指没有外力作用或将外部载荷去除后，仍残存在工件内部的应力。内应力是由金属内部的组织发生了不均匀的体积变化而产生的，其影响因素主要来自热加工或冷加工。具有内应力的零件处于一种很不稳定的状态，其内部组织一直有恢复到稳定的没有内应力状态的倾向。在内应力变化的过程中，零件产生相应的变形，原有的加工精度逐渐丧失，用这些零件装配成的机器在使用过程中也会逐渐产生变形，从而破坏整台机器的质量。内应力主要有以下几种主要来源。

（1）毛坯制造中产生的内应力

在铸造、锻造、焊接及热处理等过程中，由于工件各部分热胀冷缩不均匀以及金相组织转变时引起的体积变化，在毛坯内部就会产生相当大的残余应力。毛坯的结构越复杂、壁厚越不均匀，散热的条件差别就越大，毛坯内部产生的内应力也越大。具有内应力的毛坯，内应力暂时处于相对平衡状态，短期内看不出什么明显的变化，但当条件变化如切去某些表面后，就会打破这种平衡，引起内应力重新分布，工件就明显地出现变形。

图 5－21 所示为一个内外壁厚不同的铸件。壁 A 和 C 较薄，散热容易，冷却较快；壁 B 较厚，冷却较慢。当壁 A、C 从塑性状态冷却到弹性状态时，壁 B 尚处于塑性状态，所以当壁 A、C 收缩时，B 不起阻止收缩的作用，此时不会产生内应力。而当 B 亦冷却到弹性状态时，壁 A、C 的温度已经降低很多，收缩速度变得很慢，但这时 B 收缩较快，因而受到了壁 A、C 的阻碍。这样，壁 B 就受产生了拉应力，壁 A、C 产生了压应力，形成了相互平衡的状态。

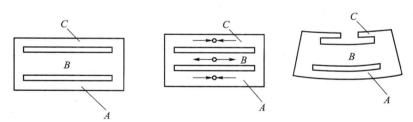

图 5－21　铸件内应力引起的变形
(a) 铸件；(b) 铸件及其内应力；(c) 内应力重新分布的铸件

如果在壁 C 处切开一个缺口，则壁 C 的压应力消失。铸件在壁 B、A 的内应力作用下，壁 B 收缩，壁 A 伸长，产生了弯曲变形，直至残余应力重新分布达到新的平衡为止。一般对较复杂铸件，如箱体加工时，都安排时效处理，目的就是消除或减小工件内应力。

（2）冷校直带来的内应力

冷校直工艺是对一些刚度较差容易变形的长棒料或细长零件，室温状态下在其弯曲的反方向施加外力使之变直的方法，如图 5－22（a）所示。在外力 F 的作用下，工件内部应力的分布如图 5 – 22（b）所示，在轴线以上产生压应力（用负号表示），在轴线以下产生拉应力（用正号表示），轴线和上下两条双点画线之间是弹性变形区域，在双点画线之外是塑性变形区域。当外力 F 去除后，弹性变形本可完全恢复，但受外层的塑性变形区域的阻止而恢复不了，使残余应力重新分布而平衡，如图 5 – 22（c）所示。由于这种平衡处于不稳定状态，再加工时，工件内部的应力又会重新分布而使工件产生弯曲变形。所以，高精度丝杠（6 级以上）不允许采用冷校直工艺，而是采用加大毛坯余量，经过多次切削和时效处理来消除内应力，或采用热校直。

图 5 – 22　冷校直引起的残余应力

（a）冷校直方法；（b）加载时残余应力的分布；（c）卸载后残余应力的分布

（3）切削加工中产生的内应力

工件切削过程中，在切削力、摩擦力、切削热等的作用下，使表层金属产生塑性变形，引起体积改变，从而产生残余应力。具体参见本章第四节。

（4）减少或消除内应力的措施

①合理设计零件结构。设计机器零件结构时，应尽量简化结构，使壁厚均匀、结构对称，以减少毛坯制造过程中内应力的产生。

②合理安排热处理和时效处理。对铸、锻、焊接件进行退火或回火、零件淬火后进行回火，对箱体、床身等重要零件、丝杠、精密主轴等精密零件，应在粗加工或半精加工后安排时效处理（自然时效、人工时效及振动时效）等。

③合理安排工艺过程。应尽可能将粗、精加工分阶段进行，使粗加工后有一定的时间让内应力重新分布，以减少对精加工的影响。对于大型工件，即使在同一台重型机床进行粗精加工也应该在粗加工后松开工件，使其充分变形后，然后用较小的力夹紧进行精加工。

4. 刀具的磨损

随着切削过程的进行，刀具会逐渐产生磨损，除了对切削性能、加工表面质量有不良影响外，也直接影响加工精度。例如成形刀具刃口的不均匀磨损将直接复映在工件上，造成形状误差；在加工一次走刀需较长时间的较大表面时，刀具的尺寸磨损会严重影响工件的形状精度；用调整法加工一批工件时，刀具的磨损会扩大工件尺寸的分散范围。

5. 测量误差

工件在加工过程中要用各种量具、量仪等进行检验测量，对工件进行试切或调整机床；工件加工后要用测量结果来评定加工精度。测量方法和量具本身的制造误差、测量时的接触力、测量环境、目测正确程度等，都直接影响加工误差。

提要：刀具的磨损、测量误差这两部分内容，许多教材放在前面静态误差部分做一简单介绍，参考相关资料时，要明确这是属于动态误差的范畴。

四、提高加工精度的途径

在生产中保证和提高加工精度的工艺措施很多，下面列举一些常用的且行之有效的方法以说明如何运用理论知识来分析和解决加工精度的问题。

1. 直接减少或消除误差法

这是生产中应用较广的一种基本方法，是在分析、确定产生加工误差的主要因素后，设法对其直接进行消除或减少。如细长轴车削加工时，由于其刚性特别差，受力后易引起弯曲变形和振动。除可采用中心架、跟刀架加工外，还可采用如下两种常用方法：一是反拉法切削，即工件用卡盘夹持，进给方向由卡盘一端指向尾座，使背向力 F_p 对工件起拉伸作用，同时另一端采用可伸缩的活顶尖装夹，此时工件就不会因背向力 F_p 和热应力而弯曲。另一种方法是采用大进给量和大的主偏角车刀，增大了进给力 F_f，减小了背向力 F_p，从而抑制振动使切削更平稳，提高细长轴的加工精度。

2. 误差转移法

误差转移法就是将工艺系统的几何误差、受力变形和热变形等原始误差从敏感方向转移到误差的非敏感方向，如磨削主轴锥孔时，锥孔与轴颈的同轴度靠专用夹具精度来保证，机床主轴与工件主轴之间用浮动连接，这样就转移了机床主轴的回转误差，不再影响加工精度。又比如，立轴转塔车床车削外圆时，若采用如图 5－23（a）所示的普通安装外圆车刀（车刀平行于水平面），其转位刀架的分度、转位误差将直接影响工件有关表面的加工精度。若采用如图5－23（b）所示的"立刀"安装法（车刀垂直于水平面），即把刀刃的切削基面放在垂直平面内，这样就能把刀架的转位误差转移到误差的非敏感方向上去，可以显著降低由刀架转位误差所引起的加工误差。

图 5－23　转塔车床刀架转位误差的转移
（a）普通安装；（b）立刀安装

3. 误差分组法

如果毛坯误差、定位误差等引起的工序误差过大，由于误差复映等原因，使得本工序难以保证加工要求时，可采取误差分组的方法，将毛坯或上道工序加工的工件尺寸经测量按大小分为 n 组，每组工件的尺寸误差范围就缩减为原来的 $1/n$，然后按组调整刀具与工件的相对位置或选用合适的定位元件，就可以显著减少上工序的加工误差对本工序加工精度的影响。这方法比一味提高毛坯或定位基准的精度要经济得多。例如某厂采用芯轴装夹工件剃齿，由于配合间隙太大，剃齿后工件的齿圈径向跳动超差。为不用提高齿坯加工精度而减少配合间隙，采用误差分组法，将工件内孔尺寸按大小分成4组，配置相应的4根芯轴，一根芯轴相应加工一组孔径的齿圈，保证了剃齿的加工精度要求。

4. 就地加工法

在机械加工和装配中，有些精度问题牵涉到很多零部件的相互关系，如果单纯依靠提高零部件的精度来满足设计要求，显然是不经济和不可取的，此时可以采用就地加工法来解决这种难题。

例如制造转塔车床时，转塔上 6 个安装刀具的孔的轴心线必须与机床主轴回转中心线重合，而 6 个端面又必须与主轴回转中心垂直。如果把转塔作为单独零件加工出这些表面，就很难在装配时同时满足这两项要求。实际生产中采用就地加工法，转塔上的孔和端面经半精加工后就装配到机床上，在机床主轴上安装镗杆和能径向进给的小刀架，分别对这些孔和端面进行精加工，由于转塔上孔的轴心线和平面都是依据主轴轴心线加工的，因此保证了与主轴轴心线之间的同轴度和垂直度。

此外，还有很多实例，如为了使牛头刨床、龙门刨床的工作台面对滑枕和横梁保持平行的位置关系，就都是在装配后的自身机床上进行"自刨自"的精加工。平面磨床的工作台面也是在装配后做"自磨自"的精加工等。

5. 误差平均法

误差平均法就是利用有密切联系的表面之间的相互比较、相互修正或者利用互为基准进行加工，以达到很高的加工精度。原始误差根据工艺系统局部的最大误差来判定，若能让这局部最大误差对整个加工表面影响相同，使传递到工件表面的加工误差均分，就相对提高了加工精度。例如，生产上常采用研磨的方法来加工配合精度要求很高的轴和孔，研具本身的精度并不高，磨料粒度大小也可能不一样，但由于研磨时工件与研具间的相对运动，磨粒对工件进行微量切削；最初是表面粗糙的最高点相接触，在一定的压力下，高点先磨损，高低不平处逐渐接近，几何形状精度也逐步提高，并进一步使误差均化。

所谓有密切联系的表面主要有三种类型，通常都要采用研配的方法来保证精度。一类是成套件的表面，如三块一组的精密标准平板，就是利用三块平板相互对研，配刮的方法加工的，括去显著的最高点，逐步提高这三块平板的平面度，就是通过对研、配刮加工使被加工表面原有的平面度误差不断缩小而使误差均化的。另一类是精密偶件，如上面的轴和孔以及精密标准丝杠与螺母等。第三类是工件本身相互有牵连的表面，如精密分度盘的各个槽等。

6. 误差补偿法

误差补偿法是人为地造出一种新的原始误差，去抵消或补偿原来工艺系统中存在的原始误差，并尽量使两者大小相等、方向相反。

图 5-24 所示为螺纹加工常采用的机械式校正机构的原理图。刀架纵向移动时，校正尺 5 工作表面的校正曲线使杠杆产生位移并使丝杠螺母 2 产生一个附加转动，从而使刀架得到一个附加位移，以校正尺 7 的人为误差补偿传动误差，来达到补偿机床丝杠的螺距误差的目的。

图 5-24 丝杆误差校正机构

1—工件；2—丝杠螺母；3—车床丝杠；4—杠杆；5—校正误差曲线；6—滚柱；7—校正尺

采用机械式的校正装置只能校正机床静态的传动误差，如果要同时校正机床静态及动态传动误差，则需采用计算机控制的柔性的"电子校正尺"来取代传统的机械校正尺。

7. 控制误差法

用误差补偿的方法来消除或减小常值系统误差一般来说是比较容易的，只要把固定不变常值系统误差测量出来就可以补偿。而对于变值系统误差的补偿就不能用这种固定补偿方法，于是生产中就发展了可变补偿，即积极控制的误差补偿方法，称为控制误差法。

控制误差法是在加工循环中，利用测量装置连续地测量出工件的实际尺寸（形状、位置）精度，随时给刀具以附加的补偿量，控制刀具和工件间的相对位置，直至实际值与调定值的差不超过预定的公差为止。现代机械加工中的自动测量和自动补偿就属于这种形式。除这种主动测量方式外，还可采用偶件自动配磨（将互配件的一件作为基准，去控制另一件的加工精度，加工过程中自动测量尺寸并比较）和积极控制起决定性作用的加工条件（多种因素很难同时控制，选取关键因素，将其控制在很小的变动范围内，如精密螺纹磨床的自动恒温控制等）。

第三节　加工误差的统计分析

实际生产中，影响加工精度的因素很多，加工误差往往是多种因素综合影响的结果，而且其中不少因素的作用带有随机性。对于一个受多个随机因素综合作用的工艺系统，就需要用数理统计的方法对加工误差数据进行处理和分析，才能得到符合实际的结果，发现误差形成规律，找出影响加工误差的主要因素，这就是加工误差的统计分析法。

本节的中心内容是阐明加工误差统计分析的方法和步骤。

一、加工误差的统计分析

常用的统计分析法有分布图（曲线）分析法和点图分析法两种。

1. 分布图分析法

（1）实际分布图——直方图

作实际分布图的步骤如下：

①采集样本，计算极差。从成批生产的某种零件中，随机抽取足够数量的工件进行测量，抽取的这些零件称为样本，其件数 n 称为样本容量。

由于加工误差的存在，所测零件的加工尺寸或偏差总是在一定范围内变动（称为尺寸分散），亦即为随机变量，用 x 表示。样本尺寸或偏差的最大值与最小值之差称为极差 R。

$$R = x_{\max} - x_{\min} \tag{5-11}$$

②确定分组数 k、组距 d。按测得的尺寸或偏差大小把零件分成 k 组，每两组之间的尺寸间隔称为组距 d。

$$d = \frac{R}{k-1} \tag{5-12}$$

选择的组数 k 和组距要适当。组数过多，组距太小，分布图会被随机波动所歪曲；组数太少，组距太大，分布特征将被掩盖：k 值一般应根据样本容量来选择，见表 5-2。

表 5 - 2　分组数的推荐值

样本总数 n	50 以下	50 ~ 100	100 ~ 250	250 以上
分组数 k	6 ~ 7	6 ~ 10	7 ~ 12	10 ~ 20

③计算频率分布或频率密度。同一尺寸间隔内的零件数量称为频数，用 m_i 表示；频数与样本总数，即样本容量之比称为频率，用 f_i 表示；频率与组距（尺寸间隔用 d 表示）之比称为频率密度。

④计算样本的算术平均值和标准差。

$$\overline{x} = \frac{1}{n}\sum_{i=1}^{n} x_i \tag{5-13}$$

$$s = \sqrt{\frac{1}{n-1}\sum_{i=1}^{n}(x_i - \overline{x})^2} \tag{5-14}$$

式中　x_i——各工件的尺寸，mm；

　　　$\overline{x}$——样本的算术平均值，mm；

　　　s——样本的标准差（均方根偏差），mm。

这两个参数反映了该样本的统计数据特征。样本的平均值表示该样本的尺寸分散中心，它主要取决于调整尺寸的大小和常值系统误差。样本的标准差反映了该批工件的分散程度，它是由变值系统误差和随机误差决定的，误差大，标准差也大。当样本的容量比较大时，为简化计算，可直接用 n 代替式（5 - 14）中的 $(n - 1)$。

⑤画直方图，并标出相关参数。以零件尺寸（或误差）为横坐标，以频数或频率、频率密度为纵坐标，就可绘出该批工件加工尺寸（误差）的实际分布图，即直方图。连接各直方块的顶部中点得到一条折线，即为实际分布曲线。

例 5 - 1　磨削一批轴径为 $\phi 55^{+0.06}_{+0.01}$ mm 的工件，绘制工件加工尺寸的实际分布图。

解　①收集数据，一般取 100 件左右。测量它们的尺寸和偏差，本例以偏差值计算。找出最大值 $x_{max} = 54\ \mu m$，最小值 $x_{min} = 16\ \mu m$，见表 5 - 3。

表 5 - 3　轴径偏差实测值　　　　　　　　　　　　　　　　μm

44	20	46	32	20	40	52	33	40	25	43	38	40	41	30	36	49	51	38	34
22	46	38	30	42	38	27	49	45	45	38	32	45	48	28	36	52	32	42	38
40	42	38	52	38	36	37	43	28	45	36	50	46	38	30	40	44	34	42	47
22	28	34	30	36	32	35	22	40	35	36	42	46	42	50	40	36	20	16	53
32	46	20	28	46	28	54	18	32	33	26	46	47	36	38	30	49	18	38	38

②确定分组数、组距，各组组界和组中值。

组数一般用表 5 - 2 的经验数值确定，本例取组数 $k = 9$。则组距为

$$d = \frac{x_{max} - x_{min}}{k-1} = \frac{54 - 16}{9 - 1}\ \mu m = 4.75\ \mu m$$

取计量单位的整数值，即 $d = 5\ \mu m$。

第一组的上、下界限值为 $x_{min} \pm \dfrac{d}{2}$。

第一组的上界限值为 $x_{\min} + \dfrac{d}{2} = 16 + \dfrac{5}{2}$ μm $= 18.5$ μm；下界限值为 $x_{\min} - \dfrac{d}{2} = 16 -$

$\dfrac{5}{2}$ μm $= 13.5$ μm。

第一组的上界限值就是第二组的下界限值，第二组的下界限值加上组距就是第二组的上界限值，其余类推。

计算各组的中心值 x_i。中心值是每组中间的数值。

$$x_i = \frac{\text{某组上限值} + \text{某组下限值}}{2}$$

第一组的中心值为：

$$x_i = \frac{13.5 + 18.5}{2} \text{ μm} = 16 \text{ μm}$$

③记录各组数据，统计各组尺寸的频数、频率和频率密度，整理成频数分布表，见表 5 – 4。

表 5 – 4 频数分布表

组号	组界/μm	中心值 x_i/μm	频数统计	频数	频率/%	频率密度/μm^{-1}
1	13.5 ~ 18.5	16	下	3	3	0.6
2	18.5 ~ 23.5	21	正丁	7	7	1.4
3	23.5 ~ 28.5	26	正下	8	8	1.6
4	28.5 ~ 33.5	31	正正下	14	14	2.8
5	33.5 ~ 38.5	36	正 正 正 正 正	25	25	5.0
6	38.5 ~ 43.5	41	正 正 正 一	16	16	3.2
7	43.5 ~ 48.5	46	正 正 正 一	16	16	3.2
8	48.5 ~ 53.5	51	正 正	10	10	2
9	53.5 ~ 58.5	56	一	1	1	0.2

④计算 $\bar{x}$ 和 s。

$$\bar{x} = \frac{1}{n} \sum_{i=1}^{n} x_i = 37.29 \text{ μm}$$

$$s = \sqrt{\frac{1}{n} \sum_{i=1}^{n} (x_i - \bar{x})^2} = 8.93 \text{ μm}$$

⑤按表列数据画出直方图，如图 5 – 25 所示；再由直方图的各矩形顶端的中心点连成折线，在一定的条件下，此折线接近理论分布曲线（见图中曲线），标出相关参数。

（2）理论分布图——正态分布曲线方程及特性

概率论已经证明，相互独立的大量微小随机变量，其总和的分布是服从正态分布的。大量实验表明，在用调整法加工时，当所取工件数量足够多，且无任何优势误差因素的影响，则加工后零件的尺寸分布曲线近似于正态分布，如图 5 – 26 所示。在分析工件的加工误差时，用正态分布曲线代替实际分布曲线，可使问题的研究大大简化。正态分布曲线（又称高斯曲线），其概率密度函数表达方程式为

图 5 - 25　直方图

$$y = \frac{1}{\sigma\sqrt{2\pi}} e^{-\frac{1}{2}\left(\frac{x-\mu}{\sigma}\right)^2} \quad (-\infty < x < +\infty,\ \sigma > 0) \tag{5-15}$$

式中　y——正态分布的概率密度；

　　　x——随机变量；

　　　μ——正态分布随机变量总体的算术平均值（数学期望），$\mu = \frac{1}{n}\sum\limits_{i=1}^{n} x_i$，表示加工尺寸的分布中心；

　　　σ——正态分布随机变量的标准差（总体均方根偏差），$\sigma = \sqrt{\frac{1}{n}\sum\limits_{i=1}^{n}(x_i - \mu)^2}$，表示加工的尺寸分散程度。

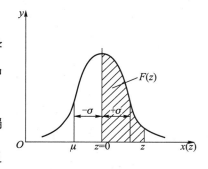

图 5 - 26　正态分布曲线

正态分布总体的 μ 和 σ 通常不知道，但在成批加工工件时，可以抽检其中的一部分，当样本足够大时，可用样本的 $\bar{x}$ 代替总体的 μ，用样本的 s 代替总体的 σ，即可判断整批工件的加工精度。

正态分布曲线具有如下一些特征：

①正态分布曲线对称于直线 $x = \bar{x}$，在 $x = \bar{x}$ 处达到最大值 $y_{\max} = \frac{1}{\sigma\sqrt{2\pi}}$。在 $x = \bar{x} \pm \sigma$ 处有拐点。靠近 $\bar{x}$ 的工件尺寸出现概率较大，远离 $\bar{x}$ 的工件尺寸概率较小。

②具有平均值 $\bar{x}$ 和标准差 σ 两个特征参数。平均值 $\bar{x}$ 是表征分布曲线位置的参数，即表示了尺寸分散中心的位置，曲线对称于 $\bar{x}$。$\bar{x}$ 不同，分布曲线沿 x 轴平移而不改变其形状，主要是受常值系统误差的影响，如图 5 - 27（a）所示。标准差 σ 是表征分布曲线形状和尺寸分散程度的参数，不影响曲线位置，表示了随机性误差的影响程度，随机误差越大，σ 越大，曲线变平坦，如图 5 - 27（b）所示。

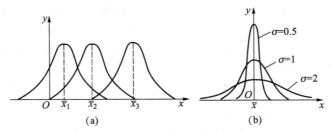

图5-27　不同特征参数下的正态分布曲线

（a）不同 $\bar{x}$ 值的情况；（b）不同 σ 值的情况

③正态分布曲线下所包含的全部面积 $F(x) = \int_{-\infty}^{+\infty} y\mathrm{d}x = 1$，代表了工件（样本）的总体，即100%，其相对面积为1。

实际尺寸落在从 $\bar{x}$ 到 x 这部分区域内工件的概率为 $F_x = \int_{\bar{x}}^{x} y\mathrm{d}x$。令 $z = \dfrac{x - \bar{x}}{\sigma}$，则

$$F(z) = \frac{1}{\sqrt{2\pi}} \int_0^z e^{-\frac{z^2}{2}} \mathrm{d}z \qquad (5-16)$$

对于不同 z 值的 $F(z)$，表示图5-26中有阴影线部分的面积，可由表5-5查出。

表5-5　$F(z) = \dfrac{1}{\sqrt{2\pi}} \displaystyle\int_0^z e^{-\frac{z^2}{2}} \mathrm{d}z$

z	$F(z)$	z	$F(z)$	z	$F(z)$	z	$F(z)$
0.1	0.039 8	1.0	0.341 3	1.9	0.471 3	2.8	0.497 4
0.2	0.079 3	1.1	0.364 3	2.0	0.477 2	2.9	0.498 1
0.3	0.117 9	1.2	0.384 9	2.1	0.482 1	3.0	0.498 65
0.4	0.155 4	1.3	0.403 2	2.2	0.486 1	3.2	0.499 31
0.5	0.191 5	1.4	0.419 2	2.3	0.489 3	3.4	0.499 66
0.6	0.225 7	1.5	0.433 2	2.4	0.491 8	3.6	0.499 841
0.7	0.258 0	1.6	0.445 2	2.5	0.493 8	3.8	0.499 928
0.8	0.288 1	1.7	0.455 4	2.6	0.495 3	4.0	0.499 968
0.9	0.315 9	1.8	0.464 1	2.7	0.496 5	4.5	0.499 997
						5.0	0.499 999 97

计算结果表明，工件落在 $\bar{x} \pm 3\sigma$ 间的概率为99.73%，而落在该范围以外的概率仅0.27%，可忽略不计。因此生产中常常认为，正态分布的分散范围为 $\bar{x} \pm 3\sigma$，就是工程上经常用到的 $\pm 3\sigma$ 原则，或称 6σ 原则。

6σ 原则是一个很重要的概念，在研究加工误差时应用很广。6σ 的大小代表了某加工方法在一定的条件（如切削用量及正常的机床、刀具等）下所能达到的加工精度。所以在一般情况下，应使所选择的加工方法的标准差 σ 与公差带宽度 T 之间满足关系式：$6\sigma \leq T$。

提要： 正态分布曲线和 6σ 原则在各行各业的质量管理工作中也有很广泛的应用。

（3）非正态分布

工件的实际分布有时并不接近于正态分布，可根据分布曲线的形状分析判断变值系统误

差的类型，分析误差产生的原因并采取有效措施加以抑制或消除。例如将两次调整下加工或两台机床加工的工件混在一起，尽管每次调整加工的工件都接近正态分布，但由于其常值系统误差不同，叠加在一起就得到双峰曲线［见图 5－28（a）］。常见的非正态分布还有平顶分布、偏态分布和瑞利分布等。

平顶分布的分布曲线呈平顶状，如图 5－28（b）所示。其主要原因是生产过程中某种缓慢变动倾向的影响，其算术平均值近似成线性变化，如加工中刀具或砂轮的均匀磨损而没有补偿时，加工的每一瞬时，工件的尺寸呈正态分布，但随着刀具或砂轮的磨损，其分散中心是逐渐移动的，可以看成是众多正态分布曲线的组合结果。

偏态分布是指分布图顶偏向一侧，图形不对称［见图 5－28（c）］。其主要原因可能是操作者由于主观上不愿意产生不可修复的废品，用试切法加工轴颈或孔时，加工轴颈时宁大勿小，加工孔时宁小勿大，使分布曲线呈不对称状态；或者是工艺系统存在显著的热变形，如刀具热变形严重，受热伸长，加工轴时会偏小，曲线凸峰偏向左，加工孔时孔偏大，曲线凸峰偏向右。

偏态分布还有一种情况是瑞利分布，对于端面跳动和径向跳动一类的误差，一般不考虑正负号，所以接近零的误差值较多，远离零的误差值较少，其分布（称为瑞利分布）也是不对称的，如图 5－28（d）所示。

图 5－28　几种非正态分布
（a）双峰分布；（b）平顶分布；（c）偏态分布；（d）瑞利分布

（4）分布图分析法的应用

①判断加工误差的性质。根据前面分析，若实际分布与正态分布基本相符，则加工过程中就没有变值系统误差（或影响很小）。接着看样本平均值 $\bar{x}$ 是否与公差带中心重合，若分布图的 $\bar{x}$ 值偏离公差带中心，则加工过程中工艺系统存在常值系统误差，其误差值大小等于分布中心与公差带中心的偏离量，可通过重新调整加以修正。如实际分布与正态分布有较大出入，可根据直方图的情况（非正态的具体形状）初步判断变值系统误差是什么类型。

②确定给定加工方法所能达到的加工精度。由于加工方法在随机因素的影响下所得到的加工尺寸的分布规律符合正态分布，因而可在统计的基础上，求得给定加工方法的标准差 σ 值，正态分布曲线的分散范围为 $\pm 3\sigma$（6σ），6σ 即为该加工方法的加工精度。

③确定工序能力及其等级。工序能力是指工序处于稳定、正常状态时，加工误差正常波动的幅度。当加工尺寸服从正态分布时，其尺寸分散范围是 6σ，因此可以根据 6σ 和公差带的关系来表示工序能力。

工序能力等级是以工序能力系数 C_p 来表示的，它代表工序能满足加工精度要求的程度。

$$C_p = \frac{T}{6\sigma} \tag{5-17}$$

式中　T——工件尺寸公差带宽度。

根据工序能力系数 C_p 的大小，可将工序能力分为五级，见表 5-6。在一般情况下，工序能力不应低于二级，即应该满足 $C_p > 1$。

表 5-6　工序能力等级

工序能力系数	能力等级	说　明
$C_p > 1.67$	特级	工序能力过高，可以允许有异常波动，不经济
$1.67 \geqslant C_p > 1.33$	一级	工序能力足够，可以允许有一定的异常波动
$1.33 \geqslant C_p > 1.00$	二级	工序能力勉强，必须密切注意
$1.00 \geqslant C_p > 0.67$	三级	工序能力不足，可能出现少量不合格品
$0.67 \geqslant C_p$	四级	工序能力很差，必须加以改进

④估算合格品率或不合格品率。将分布图与工件尺寸公差带进行比较，超出公差带范围的曲线面积代表不合格品的数量，不合格品率包括废品率和可返修的不合格品率（轴类零件超出公差带上限，孔类零件超出公差带下限），当废品不可避免产生，应该使废品属于可修复废品。在例题 5-1（见图 5-25）中

工件最小尺寸

$$d_{\min} = \bar{x} - 3\sigma = 55.037\ 29 - 3 \times 0.008\ 93\ \text{mm} = 55.010\ 50\ \text{mm} > x_{\min}$$

$$x_{\min} = 55.01\ \text{mm}$$

故不会产生废品。

工件最大尺寸

$$d_{\max} = \bar{x} + 3\sigma = 55.037\ 29 + 3 \times 0.008\ 93\ \text{mm} = 55.064\ 08\ \text{mm} > x_{\max}$$

$$x_{\max} = 55.06\ \text{mm}$$

故将产生不合格品，但这是可修复的废品，通过进一步磨削使最大尺寸减小至要求公差即可。

不合格品率

$$Q = 0.5 - F(z)$$

$$z = \frac{|x - \bar{x}|}{\sigma} = \frac{|55.06 - 55.037\ 29|}{0.008\ 93} \approx 2.54$$

查表 5-5 得 $F(z) \approx 0.494\ 5$，所以不合格品率为 $0.5 - 0.494\ 5 = 0.005\ 5 \approx 0.55\%$，且为可修复的废品。

重新调整机床，设法使分散中心 $\bar{x}$ 与公差带中心重合，则可减少不合格品率。具体调整方法就是将砂轮向前进刀 $\Delta = (55.037\ 29 - 55.035\ 00)\ \text{mm} = 0.002\ 29\ \text{mm}$。

大批量生产时，对一些关键工序，经常根据分布曲线判断加工误差的性质，分析产生废品的原因，并采取措施，提高加工精度。但分布曲线法不考虑零件加工的先后顺序，故不能反映误差变化的趋势，且不能区别变值系统误差和随机性误差；最大的问题是只能在一批零件加工后才能得到尺寸分布情况，绘制分布图，因此不能在加工过程中起到及时控制质量的作用。生产上采用点图法来弥补上述不足。

2. 点图分析法

与分布图分析法不同，用点图来评价工艺过程稳定性采用的是顺序样本，即工艺系统在一次调整中，按加工工件的先后顺序来抽取样本。这样可以得到在时间上与工艺过程运行同步的有关信息，反映出加工误差随时间变化的趋势。

点图有多种形式，这里仅介绍 $\bar{x} - R$ 图（平均值—极差点图）。

（1）$\bar{x} - R$ 图基本形式

$\bar{x} - R$ 图是由平均值 $\bar{x}$ 控制图和极差 R 控制图组成的，如图 5 – 29 所示。点图分析法采用的是顺序小样本，即每隔一定时间，随机抽取几个工件作为一个小样本，每组工件数 $m = 2 \sim 10$ 件，一般取 $m = 4 \sim 5$ 件，共抽取 $k = 20 \sim 25$ 组，得到 $80 \sim 100$ 个工件的数据，再计算每组的平均值 $\bar{x}_i$ 和极差 R_i 值为：

图 5 – 29 $\bar{x} - R$ 图

$$\bar{x}_i = \frac{1}{m} \sum_{i=1}^{m} x_i \; ; \quad R_i = x_{i\,\max} - x_{i\min}$$

式中　$x_{i\max}$、$x_{i\min}$——分别是第 i 组中工件的最大尺寸和最小尺寸；

　　　$\bar{x}_i$、R_i——分别是第 i 组的平均值和第 i 组的极差。

$\bar{x} - R$ 图以样组序号为横坐标，分别以 $\bar{x}_i$ 和 R_i 为纵坐标，就可以作出 $\bar{x}$ 点图和 R 点图。

$\bar{x}$ 图上的点代表了瞬时分散中心的位置，所以它控制工艺过程质量指标的分布中心。$\bar{x}$ 图主要反映系统性误差及其变化趋势，R 图上的点代表了瞬时分散范围，所以控制工艺过程质量指标的分散程度，R 图主要表明加工过程中随机性误差的变化趋势。两种点图必须结合使用，才能全面地反映加工误差的情况。

（2）$\bar{x} - R$ 图上、下控制线的绘制

工件的加工尺寸都有波动性，因此各样组的平均值 $\bar{x}$ 和极差 R 也都有波动性。为判定某工艺是否稳定地满足产品的加工质量要求，要在 $\bar{x} - R$ 图上加上平均线和上、下控制线。

$\bar{x}$ 图的平均线

$$\bar{\bar{x}} = \frac{1}{k} \sum_{i=1}^{k} \bar{x}_i$$

R 图的平均线

$$\overline{R} = \frac{1}{k} \sum_{i=1}^{k} R_i$$

式中 k——小样本组数。

$\overline{x}$ 图的上控制线为

$$\overline{x}_s = \overline{\overline{x}} + A\overline{R}$$

$\overline{x}$ 图的下控制线为

$$\overline{x}_x = \overline{\overline{x}} - A\overline{R}$$

R 图的上控制线为

$$R_s = D_1\overline{R}$$

R 图的下控制线为

$$R_x = D_2\overline{R}$$

系数 A、D_1、D_2 值见表 5-7。

表 5-7 系数 A、D_1、D_2 值

m	2	3	4	5	6	7	8	9	10
A	1.880 6	1.023 1	0.7285	0.576 8	0.483 3	0.419 3	0.372 6	0.336 7	0.308 2
D_1	3.268 1	2.574 2	2.281 9	2.114 5	2.003 9	1.924 2	1.864 1	1.816 2	1.776 8
D_2	0	0	0	0	0	0.075 8	0.135 9	0.183 8	0.223 2

（3）点图的应用

点图分析法是全面质量管理中用以控制产品质量的主要方法之一，主要用于工艺验证、判断工艺过程稳定性、分析加工误差和控制加工过程的质量。工艺验证主要是判定现行工艺或准备投产的新工艺是否稳定地满足产品的加工质量要求，即通过抽样调查，确定其工艺能力和工艺能力系数，并判别工艺过程是否稳定。

在点图上作出平均线和控制线后，就可根据图中点的情况来判别工艺过程是否稳定、点的波动状态是否正常。若点的波动属于正常波动，表明工艺过程是稳定的；若出现异常波动，表明工艺过程是不稳定的，就要及时寻找原因，采取措施。表 5-8 列出了判别正常波动与异常波动的标志。

表 5-8 正常波动与异常波动的标志

正常波动	异常波动
1. 没有点超出控制线； 2. 大部分点在平均线上、下波动，小部分在控制线附近； 3. 点波动没有明显的规律性	1. 有点超出控制线； 2. 点密集在平均线上、下附近； 3. 点密集在控制线附近； 4. 连续 7 点以上出现在平均线一侧； 5. 连续 11 点中有 10 点出现在平均线一侧； 6. 连续 14 点中有 12 点以上出现在平均线一侧； 7. 连续 17 点中有 14 点以上出现在平均线一侧； 8. 连续 20 点中有 16 点以上出现在平均线一侧； 9. 点有上升或下降倾向； 10. 点有周期性波动

提要： 工艺过程出现异常波动，表明总体分布的数字特征 $\bar{x}$、σ 发生了变化，这种变化不一定就是坏事。例如发现点密集在中心线上下附近，说明分散范围变小了，这是好事，但应查明原因，使之巩固，以进一步提高工序能力（即减小 6σ 值）。再如刀具磨损会使工件平均尺寸的误差逐渐增加，使工艺过程不稳定，如果不适时加以调整，就有可能出现废品。这样，就可以使质量管理从事后检验变为事前预防。

另外也必须指出： 工艺过程的稳定性与加工工件是否会出现废品两者之间没有必然的联系。工艺过程是否稳定是由其本身的误差情况（用 $\bar{x}-R$ 图）来判定的，工件是否合格是由工件规定的公差来判定的。

第四节　机械加工表面质量

研究表面质量，就是要掌握机械加工中各种工艺因素对表面质量影响的规律，以便控制加工过程，达到提高表面质量、提高产品使用性能的目的。

一、加工表面质量的概念

加工表面质量包含以下两个方面的内容。

1. 表面层的几何形状特征

根据特征，可将表面轮廓分为以下三种：一是宏观几何形状误差，例如圆度误差、圆柱度误差等，它们属于加工精度范畴，前面已讨论过；二是微观几何形状误差，亦称表面粗糙度，由加工中的残留面积、塑性变形、积屑瘤、鳞刺以及工艺系统的高频振动等造成；三是波纹度，介于宏观与微观几何形状误差之间的周期性几何形状误差，由加工中工艺系统的低频振动引起。表面质量研究后两种。

2. 表面层材料的物理、力学、化学性能的变化

由于机械加工中力和热的综合作用，加工表面层金属的物理力学性能和化学性能将发生一定的变化，主要表现为：

（1）表面层因塑性变形引起的冷作硬化

在机械加工中，零件的表面层金属产生强烈的冷态塑性变形后，晶粒间剪切滑移、晶格扭曲、晶粒拉长、破碎和纤维化，引起表层材料强度和硬度有所提高、塑性有所降低的现象。表面层金属硬度的变化程度用硬化程度和深度两个指标来衡量。

（2）表面层金属金相组织的变化

在机械加工过程中，加工区域的温度会急剧升高，当温度升高到超过工件材料金相组织变化的临界点时，就会发生金相组织变化。例如磨削淬火钢件时，常会出现回火烧伤、退火烧伤等金相组织变化，将严重影响零件的工作性能。

（3）表面层金属的残余应力

由于加工过程中切削力和切削热的综合作用，使工件表层金属产生的内应力，称为表面层残余应力。它与前面铸造、锻造等过程中产生的残余应力的区别在于，前面的是整个工件上平衡的内力，它的重新分布会引起工件变形，而此处的是加工表面材料中平衡的内力，重新分布不会引起工件变形，但对表面质量有重要影响。

二、表面质量对机器零件工作性能的影响

1. 表面质量对耐磨性的影响

（1）表面粗糙度对耐磨性的影响

通常，表面粗糙度值越大越不耐磨，因为表面越粗糙，有效接触面积就越小而实际压强增大，粗糙不平的凸峰间相互咬合、挤裂，磨损加剧。但表面粗糙度值也不能太小，表面太光滑，因存不住润滑油使接触面间容易发生干摩擦而导致磨损加剧。

（2）表面冷作硬化对耐磨性的影响

零件加工表面层的冷作硬化一般能提高耐磨性，因冷作硬化使表面金属层的显微硬度提高，可降低磨损。但是过度的表面硬化，将引起表面层金属组织的"疏松"，甚至产生微观裂纹和剥落，反而会加剧磨损。

（3）表面纹理对耐磨性的影响

表面纹理方向也会影响实际接触面积和存油情况，对耐磨性有重要影响。一般在轻载时，两相对运动零件表面的刀纹运动均与运动方向相同时，耐磨性较好；刀纹方向均与运动方向垂直时，耐磨性差，这是因为两个摩擦面在相互运动中，切去了妨碍运动的加工痕迹。但在重载时，规律有所不同，两相对运动零件表面的刀纹方向均与相对运动方向一致时容易发生咬合，磨损量反而大。

2. 表面质量对耐疲劳性的影响

（1）表面粗糙度

零件的疲劳破坏主要是在交变应力作用下，在内部缺陷和应力集中处产生疲劳裂纹而引起的。表面粗糙度的凹谷部位很容易引起应力集中，故对零件的疲劳强度影响很大。减小零件的表面粗糙度值，可以提高零件的抗疲劳性。

（2）表面层物理力学性能

适度的冷作硬化能够阻止已有裂纹的扩大和新的裂纹的产生，有利于提高零件的耐疲劳强度；但冷作硬化强度过高时，会使表面脆性增加反而降低疲劳强度。加工表面层的残余应力对疲劳强度的影响很大，残余压应力可抵消一部分交变载荷引起的拉应力，阻碍和延缓疲劳裂纹的产生或扩大，使疲劳强度有所提高，而残余拉应力则有引起疲劳扩展的趋势，使耐疲劳强度降低。

3. 表面质量对耐腐蚀性的影响

（1）表面粗糙度

零件表面粗糙度值越大，加工表面与气体、液体接触面就大，潮湿空气和腐蚀介质越容易沉积于表面凹坑中而发生化学腐蚀。

（2）表面层物理力学性能

当零件表面层有残余压应力时，能够阻止表面裂纹的进一步扩大，有利于提高零件表面抵抗腐蚀的能力。加工表面的冷作硬化或金相组织变化亦常会促进腐蚀。

4. 表面质量对零件配合质量的影响

对于间隙配合，表面粗糙度值大，初期磨损就大，使配合间隙很快增大，从而改变原有的配合性质，影响间隙配合的稳定性。对于过盈配合，两表面相配合时表面凸峰易被挤掉，会使实际过盈量减少，降低过盈配合的可靠性，因此对有配合精度要求的表面，应具有较小

的表面粗糙度值。

5. 其他影响

表面质量对零件的使用性能还有其他一些影响，如较大的表面粗糙度会影响液压油缸、滑阀等的密封性；较小的表面粗糙度值可提高零件的接触刚度和滑动零件的运动灵活性，减少发热和功率损失；表面层残余应力会使工件在使用过程中缓慢变形等。

三、表面粗糙度的影响因素及控制措施

在机械加工中，产生表面粗糙度的主要原因可归纳为几何因素和物理因素两方面。不同的加工方法，产生的表面粗糙度 Ra 也不同，一般磨削加工表面的 Ra 值小于切削加工的 Ra 值。

1. 切削加工中影响表面粗糙度的因素及控制措施

（1）影响因素

产生表面粗糙度的几何因素是切削残留面积和刀刃刃磨质量。在理想切削条件下，由于切削刃的形状和进给量的影响，在加工表面上遗留下来的切削层残留面积（见图 5 – 30）就形成了理论表面粗糙度。其最大高度 H 可由刀具形状、进给量 f 求得。

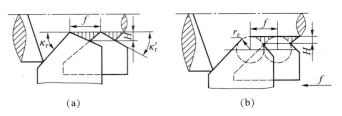

（a）　　　　　　　　　　　（b）

图 5 – 30　切削层残留面积

（a）刀尖圆弧半径为零；（b）刀尖圆弧半径不为零

当刀尖圆弧半径为零时，

$$H = \frac{f}{\cot\kappa_r + \cot\kappa'_r}$$

当刀尖圆弧半径为 r_ε 时，

$$H = \frac{f^2}{8r_\varepsilon}$$

式中　κ_r、κ'_r——刀具的主偏角和副偏角；

　　　r_ε——刀尖圆弧半径。

此外，刀具刃口本身的刃磨质量对加工表面粗糙度影响也很大。

产生表面粗糙度的物理因素是被加工材料的性能及切削机理等，切削过程中的塑性变形、摩擦、积屑瘤、鳞刺以及工艺系统中的高频振动等会使表面粗糙度恶化。切削过程中，刀具刃口圆角及后刀面对工件的挤压与摩擦，使工件材料发生弹性、塑性变形，引起已有的残留面积歪扭或沟纹加深，促使表面粗糙度变差。

（2）降低表面粗糙度的措施

由几何因素引起的表面粗糙度过大，可通过减小残留面积高度和提高刃磨质量来解决，如增大刀尖圆弧半径，减小主偏角、副偏角，采用副偏角为零的修光刃刀具等措施。减小进

给量也能有效地减小残留面积，但会使生产率降低。

由物理因素引起的表面粗糙度过大，主要应采取措施减小加工时的塑性变形，有效抑制积屑瘤和鳞刺。对此影响较大的是切削速度 v、被加工材料以及刀具几何参数等。

①切削速度 v。加工弹塑性材料时，在一定的切速范围内容易产生积屑瘤或鳞刺，因此，合理选择切削速度 v、避开此速度范围是减小粗糙度值的重要条件。如前面第二章，切削速度处于 $20 \sim 40$ m/min，最易出现积屑瘤，表面粗糙度值最大。选择低速宽刃精切和高速精切，可以得到较小的表面粗糙度值。

②被加工材料性质。一般说来，韧性较大的塑性材料，加工后的粗糙度值较大，而脆性材料的加工粗糙度值比较接近理论值。同样的材料，晶粒组织越粗大，加工后的粗糙度值也越大。因此，可采取在切削加工前正火或调质处理，以得到均匀细密的组织和较高的硬度。

③刀具材料和几何参数。刀具材料与被加工材料分子间的亲和力大时，易生成积屑瘤。实验表明，在切削条件相同时，用硬质合金刀具加工的工件表面粗糙度比用高速钢刀具为细。用金刚石车刀加工因不易形成积屑瘤，故可获得粗糙度很细的表面。刀具的几何角度对塑性变形、刀瘤和鳞刺的产生均有很大的影响，前角 γ_0 增大时，塑性变形减小；刃倾角的大小又会影响刀具的实际前角；后角 α_0 过小会增加摩擦；因此它们都会影响表面粗糙度。

此外，切削液对加工过程能起冷却和润滑作用，减少刀刃与工件的摩擦，从而减少塑性变形并抑制积屑瘤和鳞刺的生长，对降低表面粗糙度值有很大作用。

2. 磨削加工中影响表面粗糙度的因素及控制措施

磨削加工表面是由分布在砂轮表面上的大量磨粒刻划出的无数极细的沟槽形成的。单位面积上的刻痕越多，且刻痕细密均匀，则表面粗糙度越细。

（1）影响磨削表面粗糙度的因素

①磨削用量。当砂轮速度大时，单位时间内参与切削的磨粒数增多，可以增加工件单位面积上的刻痕数，又因高速磨削时塑性变形不充分，因而提高磨削速度有利于降低表面粗糙度值。磨削深度与工件速度增大时，将使塑性变形加剧，因而使表面粗糙度增粗。

②砂轮及其修整。砂轮的粒度越细，单位面积上的磨粒数越多，则表面粗糙度值亦越小。但粒度过细，容易堵塞砂轮而使工件表面塑性变形增加，影响表面粗糙度。

砂轮硬度应适宜，使磨钝的磨粒能及时脱落，即具有良好的"自砺性"，工件就能获得较细的表面粗糙度。

砂轮应及时修整，以去除已钝化的磨粒，保证砂轮具有等高微刃。砂轮上的微刃越多，等高性越好，磨出的表面粗糙度亦越细。

③工件材料。工件材料的硬度、塑性、韧性和导热系数等对表面粗糙度有显著影响。工件材料太硬时，磨粒易钝化；太软时，砂轮易堵塞；韧性大和导热性差会使磨粒早期崩落，因此均使表面粗糙度值增大。

④冷却润滑液和其他。正确选用冷却润滑液对减少磨削力、温度及砂轮磨损等对减小表面粗糙度都有良好的效果。磨削工艺系统的刚度、主轴回转精度、砂轮的平衡等方面，都将影响砂轮与工件的瞬时接触状态，从而影响表面粗糙度。

（2）降低磨削表面粗糙度的措施

根据加工时的具体情况，主要从磨削用量、砂轮及冷却润滑等其他条件入手。

①合理选择磨削用量。通常在开始磨削时采用较大的磨削深度，而后采用小的磨削深度或光磨，以减小表面粗糙度值，并注意：

a. 当磨削温度不太高时，可以降低工件的线速度$v_{工件}$和纵向进给量f_a（提高砂轮切削速度往往受到机床结构和砂轮强度的限制，故一般不采用），但优先考虑降低工件的线速度。

b. 如果磨削表面出现微熔点，首先考虑减小磨削深度，必要时适当提高工件的线速度，同时还应考虑砂轮是否太硬、磨削液是否充分、是否有良好的冷却性和流动性。

②合理选择砂轮并仔细修整。在确定砂轮磨料后，可采取以下措施：

a. 适当地选择砂轮的粒度、硬度、组织和材料。

b. 仔细修整砂轮保持微刃的等高性和适当增加光磨次数。

c. 如果表面拉毛、划伤，则应检查磨削液是否清洁，砂轮是否太软。

对切削加工、磨削加工后的表面，除了采取上面的相关措施以外，还可采取光整加工方法，如珩磨、研磨、抛光等以进一步减小表面粗糙度值。

四、表面物理、力学性能的影响因素及控制措施

1. 影响加工表面冷作硬化的因素及控制措施

冷作硬化的硬化程度取决于产生塑性变形的力、变形速度以及切削温度。切削力大，塑性变形大，硬化程度加强；塑性变形速度快，变形不充分，硬化程度就减弱。当温度低于相变温度时，切削热可使已强化的金属表层软化，可能引起回复和再结晶，从而使材料弱化。因此，在机械加工时表面层的冷硬，就是强化作用和回复作用的综合结果。这主要取决于相关的工艺因素。

（1）切削用量

切削速度和进给量对冷硬影响较大。切削速度增加，刀具与工件的接触时间减少，塑性变形不充分，强化作用小，同时因速度提高使切削温度增加，回复作用就大，故表面冷硬程度也随之减少。进给量f增加，切削力增大，塑性变形加大，因而冷硬程度亦随之增加，但f太小时，由于刀具刃口圆角对工件的挤压次数增多，硬化程度也会增大。

（2）刀具

一般当刃口圆弧半径和磨损量增加时，硬化程度也随之增加。

（3）工件材料

工件材料的塑性越大，加工表面层的冷硬越严重。碳钢中含碳量越高，强度越高。

因此通常采取以下一些工艺措施，以减轻表面层的冷作硬化程度。

①合理选择切削用量，采用较高的切削速度和较小的进给量。

②合理选择刀具的几何参数，采用较大的前角和后角，并在刃磨时尽量减小其切削刃口圆角半径；使用刀具时，应合理限制其后刀面的磨损程度。

③加工时采用有效的冷却润滑液。

2. 影响加工表面残余应力的因素及控制措施

（1）影响因素

工件在机械加工后，其表面层都存在残余应力，引起残余应力的原因有下面3个方面。

①冷态塑性变形。冷态塑性变形主要是由切削力引起的。在切削及磨削加工时，由于切削力的作用使工件表面受到很大的塑性变形，应力较大，使表面积增大，产生伸长塑性变

形，内层应力较小，处于弹性变形状态。当刀具移去，内层材料趋向复原，但受到外层已塑性变形金属的限制，故工件表面产生残余压应力，里层金属中产生残余拉应力。

②热塑性变形。热塑性变形主要是由切削热引起的。由于切削热使工件产生热膨胀，外层温度比里层的温度高得多，因此表面层金属产生热膨胀变形也比里层大。当外层温度足够高，热应力超过材料的屈服极限时，就会产生热塑性变形。当切削过后，表层温度下降时，因已热塑性变形，材料不能充分收缩，又受到基体的阻碍，于是工件表面产生残余拉应力。切削温度越高，残余拉应力也越大，甚至出现裂纹。

③金相组织的影响。切削加工时的高温有可能超过材料的相变温度，引起工件表层的金相组织发生变化。不同的组织密度不同，比热容不同，故相变会引起体积变化。由于基体材料的限制，体积膨胀时受到里层金属的阻碍而产生残余压应力，反之则产生拉应力。

实际加工后表面层残余应力是以上三方面综合作用的结果。在一定条件下，可能由某一、二种原因起主导作用。如切削热不高时，以冷塑性变形为主，表面将产生残余压应力；而磨削时温度较高，热变形和相变占主导地位，则表面产生残余拉应力。当表层残余拉应力超过材料的强度极限时，就会产生裂纹。

（2）控制措施

采用一定的表面加工方法，改变零件表面的力学物理性能和减小表面粗糙度值，使之朝着有利的方向转化，提高零件使用性能的加工方法称为表面强化工艺。

表面强化工艺包括化学热处理、电镀和表面冷压强化工艺等几种。其中冷压强化工艺是通过冷压加工方法使表层金属发生冷态塑性变形，以降低表面粗糙度，并在表面层产生残余压应力和冷硬层，从而提高耐疲劳强度及抗腐蚀性能。采用强化工艺时应合理控制参数，不要造成过度硬化，以免表面层完全失去塑性性质甚至引起显微裂纹和材料剥落。

凡是减少塑性变形和降低加工温度的措施都有助于减小加工表面残余应力值。对切削加工，上面减少加工硬化的工艺措施一般都有利于减小残余应力；对磨削加工，凡能减小表面热损伤的措施，均有利于避免或减小残余应力（见下面）。另外还采用喷丸、滚压等表面强化工艺来改善零件的表面力学性能，同时减小表面粗糙度。

①喷丸强化。喷丸强化是利用压缩空气或离心力将大量直径细小（$\phi 0.4 \sim \phi 2$ mm）的珠丸（钢丸、玻璃丸）高速（$35 \sim 50$ m/s）向零件表面喷射的方法，可用于任何复杂形状的零件。喷丸造成工件的冷作硬化和残余压应力，表面粗糙度 Ra 可达 $0.63 \sim 0.32$ μm，可显著提高零件的疲劳强度和使用寿命。

②滚压强化。滚压是用经过淬硬和精细研磨过的滚轮或滚珠，在常温下对零件表面进行滚压、碾光，使表层材料产生塑性流动，修正零件表面的微观几何形状，表面粗糙度 Ra 可达 0.1 μm，表面硬化层深度达 $0.2 \sim 1.5$ mm 并使金属组织细化，形成残余压应力。

3. 影响加工表面金相组织变化的因素及控制措施

只有当温度足够高时才会发生金相组织变化。一般的切削加工，切削热大部分被切屑带走，加工表面温升不高，故一般不会发生相变。而磨削时的功率消耗远远大于一般切削加工，常是切削加工的数十倍。而加工所消耗能量的绝大部分转化为热，而因磨屑细小，砂轮导热性很差，这些热量中的大部分（约80%）将传给被加工表面，使工件表面具有很高的温度，结合不同的冷却条件，表层金属的金相组织可发生复杂的变化，引起磨削烧伤。

以磨削淬火钢为例，在工件表面层形成的瞬时高温将使表层金属产生以下三种金相组织变化。

（1）回火烧伤

如果切削区的温度未超过淬火钢的相变温度（一般中碳钢为720 ℃），但已超过马氏体的转变温度（中碳钢为300 ℃），马氏体将转化为硬底较低的回火组织（索氏体或托氏体），这称为回火烧伤。

（2）淬火烧伤

如果磨削区温度超过了相变温度，马氏体转变为奥氏体，如冷却液充分，表层金属会出现二次淬火马氏体组织，硬度比回火马氏体高；在它的下层，因冷却较慢，为回火索氏体或托氏体组织，这称为淬火烧伤。

（3）退火烧伤

如果磨削区温度超过了相变温度，则表层转变为奥氏体，此时若无冷却液，表层金属将产生退火组织，表层金属的硬度将急剧下降，这称为退火烧伤。

对零件使用性能危害甚大的残余拉应力、表面烧伤和裂纹的主要原因是磨削区的温度过高，故凡是能降低磨削温度的措施，都有利于改善和避免烧伤、减小残余应力。为降低磨削热可以从减少磨削热的产生和加速磨削热的传出两途径入手，主要有下列几种方法：

①选择合理的磨削用量。磨削用量的选择应在保证表面质量的前提下尽量不影响生产率和表面粗糙度。根据前述知识可知，减少背吃刀量；适当提高进给量和工件转速，但这会使表面粗糙度值增大，一般采用提高砂轮速度和较宽砂轮来弥补。实践证明，同时提高砂轮转速和工件转速，可以避免烧伤。

②合理选择砂轮并及时修整。若砂轮的粒度越细、硬度越高时自锐性差，则磨削温度也增高，应选软砂轮。砂轮组织太紧密时磨屑堵塞砂轮，易出现烧伤。砂轮钝化时，大多数磨粒只在加工表面挤压和摩擦而不起切削作用，使磨削温度增高，故应及时修整砂轮。另外还要根据被磨材料选择适宜磨料的砂轮，如氧化铝砂轮适宜磨削低合金钢，碳化硅砂轮磨削铸铁的耐磨性优于氧化铝。

③选择有效的冷却方法。现有冷却方法效果较差，由于高速旋转的砂轮表面上产生强大的气流，使切削液很难进入磨削区。因此应选择适宜的磨削液和有效的冷却方法。如采用高压大流量冷却、内冷却砂轮等，也可加装空气挡板，减轻高速旋转的砂轮表面的高压附着气流的作用，以使冷却液能顺利地喷注到磨削区。

采用开槽砂轮也是改善冷却条件和散热条件的一种有效方法。在砂轮的四周上开一些横槽，能使砂轮将冷却液带入磨削区，从而提高冷却效果；砂轮开槽同时形成间断磨削，可改善散热条件，工件受热时间也缩短。

第五节　机械加工过程中的振动

机械加工过程中，工艺系统常常发生振动。产生振动时，工艺系统的正常切削过程便受到干扰和破坏，刀具与工件间的振动位移会使被加工表面产生振痕，影响了零件的表面质量和使用性能；工艺系统将持续承受动态交变载荷的作用，刀具易于磨损，有时甚至崩刃，机床连接部位的连接特性会受到破坏；严重时，强烈的振动会使切削过程无法进行。为此，经常不得不降低切削用量，这限制了生产率的提高。振动还影响刀具的耐用度和机床的寿命，还会发出刺耳的噪声，造成环境污染，影响工人的身心健康。

机械加工过程中振动的基本类型有自由振动、强迫振动和自激振动三类。其中自由振动是由于切削力的突变或外界传来的冲击力引起，是一种迅速衰减的振动，对加工过程的影响较小。这里主要讨论强迫振动和自激振动。

一、机械加工中的强迫振动

机械加工中的强迫振动与一般机械振动中的强迫振动没有什么区别，是指在周期性干扰力（激振力）的持续作用下，振动系统受迫产生的振动。强迫振动的频率与干扰力的频率相同或是其整数倍；当干扰力的频率接近或等于工艺系统某一薄弱环节固有频率时，系统将产生共振。

1. 强迫振动产生的原因

强迫振动的振源有来自机床内部的机内振源和来自机床外部的机外振源。

（1）机内振源

机床上的带轮、卡盘或砂轮、电动机转子、被加工工件等旋转不平衡引起的振动；机床传动机构制造或安装的缺陷（齿轮啮合冲击、滚动轴承滚动体误差、液压脉冲等）引起的振动；切削过程的不连续（如铣、拉、滚齿等加工）引起的振动；往复运动部件的惯性力引起的振动等。

（2）机外振源

如其他机床（冲压设备、刨床等）、打桩机、交通运输设备等通过地基传来的振动，主要是通过地基传给机床的，可以通过加设隔振地基来隔离外部振源，消除其影响。

2. 强迫振动的主要特点

①强迫振动是在外界周期性干扰力作用下产生的，振动本身并不能引起干扰力的变化。当干扰力停止时，则工艺系统的振动也随之停止。

②强迫振动的频率总是等于干扰力的频率或其整数倍（这可用来分析、查找振源）。

③强迫振动的振幅大小与干扰力的大小、系统的刚度及阻尼系数有关，干扰力越大、系统刚度及阻尼系数越小，振幅就越大；另外，振幅在很大程度上取决于干扰力频率与系统固有频率的比值。当两者等于或接近时，振幅最大，即产生了"共振"。

二、机械加工中的自激振动

1. 自激振动的概念

由系统本身产生和维持的振动称为自激振动。它没有外加的周期性激振力作用在系统上，这是与受迫振动的区别。

没有周期性外力，激发自激振动的交变力是如何产生的？图 5－31 所示的框图揭示了自激振动系统的组成环节，这是一个由振动系统和调节系统组成的闭环系统。这个系统维持稳定振动的条件为：在一个振动周期内，从能源机构经调节系统输入振动系统的能量等于系统阻尼所消耗的能量。

金属切削过程中自激振动的原理可用图 5 – 31 分析。它也具有两个基本部分：切削过程产生交变力，激励工艺系统；工艺系统产生振动位移，再反馈给切削过程。维持振动的能量来源于机床的能源。

图 5 – 31　自激振动系统框图

2. 自激振动的特点

①自激振动所需的交变力是由振动过程本身产生和控制的。外界的干扰力是瞬时性的，仅在最初起触发振动的作用，在很多情况下，振动的触发也是由振动系统本身的、偶然的干扰力引起的。

②自激振动的频率接近于系统的某一固有频率，即自激振动频率取决于振动系统的固有特性。这一点与强迫振动根本不同，强迫振动的频率取决于外界干扰力的频率。

③自激振动能否产生以及振幅大小，取决于每一振动周期内系统所获得的能量与所消耗的能量的比值。当获得的能量大于消耗的能量时，振幅加大；当相等时，振幅稳定；反之，振幅衰减。此外，振幅的大小也与系统的刚度及阻尼系数有关，系统刚度及阻尼系数越小，振幅就越大，但不会因阻尼存在而衰减。

三、控制机械加工振动的途径

首先应判别振动是强迫振动还是自激振动，然后再采取相应措施来消除或减小振动，主要有以下三种途径。

1. 消除或减弱产生振动的条件

（1）消除或减弱产生强迫振动的条件

①消除或减小机内、外干扰力。机床上高速回转的零件，如砂轮、卡盘、电动机转子及刀盘等，必须给予平衡；尽量减少机床传动机构制造或安装的缺陷，如提高带传动、链传动、齿轮传动等的稳定性；使动力源与机床本体分开。

②调节振源频率。可通过改变电动机转速或传动比、切削刀具的齿数等措施，使激振力的频率远离机床加工薄弱环节的固有频率，以避免共振。

③采取隔振措施。隔振是在振动传递的路线上设置隔振材料，使由内、外振源所激起的振动被隔离装置所隔离或吸收，不能传递到刀具和工件上去。

（2）消除或减弱产生自激振动的条件

自激振动的产生与加工本身密切相关，但是产生自激振动的机理不同，所采取的措施也不同。如采用变速切削、合理选择切削用量、合理选择刀具的几何参数、合理调整振型的刚度比和方位角等，可以减小或抑制自激振动的产生。

2. 改善工艺系统的动态特性

（1）提高工艺系统的抗振性

提高工艺系统薄弱环节的刚度，如可用刮研连接表面、增强连接刚度等方法提高机床零部件之间的接触刚度和接触阻尼；使用高弯曲与扭转刚度、高弹性模数、高阻尼系数的刀具，以增加刀具的抗振性；采用中心架、跟刀架，提高顶尖孔的研磨质量；对滚动轴承施加预紧力等方法，都有助于提高工艺系统的抗振性。

（2）增大工艺系统的阻尼

可通过多种方法来增加零件材料的内阻尼、结合面上的摩擦阻尼以及其他附加阻尼，如使用高内阻材料制造零件，增加运动件的相对摩擦，在床身、立柱的封闭内腔中充填型砂等。

3. 采用减振装置

在采用上述各种措施后，若仍得不到满意的减振效果时，可使用减振装置。该装置对强迫振动和自激振动同样有效，现已广泛应用。常用的减振装置有以下三类：

（1）动力式减振器

通过一个弹性元件将附加质量连接到主振系统上，利用附加质量的动力作用，使加到主振系统上的附加作用力与激振力大小相等、方向相反。

（2）阻尼减振器

阻尼减振器又称摩擦减振器，就是在动力减振器的主系统和副系统之间增加一个阻尼器，利用摩擦阻尼消耗振动能量。

（3）冲击式减振器

利用两物体相互撞击时要损失动能的原理，利用附加质量直接冲击振动系统或振动系统的一部分，并利用冲击能量把主振系统能量耗散。

提要： 自激振动因为是切削过程本身所产生和维持的振动，很难完全消除，所以对加工过程影响很大。

复习思考题

5-1　加工精度、加工误差、公差的概念分别是什么？试举例说明它们之间的区别与联系。

5-2　何谓加工原理误差？试举例说明。生产中是否允许有加工原理误差？

5-3　什么是主轴回转精度？分别对主轴旋转类机床和刀具旋转类机床有什么影响？

5-4　试分析在车床上加工时产生下述误差的原因：

①在车床上镗孔时，引起被加工孔圆度误差和圆柱度误差。

②在车床三爪自定心卡盘上镗孔和切端面时，引起内孔与外圆不同轴度以及端面与外圆的不垂直度。

5-5　车床床身导轨在垂直平面内及水平面内的直线度对轴类零件分别有何影响？影响程度有何不同？为什么卧式车床床身导轨在水平面内的直线度要求高于垂直面内的直线度要求？

5-6　在车床上用两顶尖装夹工件车削细长轴时，出现如图5-32所示误差是什么原因？分别采用什么办法来减少或消除？

（a）　　　　　　　　（b）　　　　　　　　（c）

图5-32　题5-6

5-7　如果被加工齿轮分度圆直径 $D = 100$ mm，滚齿机滚切传动链中最后一个交换齿轮的分度圆直径 $d = 200$ mm，分度蜗杆副的降速比为 $1:72$，此交换齿轮的齿距累积误差为

$\Delta F = 0.10$ mm，试求由此引起的工件的齿距偏差是多少？

5－8　设已知一工艺系统的误差复映系数为 0.26，工件在本工序前有圆柱度（椭圆度）0.5 mm。若本工序形状精度规定公差为 0.01 mm，问至少进给几次方能使形状精度合格？

5－9　在车床上加工丝杠，工件总长为 2 700 mm，螺纹部分的长度 $L = 2\,000$ mm，工件材料和母丝杠材料都是 45 钢，加工时室温为 20 ℃，加工后工件温度升到 40 ℃，母丝杠温度升至 30 ℃。试求工件全长上由于热变形引起的螺距累积误差。

5－10　横磨一刚度很大的工件时（见图 5－33），设横向磨削力 $F_P = 160$ N，头架刚度 $K_{tj} = 55\,000$ N/mm，尾座刚度 $K_{wz} = 45\,000$ N/mm，加工工件尺寸如图所示，试分析加工后工件的形状，并计算形状误差。

图 5－33　题 5－10

5－11　按图 5－34（a）所示的装夹方式在外圆磨床上磨削薄壁套筒 A，卸下工件后发现工件成鞍形，如图 5－34（b）所示，试分析产生该形状误差的原因。

（a）　　　　　　　　　　　　　　　　（b）

图 5－34　题 5－11

5－12　在车床上加工一长度为 800 mm、直径为 60 mm 的 45 钢光轴。现已知机床各部件的刚度分别为 $K_{tj} = 90\,000$ N/mm、$K_{wz} = 55\,000$ N/mm、$K_{dj} = 50\,000$ N/mm，加工时的切削力 $F_c = 700$ N，$F_P = 0.4F_c$。试分析计算一次进给后工件的轴向形状误差（工件装夹在两顶尖之间）。

5－13　在卧式铣床上铣削键槽（见图 5－35），经测量发现靠工件两端的深度大于中间，且都比调整的深度尺寸小。试分析这一现象的原因。

图 5－35　题 5－13

5－14　什么是误差复映？误差复映系数的大小与哪些因素有关？

5－15　加工误差按照统计规律可分为哪几类？各有何特点？采取什么工艺措施可减少或控制其影响？

5－16　试述正态分布曲线及其特征参数是什么？特征参数反映了分布曲线的哪些特征？

5－17　车一批外圆尺寸要求为 $\phi 18_{-0.1}^{0}$ mm 的轴。已知：外圆尺寸按正态分布，均方根偏差 $\sigma = 0.025$ mm，分布曲线中心比公差带中心大 0.03 mm。试计算加工这批轴的合格品率及不合格品率。

5－18　在自动车床上加工一批轴件，要求外径尺寸为 $\phi 24 \pm 0.1$ mm，已知均方根偏差 $\sigma = 0.02$ mm，试求此机床的工序能力等级？

5－19　在无心磨床上磨削一批光轴的外圆，要求保证尺寸为 $\phi 20_{-0.021}^{0}$ mm，加工后测量尺寸按正态规律分布，$\sigma = 0.003$ mm，$\bar{x} = 19.995$ mm。试绘制分布曲线图，求出废品率，并分析误差的性质、产生废品的原因及提出相应的改进措施。

5－20　在两台相同的自动车床上加工一批小轴的外圆，要求保证直径 $\phi 16 \pm 0.02$ mm，第一台加工 1 500 件，其直径尺寸按正态分布，平均值 $\bar{x}_1 = 16.005$ mm，标准差 $\sigma_1 = 0.004$ mm；第二台加工 1 000 件，其直径尺寸也按正态分布，且 $\bar{x}_2 = 16.015$ mm，$\sigma_2 = 0.002 5$ mm。试求：

①在同一图上画出两台机床加工的两批工件的尺寸分布图，并指出哪台机床的工序精度高？

②计算并比较哪台机床的废品率高？试分析其产生的原因及提出改进的办法。

5－21　图 5－36 所示的板状框架铸件，壁 3 薄，壁 1 和壁 2 厚，用直径为 D 的立铣刀铣断壁 3 后，毛坯中的内应力要重新分布，问断口尺寸 D 将会发生什么样的变化？为什么？

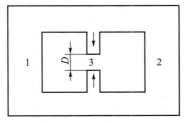

图 5－36　题 5－21

5－22　试以磨削为例，说明磨削用量对磨削表面粗糙度的影响。减小表面粗糙度值的工艺措施有哪些？

5－23　加工后，零件表面层为什么会产生加工硬化和残余应力？提高表面层物理力学性能的工艺措施有哪些？

5－24　什么是回火烧伤？什么是淬火烧伤？什么是退火烧伤？为什么磨削加工容易产生烧伤？

5－25　什么是强迫振动和自激振动？各有什么特点？机械加工中引起两种振动的主要原因是什么？如何消除和控制机械加工中的振动？

5－26　在外圆磨床上磨削光轴外圆时，加工表面产生了明显的振痕，有人认为是因电动机转子不平衡引起的，有人认为是因砂轮不平衡引起的，如何判别哪一种说法是正确的？

第六章　工艺规程设计

本章知识要点：

1. 机械加工工艺规程的基本概念；

2. 机械加工工艺规程设计；

3. 加工余量与工序尺寸的确定；

4. 典型零件的加工工艺；

5. 成组技术与计算机辅助工艺设计；

6. 工艺方案的技术经济性分析；

7. 装配工艺规程设计。

前期知识：

金工实习、生产实习等实践性环节，前面各章节的理论及实践知识。

导学：图 6-1 所示为某车床主轴的零件图，它是采用哪些方法和什么样的加工路线作出的？加工时要注意哪些问题？各种技术要求如何保证？是否只有一种加工路线？如有多种加工路线，如何确定一种加工质量最好、效率最高、成本最低的加工路线？该主轴装配到机床上又要注意哪些问题？

图 6-1　车床主轴

第一节 概　　述

一、生产过程、工艺工程与工艺规程

生产过程是指将原材料转变为成品的全过程。它包括原材料的运输和保管、生产的准备、毛坯的制造、零件加工（包含热处理）、产品的装配和调试、包装等内容，可以看成是一个具有输入和输出的生产系统。其中，凡是改变生产对象（毛坯）的形状、尺寸、位置和性能使其成为半成品或成品的过程称为工艺过程。它又可细分为铸造、锻造、焊接、冲压、机械加工、装配等工艺过程。

对于机器中的某一零件，可以采用多种不同的工艺过程完成，但其中总存在一种工艺过程在特定条件下是最为合理的。如将这合理工艺过程的有关内容用工艺文件形式加以规定，用以指导生产，则得到的工艺文件统称工艺规程。工艺规程的内容因生产类型的不同而详略不一，批量越大越详细具体。经审定批准的工艺规程，生产人员必须严格遵守。当然，工艺规程也会随着科学技术的发展而发展，不应一成不变，但是工艺规程的修订或更改，必须经过充分的工艺试验验证，并按照相关规定、流程履行审批手续。

本章主要介绍机械加工和装配两种工艺规程设计的基本知识。

二、机械加工工艺过程的组成

机械加工工艺过程是由一个或若干个按顺序排列的工序组成的，每一个工序又可依次细分为安装、工位、工步和走刀。

1. 工序

一个工序是指一个或一组工人，在一台机床（或一个工作地）对同一个或同时对几个工件所连续完成的那一部分工艺过程。工序是最基本的组成单元，合理划分工序，有利于制定劳动定额、安排生产计划，这是由被加工零件结构的复杂程度，加工要求和生产类型决定的。表 6-1 所示为阶梯轴不同生产类型的工艺过程。

表 6-1　阶梯轴不同生产类型的工艺过程

续表

单件、小批量生产工艺过程			大批、大量生产工艺过程		
工序号	工序内容	设备	工序号	工序内容	设备
1	车一端面、钻中心孔，调头车另一端面、钻另一中心孔	车床	1	两边同时铣端面、钻中心孔	专用机床
2	车大外圆及倒角，调头车小外圆及倒角	车床	2	车大外圆及倒角	车床
3	铣键槽、去毛刺	铣床	3	车小外圆及倒角	车床
			4	铣键槽	铣床
			5	去毛刺	钳工台

2. 安装

安装是工件经一次装夹后所完成的那部分工序。在一个工序中，可以是一次或多次安装。零件在加工过程中应尽量减少工件的安装次数，以缩短辅助时间和减少安装误差。

3. 工位

通过分度（或移位）装置，使工件在一次安装中有不同的加工位置，把工件在机床上所占据的每个工作位置所完成的那一部分工序称为工位。图 6-2 所示为利用回转工作台或回转夹具，依次完成装卸、钻孔、扩孔、铰孔多工位加工的实例。

4. 工步

在加工表面、加工工具、切削速度和进给量不变的条件下，连续完成的那一部分工序内容称为工步。为了提高效率，采用多刀同时切削几个加工表面的工步，也可看作一个工步，称为复合工步。图 6-3 所示为立轴转塔车床加工齿轮内孔及外圆的一个复合工步。

图 6-2　多工位加工

1—钻孔；2—扩孔；3—铰孔；4—装卸

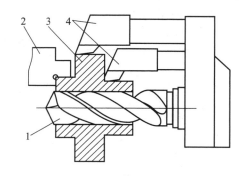

图 6-3　复合工步

1—钻头；2—夹具；3—工件；4—刀具

5. 走刀

加工工具在加工表面上切削一次所完成的工步内容称为一个工作行程或走刀。当需要切去的金属层很厚，同一表面往往要用同一工具分几次走刀才能完成。

提要：这些概念应用很广，需要仔细区分，掌握它们的实质特点以及相互之间的联系。

三、工艺规程的作用及设计原则

1. 工艺规程的作用

（1）是生产准备、生产组织、计划调度的主要依据

生产产品之前要做大量的准备工作，如原材料和毛坯的准备、机床的配备和调整、专用工装的设计制造、生产成本的核算和人员配备等，所有这些工作都要按照工艺规程进行。

（2）是指导工人操作的主要技术文件

工人按照工艺规程进行生产，可以稳定保证产品质量和较高的生产效率和经济效果，质量检验人员也有验收产品的依据。

（3）是工厂和车间进行设计或技术改造的重要原始资料

在进行技改、新建、扩建工厂或车间时，必须要根据工艺规程确定机床和辅助设备的种类、规格和数量，车间面积、设备布置、生产工人的工种、等级和数量等。

2. 工艺规程的设计原则

（1）保证质量原则

所设计的工艺规程必须保证机器零件加工质量和机器的装配质量，达到设计图纸上规定的各项技术要求。

（2）提高效率原则

工艺规程应具有较高的生产效率，便于尽快将产品投放市场。

（3）降低成本原则

尽量降低加工和装配成本，提高经济效益。

（4）其他

如注意减轻工人劳动强度、保证生产安全等。

四、工艺规程设计所需的原始资料

①产品装配图、零件工作图。

②有关产品质量验收标准。

③产品的产量计划。

④产品零件毛坯材料及毛坯生产条件。

⑤本厂现有生产条件，包括设备能力和精度、当前的技术状态、工人的技术水平、工厂自制工艺装备的能力以及工厂供电、供气的能力等资料。

⑥工艺规程设计、工艺装备设计手册、技术资料和有关标准。

⑦国内外同类产品的参考工艺资料等。

第二节　机械加工工艺规程设计

一、机械加工工艺文件

零件机械加工工艺规程确定后，应按相关标准和格式，将有关内容填入各种不同的卡

片，以便贯彻执行，这些卡片总称为工艺文件。常用的工艺文件有下列几种：

1. 机械加工工艺过程卡片

机械加工工艺过程卡片以工序为单位，简要说明零件加工步骤和加工内容，又称过程卡。其中包括工艺过程的工序名称和序号、实施车间和工段及各工序时间定额等内容。它概述了加工过程的全貌，是制订其他工艺文件的基础，主要用于单件小批量生产中，也可用于生产管理中。

2. 机械加工工序卡片

机械加工工序卡片又称工序卡，以工序为单位，说明各工序的详细工艺资料并附有工序简图，用来具体指导工人的操作，多用于大批大量生产和重要零件的成批生产。

3. 机械加工工艺卡片

机械加工工艺卡片又称工艺卡。以工序为单位详细说明零件的加工过程。工艺卡的详细程度度介于工艺过程卡和工序卡之间，用来指导生产和管理加工过程，广泛用于成批生产或重要零件的小批生产。

提要： 这些卡片的具体形式和内容请参见有关资料，且要注意各个企业可能略有不同。

二、制订机械加工工艺规程的步骤

①分析研究产品的装配图和零件图。了解产品的性能、用途、工作条件，明确各零件的相互装配位置和作用，找出其主要技术要求和关键技术问题；对装配图和零件图进行工艺审查，如图样上规定的视图、公差和技术要求是否完整、统一、合理，零件的结构工艺性是否良好，如发现有问题应及时提出，并会同有关设计人员共同商讨，按规定手续进行修改与补充。

②根据零件的生产纲领和自身特性决定生产类型。

③确定毛坯的类型、尺寸和制造方法。应全面考虑毛坯制造成本和机械加工成本，以达到降低零件总成本的目的。

④拟订机械加工工艺路线。这是制订的核心内容，主要包括选择定位基准、选择零件表面加工方法、划分加工阶段、确定工序集中和分散程度、安排加工顺序和热处理、检验及其他工序等。进行技术经济分析，在几种方案中确定一种最为合理的工艺方案。

⑤工序设计。工序设计包括确定加工余量、计算工序尺寸及其公差、确定切削用量和工时定额，选择机床和工艺装备等。

⑥填写工艺文件。

三、零件结构工艺性分析

零件结构的工艺性是指所设计的零件在能满足使用要求的前提下，制造的可行性和经济性。使用性能完全相同的零件，因结构稍有不同，它们的加工难易和制造成本可能有很大差别。所谓良好的结构工艺性，应是在不同生产类型的具体生产条件下，能够采用简便和经济的方法加工出来。

零件结构工艺性分析主要包括以下几个方面：

①工件应有便于装夹的定位基准和夹紧表面，并应尽量减少装夹次数。

②保证刀具正常和以较高生产率工作，如刀具要易于接近加工部位，便于进刀、退刀、

越程和测量，以及便于观察切削情况等，尽量减少刀具调整和走刀次数，尽量减少加工面积及空行程，提高生产率。

③便于采用标准刀具，尽可能减少刀具种类，减少刀具采购、制造和管理成本。

④尽量减少工件和刀具的受力变形。

⑤改善加工条件，便于加工，必要时应便于采用多刀、多件加工。

一些常见零件的结构工艺性对比见表6-2。

表6-2 一些常见零件的结构工艺性对比

结构改进前后对比（左为改进前，右为改进后）	说 明
	改变结构或增加工艺凸台（加工后去掉），便于装夹
	减少安装或调整次数
	设置在同一方向上，减少刀具调整与走刀次数
	减少加工面积，且易保证平面度要求

结构改进前后对比（左为改进前，右为改进后）	说　明
	留出刀具加工空间
	改善加工条件
	提高加工效率
	减少刀具种类和换刀时间

四、毛坯选择

毛坯的种类和质量对机械加工质量、材料的节约、生产率的提高和成本的降低都有密切的关系。毛坯选择既要考虑热加工方面的因素，也要考虑冷加工方面的因素，并要充分注意到采用新工艺、新技术、新材料的可能性，由工艺人员依据设计要求确定毛坯种类、形状尺寸及制造精度。

1. 毛坯种类选择

常见毛坯的种类有铸件、锻件、型材、焊接件、冲压件、粉末冶金件和工程塑料件等，各种毛坯的种类和特点见表6-3。

表6-3 常见各种毛坯的种类和特点

毛坯种类	毛坯制造方法	特 点
铸件（灰铸铁、球墨铸铁、合金铸铁、铸钢和有色金属）	砂型铸造（手工造型和机器造型，模型有木模和金属模）、离心铸造、压力铸造、熔模铸造等	多用于形状复杂、尺寸较大的零件。其吸振性能好，但力学性能低。木模手工造型用于单件小批生产或大型零件，生产效率低，精度低。金属模用于大批量生产，生产效率高，精度高。离心铸造用于空心零件。压力铸造用于形状复杂、精度高、大量生产、尺寸小的有色金属零件
锻件（碳钢和合金钢）	自由锻、模锻、精密模锻	用于制造强度高、形状简单的零件（轴类和齿轮类）。模锻和精密锻造精度高、生产率高，单件小批生产用自由锻
冲压件（钢、有色金属）	板料加工	用于形状复杂、生产批量较大的钢材和有色金属板料毛坯，精度较高，但厚度不宜过大
型材（钢、有色金属）	热轧、冷轧（拉）形状有圆形、六角形、方形截面等	用于形状简单或尺寸不大的零件，热轧钢材尺寸较大、规格多、精度低，冷拉钢材尺寸较小、精度较高，但规格不多、价格较贵
冷挤压件（有色金属和钢材）	冷挤压	用于形状简单、尺寸小和生产批量大的零件。如各种精度高的仪表件和航空发动机中的小零件
焊接件	普通焊接、精密焊接	用于尺寸较大、形状复杂的零件，多用型钢或锻件焊接而成，其制造简单、周期短、成本低，但抗振性差、容易变形，尺寸误差大
工程塑料件	注射成形、吹塑成形、精密模压	用于形状复杂、尺寸精度高、力学性能要求不高的零件
粉末冶金	粉末冶金、粉末冶金热模锻	尺寸精度高、材料损失少，用于大批量生产、成本高，不适合结构复杂、薄壁、有锐边的零件

2. 毛坯结构形状与尺寸

毛坯尺寸是在原有零件尺寸的基础上，考虑后续加工余量，在生产中可参考有关工艺手册或企业标准而确定。毛坯形状应力求接近零件形状，以减少机械加工劳动量。但也有几种特殊情况，如尺寸小而薄的零件和某些特殊零件，可多个工件连在一起制成一个整体毛坯，或加工到一定阶段后再切割分离，如车床开合螺母外壳，就是将毛坯做成整体，加工至一定阶段后再切开；有时为加工时安装方便，毛坯上留有工艺搭子等。

3. 毛坯制造精度

毛坯制造精度高，材料利用率高，后续机械加工费用低，但相应的设备投入大。因此，确定毛坯制造精度时，需综合考虑毛坯制造成本和后续加工成本以及市场需求。通常，生产纲领大，毛坯制造精度要高。只要有可能，应提倡采用精密铸造、精密锻造、冷轧、冷挤压、粉末冶金等先进的毛坯制造方法。

五、定位基准的选择

定位基准选择是制订工艺规程的一项重要工作。定位方案的选择直接影响加工误差，影响夹具的复杂性及操作方便性，是制订工艺规程中的一个十分重要的问题。

1. 基准的概念

基准就是用来确定生产对象上几何关系所依据的点、线或面，按功用可分为设计基准和工艺基准。

（1）设计基准

在设计过程中，根据零件在机器中的位置、作用，为了保证其使用性能而确定的基准，即设计图纸上标注设计尺寸所依据的基准，称为设计基准。在图6-4所示的钻套中，端面 A 是端面 B、C 的设计基准，内孔表面 D 的中心线是 $\phi40h6$ 外圆表面的径向圆跳动和端面 B 轴向跳动的设计基准。

（2）工艺基准

工艺过程中所使用的基准，称为工艺基准。按用途不同又可分为工序基准、定位基准、测量基准和装配基准。

①工序基准。在工序图上用来确定本工序所加工表面尺寸、形状和位置的基准，称为工序基准。如在图6-5所示的工序简图中，端面 A 是端面 B、C 的工序基准，孔轴心线为外圆 D_1 和内孔 D 的工序基准。

②定位基准。定位基准是在加工中用于工件定位的基准，作为定位基准的点、线、面有时在工件上并不一定具体存在，如孔和轴的中心线、平面的对称面等，而由某些具体的几何表面来体现的，这些定位表面称为定位基面。在加工图6-5所示的零件时，工件夹在自定心卡盘上，加工外圆 D_1 和内孔 D，此时被加工尺寸 D 和 D_1 的设计基准和定位基准均为中心线，外圆面即为定位基面。

③测量基准。在加工中和加工后用来测量工件的尺寸、形状和位置误差所依据的基准，称为测量基准。在图6-5中，尺寸 L、l 用游标卡尺来测量，端面 A 就是端面 B 和 C 的测量基准。

④装配基准。装配时用来确定零件或部件在产品中相对位置所采用的基准，称为装配基准。图6-4中的 $\phi40h6$ 外圆表面就是钻套的装配基准。

图6-4　钻套

图6-5　工序简图

上述基准应尽可能使之重合，以消除由于基准不重合引起的误差。

2. 定位基准的选择

定位基准分粗基准和精基准。用工件上未加工的毛坯面作为定位基准，称为粗基准；用加工过的表面作为定位基准，称为精基准。在选择定位基准时一般是先根据零件的加工要求选择精基准，然后考虑如何选择粗基准把作为精基准的表面先加工出来。

（1）精基准的选择原则

选择精基准应从整个工艺过程考虑如何保证加工精度，并使装夹方便可靠。选择精基准一般应遵循以下几项原则：

①基准重合原则。应尽量选用所加工表面的设计基准作为精基准，这样可以避免由于基准不重合引起的定位误差（由于基准不重合而引起的定位误差的分析与计算参见第五章）。在用设计基准不可能或不方便时，允许出现基准不重合的情况。

②基准统一原则。应尽可能采用统一的精基准加工工件上尽可能多的表面，称为基准统一原则。采用基准统一原则便于保证各加工表面之间的位置精度，避免基准转换带来的误差，并可以减少夹具种类，降低夹具的设计制造费用。例如，加工轴类零件时，一般都采用两个顶尖孔作为统一精基准来加工轴类零件上的所有外圆表面和端面，这样可以保证各外圆表面间的同轴度和端面对轴心线的垂直度。

有些工件可能找不到合适的表面作为统一基准，必要时在工件上专门设计和加工出专供定位用的表面，这称为辅助基准面定位，如箱体类零件"一面两孔"定位时的两定位孔。如在加工图 6－6 所示汽车发动机的机体时，主轴承座孔、凸轮轴座孔、气缸孔及主轴承座孔端面，都采用统一的基准——底面 A 及底面 A 上相距较远的两个工艺孔作为精基准来加工，这样能较好地保证这些加工表面的相互位置关系。这两个工艺孔就是专门加工出来进行辅助定位的。

③互为基准原则。当工件上两个加工表面之间的位置精度要求比较高时，可以采用互为基准、反复加工的方法。如图 6－7 所示车床主轴加工时，主轴前后支承轴颈与主轴锥孔间有严格的同轴度要求，一般先以前、后支承轴颈定位加工锥孔，然后再以主轴锥孔为基准磨主轴前、后支承轴颈表面，如此反复加工来达到同轴度的要求。

图 6－6　汽车发动机的机体加工

图 6－7　车床主轴互为基准加工

1—轴颈；2—锥孔

④自为基准原则。一些表面的精加工或光整加工工序，要求加工余量小而均匀，常以加工表面自身为精基准。浮动铰刀铰孔、圆拉刀拉孔、珩磨头珩孔、无心磨床磨外圆等都是以加工表面作为精基准的例子。

图 6-8 所示为导轨磨床上磨削床身导轨表面，就是以导轨面本身为基准来找正定位。被加工工件（床身）支承在可调支承上，用轻压在被加工导轨面上的百分表找正导轨面相对于机床导轨正确位置，满足导轨面的加工要求。

图 6-8　导轨磨床上磨削床身导轨表面

⑤便于装夹原则。所选择的精基准，一定要保证定位准确、夹紧可靠，夹紧机构简单，操作方便。因此，精基准除应具有较高精度和较小的表面粗糙度值外，还应具有较大的面积并尽量靠近加工表面。

（2）粗基准的选择原则

粗基准的选择主要考虑如何使各加工面的余量分配合理及保证不加工表面与加工表面之间的位置精度。

①为了保证工件上加工表面与不加工表面之间的位置要求，应选择不加工表面为粗基准。如果工件上有多个不加工表面，则应以其中与加工表面位置精度要求较高的表面作为粗基准。如图 6-9 所示的套筒法兰零件，表面 1 为不加工表面，为保证镗孔后零件的壁厚均匀，应选择表面 1 作粗基准镗孔、车外圆、车端面。如图 6-10 所示零件加工时，若 ϕA、ϕB、ϕC 三个表面都不加工，若 ϕB 外圆与内孔 $\phi 50_{0}^{+0.1}$ mm 之间壁厚均匀要求较高时，应选择不加工表面 ϕB 作粗基准加工 $\phi 50_{0}^{+0.1}$ mm 孔。

②如果工件必须首先保证某重要表面的加工余量均匀，则应选择该表面为粗基准。例如，机床导轨面是床身的主要工作表面，要求在加工时切去薄而均匀的一层金属，保证导轨面有均匀的金相组织和较高的耐磨性，因此希望此时应以导轨面为粗基准，先加工床脚的底平面，然后再以底平面为精基准加工导轨面，如图 6-11 所示。这就可以保证导轨面的加工余量均匀。

图 6-9　套筒法兰零件加工

1—不加工表面；2—加工表面

图 6-10　多个表面不加工时的粗基准选择

图 6-11　以导轨面为粗基准加工导轨

（a）工序 Ⅰ；（b）工序 Ⅱ

③为使各主要加工表面都得到足够的加工余量，应选择毛坯上加工余量最小的表面作为粗基准。如图 6 - 12 所示的阶梯轴，应选余量小的 $\phi55$ mm小端外圆作为粗基准。若选择大端外圆为粗基准，因毛坯偏心，加工小端外圆时，会出现余量不足，而使工件报废。

④选作粗基准的表面，应平整，没有飞边、浇口、冒口及其他缺陷，以便定位准确、可靠。

⑤粗基准应避免重复使用，在同一尺寸方向上，通常只允许使用一次，否则会造成较大的定位误差。

图 6 - 12　阶梯轴加工时的粗基准选择

提要： 上述基准选择原则在具体使用时，可能会出现矛盾之处，应根据具体情况灵活运用。保证主要方面，兼顾次要方面，从整体上尽量使定位基准选择更加合理。

六、工艺路线的拟定

1. 表面加工方法选择

机器零件的结构形状都可以看成是由一些最基本的表面（外圆、孔、平面等）组成的，零件加工过程就是获得这些几何表面的过程。同一表面的最终加工可以选用不同的方法，但是不同加工方法（方案）所能获得的加工质量、生产率、费用及生产准备和设备投入却是各不相同的。工程技术人员的任务就是要根据具体加工要求选用最适当的加工方法，安排合理的加工路线，加工出符合图纸要求的机器零件。表 6 - 4、表 6 - 5、表 6 - 6 分别列出了外圆表面加工、孔加工和平面加工的各种常见加工方案及其所能达到的经济精度和表面粗糙度，供选择加工方法时参考。加工经济精度是指在正常加工条件下（采用符合质量标准的设备、工艺装备和标准技术等级的工人，不延长加工时间）所能达到的加工精度。表中所列的是加工后的尺寸精度，各种加工方法能达到的经济形状精度和位置精度可参考相关的工艺人员手册。但也必须指出，这是在一般条件下可能达到的精度和表面粗糙度，在具体条件下会产生一定的差别，而且随着技术的进步，工艺水平的提高，同一种加工方法所能达到的精度也会提高，表面粗糙度的数值会减小。

表 6 - 4　外圆表面加工方案

序号	加工方案	经济加工精度等级 IT	加工表面粗糙度 $Ra/\mu m$	适用范围
1	粗车	13 ~ 11	50 ~ 12.5	适用于淬火钢以外的各种金属
2	粗车—半精车	10 ~ 8	6.3 ~ 3.2	
3	粗车—半精车—精车	8 ~ 7	1.6 ~ 0.8	
4	粗车—半精车—精车—滚压（或抛光）	8 ~ 7	0.2 ~ 0.025	
5	粗车—半精车—磨削	8 ~ 7	0.8 ~ 0.4	主要用于淬火钢，也可用于未淬火钢，但不宜加工有色金属
6	粗车—半精车—粗磨—精磨	7 ~ 6	0.4 ~ 0.1	
7	粗车—半精车—粗磨—精磨—超精加工（或轮式超精磨）	6 ~ 5	0.1 ~ 0.01	

序号	加工方案	经济加工精度等级 IT	加工表面粗糙度 Ra/μm	适用范围
8	粗车—半精车—精车—金刚石车	7~6	0.4~0.025	主要用于要求较高的有色金属的加工
9	粗车—半精车—粗磨—精磨—超精磨（或镜面磨）	5~	<0.025	极高精度的钢或铸铁的外圆加工
10	粗车—半精车—粗磨—精磨—研磨	5~	<0.1	

表 6-5　孔加工方案

序号	加工方案	经济加工精度等级 IT	加工表面粗糙度 Ra/μm	适用范围
1	钻	13~11	≥12.5	加工未淬火钢及铸铁的实心毛坯，也可用于加工有色金属（但粗糙度稍高），孔径<φ20 mm
2	钻—铰	9~8	3.2~1.6	
3	钻—粗铰—精铰	8~7	1.6~0.8	
4	钻—扩	11~10	12.5~6.3	加工未淬火钢及铸铁的实心毛坯，也可用于加工有色金属（但粗糙度稍高），孔径>φ20 mm
5	钻—扩—铰	9~8	3.2~1.6	
6	钻—扩—粗铰—精铰	7	1.6~0.8	
7	钻—（扩）—拉（或推）	9~7	1.6~0.1	大批大量生产中小零件的通孔
8	粗镗（或扩孔）	13~11	12.5~6.3	除淬火钢外各种材料，毛坯有铸出孔或锻出孔
9	粗镗（粗扩）—半精镗（精扩）	10~9	3.2~1.6	
10	粗镗（粗扩）—半精镗（精扩）—精镗（铰）	8~7	1.6~0.8	
11	粗镗（扩）—半精镗（精扩）—精镗—浮动镗刀块精镗	7~6	0.8~0.4	
12	粗镗（扩）—半精镗—磨孔	8~7	0.8~0.2	主要用于加工淬火钢，也可用于不淬火钢，但不宜用于有色金属
13	粗镗（扩）—半精镗—粗磨—精磨	7~6	0.2~0.1	
14	粗镗—半精镗—精镗—金刚镗	7~6	0.4~0.05	主要用于精度要求较高的有色金属加工
15	钻—（扩）—粗铰—精铰—珩磨 钻—（扩）—拉—珩磨 粗镗—半精镗—精镗—珩磨	7~6	0.2~0.025	精度要求很高的孔
16	以研磨代替工序15中的珩磨	6~5	<0.1	
17	钻（或粗镗）—扩（或半精镗）—精镗—金刚镗—脉冲滚挤	7~6	0.1	成批大量生产的有色金属零件中的小孔

表 6 - 6　平面加工方案

序号	加工方案	经济加工精度等级 IT	加工表面粗糙度 $Ra/\mu m$	适用范围
1	粗车—半精车	9 ~ 8	6.3 ~ 3.2	端面加工
2	粗车—半精车—精车	7 ~ 6	1.6 ~ 0.8	
3	粗车—半精车—磨削	9 ~ 7	0.8 ~ 0.2	
4	粗刨（铣）	10 ~ 9	50 ~ 12.5	一般不淬硬的平面粗加工
5	粗刨（或粗铣）—精刨（或精铣）	9 ~ 7	6.3 ~ 1.6	一般不淬硬的平面半精加工（端铣粗糙度可较低）
6	粗刨（或粗铣）—精刨（或精铣）—刮研	6 ~ 5	0.8 ~ 0.1	精度要求较高的不淬硬表面，批量较大宜采用宽刃精刨
7	粗刨（或粗铣）—精刨（或精铣）—宽刃精刨	7 ~ 6	0.8 ~ 0.2	
8	粗刨（或粗铣）—精刨（或精铣）—磨削	7 ~ 6	0.8 ~ 0.2	精度要求较高的淬硬表面或不淬硬表面
9	粗刨（或粗铣）—精刨（或精铣）—粗磨—精磨	6 ~ 5	0.4 ~ 0.25	
10	粗铣—拉	9 ~ 6	0.8 ~ 0.2	大量生产较小的平面
11	粗铣—精铣—磨削—研磨	5 ~	<0.1	高精度平面
12	粗插	10 ~ 9	50 ~ 12.5	淬火钢以外金属件内表面粗加工
13	粗插—精插	8	3.2 ~ 1.6	淬火钢以外金属件内表面半精加工
14	粗插—精插—拉削	7 ~ 6	1.6 ~ 0.4	淬火钢以外金属件内表面精加工

选择加工方法时应遵循下列原则：

①应考虑每种加工方法的加工经济精度范围。所选方法要与加工表面的精度要求、表面粗糙度要求相适应，做到质量可靠，生产率和加工成本合理。

②应考虑被加工零件材料的性质。例如：淬火钢、耐热钢等因硬度高则应采用磨削作为精加工；有色金属宜采用金刚车、高速精细车或精细镗切削作为精加工。

③应考虑零件的结构形状、尺寸及工作情况。例如：箱体上 IT7 的孔，一般不采用拉或磨，而选择镗（大孔）或铰（小孔）；狭长平面更适宜刨削加工而不用铣削等。

④应结合生产类型考虑生产率和经济性。大批量生产时，应采用高效的机床设备和先进

的加工方法；在单件小批生产中，多采用通用机床、通用工艺装备和常规的加工方法。

⑤应考虑企业现有设备条件和工人技术水平。

提要： 在生产实际中选择加工方法时，一般总是首先根据零件主要表面的技术要求和工厂具体条件，先选定它的最终工序的加工方法，然后再逐一选定该表面各有关前导工序的加工方法。例如，加工一个精度等级为 IT6、表面粗糙度为 $Ra0.2\ \mu m$ 的钢质外圆表面，其最终工序选用精磨，则其前导工序可分别选为粗车、半精车和粗磨（参见表 6-4）。主要表面的加工方案和加工方法选定之后，再选定次要表面的加工方案和加工方法。

2. 加工阶段的划分

零件的加工质量要求较高时，必须把整个加工过程分为以下几个阶段：

（1）粗加工阶段

粗加工阶段的主要任务是高效切除各加工表面上的大部分余量，使毛坯在形状和尺寸上接近成品零件。粗加工的主要问题是如何获得高的生产率。

（2）半精加工阶段

半精加工阶段的主要目的是为主要表面的精加工做好准备（消除粗加工后留下的误差，使其达到一定的精度，保证一定的精加工余量），并完成一些次要表面的加工（如钻孔、攻螺纹、铣键槽等）。半精加工一般应在热处理之前进行。

（3）精加工阶段

精加工阶段是保证各主要表面达到图纸所规定的质量要求。

（4）光整加工阶段

对于精度要求很高（IT5 以上）、表面粗糙度值要求很小（$Ra \leqslant 0.2\ \mu m$）的零件，还要安排专门的光整加工阶段，以进一步提高尺寸精度和形状精度，降低表面粗糙度，但一般不能提高位置精度。光整加工的典型方法有珩磨、研磨、超精加工及镜面磨削等。

划分加工阶段的主要原因是：

①保证加工质量。粗加工切除余量大，切削力、切削热及所需夹紧力大，因此产生较大的变形和内应力，不可能达到高的精度和低的表面粗糙度。因此，划分加工阶段，通过半精加工和精加工可使粗加工引起的误差得到纠正，最终达到图纸要求。表面精加工安排在最后，还可避免或减少在夹紧和运输过程中损伤已精加工过的表面。

②有利于合理使用机床设备和技术工人。粗加工可使用大功率、高刚度、精度一般的机床，精加工使用精度高的设备，这样可充分发挥机床设备各自的效能，又有利于高精度机床长期保持精度。不同加工阶段对工人的技术要求也不同，可以合理使用技术工人。

③有利于及早发现毛坯缺陷并及时处理。毛坯的各种缺陷（气孔、砂眼、裂纹和加工余量不足等），在粗加工后就能发现，便于及时修补或报废，避免工时浪费。

④有利于合理安排热处理工序，使冷、热加工工序配合得更好。如精密主轴加工时，在粗加工后进行去应力时效处理，在半精加工后进行淬火处理，精加工后进行冰冷处理及低温回火，最后再进行光整加工，使热处理发挥充分的效果。

提要： 加工阶段的划分不是绝对的，对于毛坯质量高、余量较小、刚性较好、加工质量要求不高的工件就不必划分加工阶段；重型零件，由于安装、运输不便，常在一次装夹中完成某些表面的粗、精加工，或在粗加工后松开工件，消除夹紧变形，然后再用较小的夹紧力夹紧工件，进行精加工。在组合机床和自动机床上加工零件，也常常不划分加工阶段。

3. 加工顺序安排

复杂零件的机械加工工艺路线中要经过切削加工、热处理和辅助工序，在安排工艺路线时要将这三者加以全面考虑。

（1）机械加工工序的安排

①基面先行。作为精基准的表面一般安排在起始工序先进行加工，以便尽快为后续工序的加工提供精基准。例如，箱体零件一般是以主要孔为粗基准来加工平面，再以平面为精基准来加工孔系。

②先主后次。零件的装配基面和工作表面（一般是指加工精度和表面质量要求高的表面）等主要表面应先加工，从而及早发现毛坯中可能出现的缺陷。螺孔、键槽、光孔等次要表面可穿插进行，但一般应放在主要表面加工到一定精度之后、最终精加工之前进行。

③先粗后精。一个零件的切削加工过程，总是先进行粗加工，再进行半精加工，最后是精加工和光整加工。

④先面后孔。箱体、支架和连杆等类零件，应先加工面后加工孔。平面一般轮廓较大和平整，用它作定位基准面稳定可靠。此外，在加工过的平面上钻孔比在毛坯面上钻孔不易产生孔轴线的偏斜和较易保证孔距尺寸。

（2）热处理工序的安排

热处理的目的在于改变工件材料的性能和消除内应力。热处理工序的安排主要取决于热处理的目的。

①预备热处理。常用的热处理方法有退火与正火，通常安排在粗加工之前，其目的是改善工件材料的切削性能，消除毛坯制造时的内应力。高碳钢零件用退火降低硬度，低碳钢零件用正火提高硬度；对锻造毛坯，因其表面软硬不均不利于切削，通常也进行正火处理。

②改善机械性能热处理。常用的热处理方法有调质、淬火、渗碳淬火、渗氮等，目的是提高材料的强度、表面硬度和耐磨性。调质即淬火后高温回火，目的在于获得良好的综合机械性能，可以作为后续表面淬火和渗氮的预备热处理，也可作为某些要求不高零件的最终热处理，一般安排在粗加工以后进行，对淬透性好、截面积小或切削余量小的毛坯，也可以安排在粗加工之前。因淬火、渗碳淬火变形较大，硬度较高，淬火后只能磨削加工，因此淬火安排在半精加工之后和磨削加工之前。渗氮处理是为了获得更高的表面硬度和耐磨性，更高的疲劳强度，因渗氮层一般较薄，所以渗氮处理后磨削余量不能太大，故一般安排在粗磨之后、精磨之前进行，且为了消除内应力，减少渗氮变形，改善加工性能，渗氮前应对零件进行调质处理和去内应力处理。

③时效处理。时效处理有人工时效和自然时效两种，目的都是消除毛坯制造和机械加工中产生的内应力。精度不高的铸件，只需进行一次时效处理，安排在粗加工后较好，可同时消除铸造和粗加工所产生的应力。精度要求较高的铸件，则应在半精加工之后安排第二次时效处理，使精度稳定。精度要求很高的精密丝杠、主轴等零件，则应安排多次时效处理。

④表面处理。为了进一步提高表面的抗蚀能力、耐磨性等安排的热处理以及使表面美观光泽而安排的表面处理工序，例如镀铬、镀锌、镀镍、镀铜及镀金、银、发蓝等，一般都安排在工艺过程的最后进行。

（3）辅助工序的安排

检查、检验工序，去毛刺、平衡、清洗工序等也是工艺规程的重要组成部分。

检查、检验工序是主要的辅助工序，是保证产品质量的重要措施。每个操作工人在每道工序的进行中都必须自检，下列情况下应安排检查工序：

①零件加工完毕之后。

②从一个车间转到另一个车间的前后。

③工时较长或重要的关键工序的前后。

对特殊零件安排的特种检验，如多用于工件（毛坯）内部的质量检查的 X 射线检查、超声波探伤检查等，一般安排在工艺过程的开始；主要用于工件表面质量检验的磁力探伤、荧光检验，通常安排在精加工的前后进行；密封性检验、零件的平衡、零件的质量检验，一般安排在工艺过程的最后阶段进行。

在相应的工序后面还要考虑安排去毛刺、倒棱边、去磁、清洗、涂防锈油等辅助工序。

应该认识到辅助工序仍是必要的工序，缺少了辅助工序或是对辅助工序要求不严，将会影响装配操作、装配质量，甚至会影响整机性能。

4. 工序的集中与分散

确定加工方法后，就要按照生产类型和工厂的具体条件确定工艺过程的工序数。通常有两种截然不同的安排原则：一种是工序集中原则；另一种是工序分散原则。在不同的生产条件下，工艺人员编制的工艺过程会有所不同。

工序集中就是每个工序中安排的加工内容很多，尽可能在一次安装中加工许多表面，或尽量在同一台设备上连续完成较多的加工要求。这样，零件工艺过程中工序少，工艺路线短。工序分散则相反，每个工序加工内容很少，表现为工序多，工艺路线长。

工序集中的主要特点有：

①减少工件的装夹、运输等辅助时间，而且一次安装中加工了许多表面，有利于保证位置公差要求较高的工件的加工质量。

②有利于利用自动化程度较高的高效机床和工艺装备，提高劳动生产率。

③工序数少，可减少设备数量、减少操作人员、减少生产面积。

工序分散的主要特点有：

①工序多，每个工序内容少，工艺装备可以简单，而且容易调整，对工人技术水平要求不高，能较快地适应产品的变换。

②有利于选择最合理的切削用量，减少机动时间。

③机床数量多，操作工人多，占地面积大。

由于工序的集中和分散各有特点，生产上都有应用，要根据生产纲领、机床设备及零件本身的结构和技术要求等做全面的考虑。大批大量生产时，若使用多刀多轴的自动或半自动高效机床、加工中心，可按工序集中原则组织生产；若使用由专用机床和专用工艺装备组成的生产线，则应按工序分散的原则组织生产，这有利于专用设备和专用工装的结构简化和按节拍组织流水生产。单件小批生产则在通用机床上按工序集中原则组织生产。成批生产时两种原则均可采用，重型零件的加工，应采用工序集中的原则。但从技术的发展方向来看，随着数控机床、加工中心的发展和应用，今后将更多地趋向于工序集中。

5. 机床与工艺装备的选择

机床和工艺装备的选择是一件很重要的工作，对零件加工质量、生产率及制造成本产生重要影响。

（1）机床的选择

选择机床应遵循如下原则：

①机床的主要规格尺寸应与零件的外廓尺寸相适应。

②机床的精度应与本工序的加工要求相适应。

③机床的生产率应与零件的生产类型相适应。

④机床的选择应结合现场的实际情况，如设备的类型、规格或精度情况，设备负荷的平衡情况以及设备的分布排列情况等。

（2）工艺装备的选择

工艺装备的选择即确定各工序所用的夹具、刀具和量具等，其选择原则如下：

①夹具的选择。夹具的选择主要考虑生产类型。单件小批生产应尽量选用通用夹具和机床附件，如卡盘、台虎钳、分度头等。有组合夹具站的，可选用组合夹具。大批量生产时，为提高生产效率采用或设计制造高效率专用夹具，积极推广气、液传动与电控结合的专用夹具。多品种、中小批量生产可采用可调夹具或成组夹具。夹具的精度应与零件的加工精度相适应。

②刀具的选择。刀具的选择主要取决于工序所采用的加工方法、加工表面的尺寸、工件材料、加工精度和表面粗糙度、生产率及经济性等，在选择时一般应优先选用标准刀具。采用工序集中时，可采用高效的专用刀具、复合刀具和多刃刀具等。自动线和数控机床刀具选择应考虑刀具寿命期内的可靠性，加工中心机床所使用的刀具还要注意选择与其相适应的刀夹、刀套结构。

③量具的选择。量具的选择主要是根据生产类型和要求检验的精度。在单件小批生产中，应尽量采用通用量具量仪，而大批大量生产中则应采用各种量规和高效的专用检验仪器和量仪等。

提要：本书是按照机械加工工艺规程设计所需要完成的工作进行编排，具体需要计算的部分集中在工序设计和工艺尺寸链的内容中。

第三节　工　序　设　计

一、加工余量的确定

用去除材料法加工零件时，一般都要从毛坯上切去一层层材料，各表面尺寸及相互位置关系不断发生变化，直至达到图纸规定的要求。在加工过程中，某工序加工应达到的尺寸，称为工序尺寸。工序尺寸确定不仅与设计尺寸有关，还与工序余量有关。

1. 加工余量概念

加工余量是指在加工过程中，从被加工表面上切除的金属层厚度。加工余量有工序余量和加工总余量（毛坯余量）之分。某一工序所切去的金属层厚度，即相邻两工序的工序尺寸之差称为工序余量。在某加工表面上切去的金属层总厚度，即毛坯尺寸与零件图的设计尺寸之差称为加工总余量（毛坯余量），其值等于各工序的工序余量总和。

$$Z_{\textstyle\sum} = \sum_{i=1}^{n} Z_i \qquad (6-1)$$

式中　$Z_{\textstyle\sum}$——加工总余量；

　　　　Z_i——第 i 道工序余量；

　　　　n——该表面所经历的加工工序数。

　　加工余量有单边余量和双边余量之分。对于非对称表面（如图 6 – 13（a）所示的平面），加工余量用单边余量 Z_b 表示，即实际切除的金属层厚度。对于对称表面（如图 6 – 13（b）、（c）所示的外圆、孔），加工余量用双边余量 $2Z_b$ 表示，实际切除的金属层厚度为工序余量的一半。计算如下：

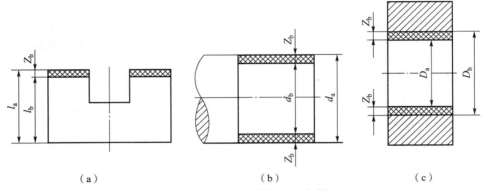

（a）　　　　　　　　　　　（b）　　　　　　　　　　　（c）

图 6 – 13　单边余量与双边余量

单边余量

外表面　　　　　　　　　　　　　　$Z_b = l_a - l_b$　　　　　　　　　　（6 – 2a）

内表面　　　　　　　　　　　　　　$Z_b = l_b - l_a$　　　　　　　　　　（6 – 2b）

式中　l_a——前一工序的公称（名义、基本）尺寸；

　　　　l_b——本工序的公称尺寸。

双边余量

外表面（轴）　　　　　　　　　　　$2Z_b = d_a - d_b$　　　　　　　　　（6 – 3a）

内表面（孔）　　　　　　　　　　　$2Z_b = D_b - D_a$　　　　　　　　　（6 – 3b）

　　由于毛坯和各工序尺寸不可避免存在误差，各工序实际切除的余量存在一定的变动范围。所以，加工余量又可分成公称余量（Z_b，简称余量，相邻两工序的公称尺寸之差）、最大余量（Z_{max}）、最小余量（Z_{min}），如图 6 – 14 所示。

　　因工序尺寸公差带规定按"入体原则"标注（即外表面工序尺寸取上偏差为零，内表面工序尺寸下偏差取零），按极值法计算，公称余量为上工序基本尺寸与本工序基本尺寸之差，对外表面，Z_{min} 为上工序最小尺寸与本工序最大尺寸之差，而 Z_{max} 为上工序最大尺寸与本工序最小尺寸之差。双边余量时，余量值为图 6 – 14 所示值的两倍，内表面时，可以照图推导。

　　显然，公称余量变动值（余量公差 T_z）为：

图 6 – 14 加工余量及公差

（a）外表面；（b）内表面

$$T_Z = Z_{\max} - Z_{\min} = T_a + T_b \qquad\qquad (6-4)$$

式中　T_a——上工序尺寸公差；

　　　T_b——本工序尺寸公差。

提要：正确规定加工余量的大小十分重要，加工余量过大，不仅浪费材料，而且增加人力、机床、刀具及电力消耗，导致加工成本增加。加工余量过小，不能保证切除和修正前工序的各种误差和表面缺陷，因而也就没有达到设置本道工序的目的。

2. 影响加工余量的因素

确定加工余量的基本原则是在保证加工质量的前提下，余量越小越好。影响加工余量因素有以下几个方面。

（1）前道工序的各种表面缺陷和误差

①加工表面的表面粗糙度 Ra 和表面破坏层的深度 D_a，本工序必须把前道工序留下的表面粗糙度及缺陷层全部切去，如图 6 – 15 所示。表面破坏层指的是铸件的冷硬层、气孔夹渣层，锻件和热处理件的氧化皮或其他破坏层，切削加工后在加工表面上造成的塑性变形层等。

②上工序的尺寸公差 T_a。从图 6 – 14 可以看出，本工序的加工余量应考虑上工序的尺寸公差 T_a。其形状和位置误差，一般都包含在尺寸公差 T_a范围内，不再单独考虑。

③上工序各表面间相互位置的空间偏差 e_a。工件上有一些形位误差，如轴心线的弯曲、偏移、偏斜以及平行度、垂直度等误差，阶梯轴轴颈中心线的同轴度，外圆与孔的同轴度，平面的弯曲、偏斜、平面度、垂直度等，不包括在尺寸公差的范

图 6 – 15　加工表面的表面
粗糙度和破坏层

围内（如图 6 – 16 所示轴的弯曲误差），但这些误差又必须在加工中加以纠正，因此，需要单独考虑它们对加工余量的影响。如图 6 – 16 的轴弯曲量为 e_a，直径上的加工余量至少需增加 $2e_a$ 才能保证该轴在加工后消除弯曲的影响。

（2）本工序加工时的安装误差

这一误差包括工件的定位误差和夹紧误差，以及夹具在机床上的装夹误差，在确定工序余量时，应将这些误差计入在内。如图 6 – 17 所示，用三爪卡盘夹持工件磨削内孔，存在偏心 e，在考虑磨削余量时，应加大 $2e$。

图 6 – 16　轴的弯曲对加工精度的影响

图 6 – 17　三爪卡盘上的装夹误差

3. 加工余量的确定方法

从理论上讲，加工余量可以通过对前述相关影响因素的分析而计算确定。但这种方法操作不方便，目前很少实际应用。常用的方法是：

（1）经验估计法

凭积累的生产经验来确定加工余量，为避免产生废品，估计的加工余量值一般偏大，此法只可用于单件、小批生产。

（2）查表修正法

根据工艺手册或工厂中的统计经验资料查表，并按具体生产条件加以修正来确定加工余量。该方法应用比较广泛。

二、工序尺寸及其公差的确定

由于加工的需要，在工序简图或工艺规程中要标注一些专供加工用的工序尺寸。工序尺寸往往不能直接采用零件图上的尺寸，如许多中间工序的尺寸及其公差就无法直接得到，必须要通过一定的计算。因此，正确确定工序尺寸及其公差，是制订工艺规程的重要工作之一，通常有以下几种情况。

1. 基准重合时工序尺寸的计算

对于加工过程中基准面没有变换（工艺基准与设计基准重合）的情况，工序尺寸的确定比较简单。此时，各工序尺寸及其公差取决于各工序加工余量及所采取的加工方法的经济加工精度。计算时，由最后一道工序开始往前推算，直到毛坯尺寸，再将各工序尺寸的公差按"入体原则"标注。

例 6 – 1　在某一钢制零件上加工一内孔，图纸上设计尺寸为 $\phi 72.5^{+0.03}_{0}$ mm，表面粗糙度为 $Ra0.4$ μm。毛坯为锻件，孔预制。工艺路线定为：粗镗—半精镗—精镗—粗磨—精磨。试确定各工序的工序尺寸及公差。

解题步骤和方法如下：

①按工艺方法查表，确定加工余量，即工序加工余量，见表 6 – 7（表中所列为双边余量）。

②计算各工序基本尺寸。从设计尺寸开始，到第一道加工工序，逐次减去（内表面加工，如为外表面加工，就要加上）下一工序加工余量，可分别得到各工序的基本尺寸，见表 6 – 7。

③除最终加工工序的公差、表面粗糙度取设计值外，其余加工工序的公差及表面粗糙度

按所采用加工方法的加工经济精度选取。各工序加工余量、尺寸及其公差分布关系如图 6 – 18 所示。

表 6 – 7 工序尺寸、公差、表面粗糙度及毛坯尺寸确定

工序名称	工序加工余量/mm	工序尺寸 ϕ/mm	尺寸公差/mm	表面粗糙度 Ra/μm
精磨	0.2	72.5（设计尺寸）	IT7（$+^{0.03}_{0}$）	0.4
粗磨	0.3	72.5 – 0.2 = 72.3	IT8（$^{+0.045}_{0}$）	1.6
精镗	1.5	72.3 – 0.3 = 72	IT9（$^{+0.074}_{0}$）	3.2
半精镗	2.0	72 – 1.5 = 70.5	IT10（$^{+0.12}_{0}$）	6.3
粗镗	4.0	70.5 – 2 = 68.5	IT12（$^{+0.3}_{0}$）	12.5
毛坯		68.5 – 4 = 64.5	±1.0	

图 6 – 18 孔工序加工余量、工序尺寸及其公差分布图

2. 基准不重合时工序尺寸的计算

在复杂件的加工过程中，常常出现工艺基准无法同设计基准重合的情况，此时，工序尺寸的计算就复杂多了。就不能用上面的反推计算法，而要借助尺寸链的原理进行分析和计算，具体计算方法将在下节详述。

三、切削用量的确定

切削用量是机床调整的依据，确定切削用量就是要确定切削工序的背吃刀量 a_p、进给量 f、切削速度 v_c 及刀具寿命 T。

1. 切削用量的选择原则

切削用量的选择依据第二章第七节——"切削条件的合理选择"的相关内容。

2. 刀具寿命的选择原则

如上所述，切削用量对刀具寿命有很多影响。在选择切削用量时，应首先确定合理的刀具寿命，而合理的刀具寿命则应根据优化的目标而定。在实际生产中，刀具寿命同生产效率和加工成本之间存在着较复杂的关系。刀具寿命并不是越高越好，如果把刀具寿命选得过高，则切削用量势必被限制在很低的水平，加工效率过低会使经济效果变得很差；若刀具寿

命选得过低，虽可采用较高的切削用量使效率提高，但由于刀具磨损加快而使换刀、刃磨的工时和费用显著增加，同样达不到高效、低成本的要求。

一般分最高生产率刀具寿命和最低成本刀具寿命两种。

（1）最高生产率刀具寿命

最高生产率刀具寿命即按工序加工时间最少原则确定的刀具寿命，用 T_P 表示。

（2）最低成本刀具寿命

最低成本刀具寿命又称经济寿命，即按工序加工成本最低原则确定的刀具寿命，用 T_C 表示。

前面两种寿命中，刀具的最高生产率寿命 T_P 比最低成本寿命 T_C 低。一般情况下，多采用最低成本寿命，并依此确定切削用量；只有当生产任务紧迫或生产中出现不平衡的薄弱环节时，才选用最高生产率寿命。

在下列情形下，刀具寿命可规定的高一些：刀具材料切削性能差；刀具结构复杂、制造刃磨成本高；刀具装卸、调整复杂；大件精加工刀具（避免在加工同一表面时中途换刀，刀具寿命应规定得至少能完成一次走刀）。

在下列情形下，刀具寿命可规定的低一些：某工序的生产成为生产线上的瓶颈时；某工序单位时间的生产成本较高时，这样可选用较大的切削用量，加快该工序生产节拍或缩短加工时间。

四、工艺过程的生产率

1. 时间定额的确定

在一定生产条件下，规定生产一件产品或完成一道工序所需消耗的时间称为时间定额。时间定额是安排生产计划、核算生产成本的主要依据，在设计新厂时，又是计算设备数量、布置时间和工人数量的依据。因此，时间定额是工艺规程的重要组成部分。合理的时间定额能促进工人的生产技能和技术熟练程度的不断提高，调动工人的积极性，对保证产品质量、提高生产率、降低成本具有重要意义。

完成一个工件的一个工序的时间称为单件时间 t_d，它由以下几部分组成：

（1）基本时间

直接改变生产对象的尺寸、形状、相对位置关系和性能等工艺过程所消耗的时间称为基本时间，用 t_j 表示。它包括刀具切入、切削加工和切出等时间，对车削、磨削而言，可按下式计算：

$$t_j = \frac{l + l_r + l_c}{nf} i \tag{6-5}$$

式中　　$i = Z/a_p$（其中 Z 为加工余量，mm；a_p 为背吃刀量，mm）；

n——机床主轴转速，r/min；

f——进给量，mm/r；

l——加工长度，mm；

l_r——刀具切入长度，mm；

l_c——刀具切出长度，mm。

（2）辅助时间

为实现工艺过程所必须进行的各种辅助动作所消耗的时间称为辅助时间，用 t_f 表示，如装卸工件、开停机床、改变切削用量、测量尺寸、引进及退回刀具等所消耗的时间。

基本时间和辅助时间的总和称为作业时间，用 t_a 表示。它是直接用于制造产品或零、部件所消耗的时间。

（3）布置工作地时间

为使加工正常进行，工人为照管工作地（如换刀、润滑机床、清理切屑、收拾工具等）所消耗的时间称为布置工作地时间，用 t_b 表示。很难精确估计，一般按作业时间的 2% ~ 7% 计算。

（4）休息和生理需要时间

休息和生理需要时间是指工人在工作班时间内为恢复体力和满足生理上的需要所消耗的时间，用 t_x 表示。一般按作业时间的 2% 估算。

单件时间是上述 4 部分时间的总和，即

$$t_d = t_j + t_f + t_b + t_x \tag{6-6}$$

（5）准备终结时间

在成批生产中，工人为了生产一批产品或零、部件，进行准备和结束工作所消耗的时间，如熟悉工艺文件、领取毛坯、领取和安装刀具及夹具、调整机床及工艺装备等，或在加工一批零件终了后需要拆下和归还工艺装备、发送成品等所消耗的时间，用 t_z 表示。准备终结时间对一批零件只消耗一次。零件的批量 N 越大，分摊到每个工件上的准备终结时间（t_z/N）就少。所以成批生产时的单件时间定额 t_{dj} 为

$$t_{dj} = t_d + \frac{t_z}{N} \tag{6-7}$$

2. 提高劳动生产率的工艺措施

劳动生产率是指工人在单位时间内制造合格产品的数量或指制造单件产品所消耗的劳动时间。提高劳动生产率与产品设计、制造工艺、组织管理等都有关。显然，采取合适的工艺措施，缩减各工序的单件时间，是提高劳动生产率的有效途径。可以从以下几个方面提高劳动生产率：

（1）缩减基本时间

①提高切削用量。增大切削速度、进给量和背吃刀量都可减少基本时间，但这要受到刀具寿命和机床动力条件、表面粗糙度等的制约，可以采用新型刀具材料及高速切削和磨削技术；适当改善工件材料的切削加工性，改善冷却润滑条件；改进刀具结构，提高刀具制造质量。

②合并工步，减少工件加工长度。用几把刀具或是用一把复合刀具对一个零件的几个表面同时加工，使每把刀具的加工长度缩短；还可将原来的几个工步合并为一个工步，从而使需要的基本时间全部或部分地重合，缩短了工序基本时间。如图 6-19 所示的多刀车削、图 6-20 所示的曲轴多砂轮磨削。

③多件加工。图 6-21（a）所示为多件顺序加工，即在一次刀具行程中顺序切削多个工件，可减少每个工件的切入切出时间；图 6-21（b）所示为平行多件加工，即在一次行程中同时加工多个并行排列的工件，其基本时间与加工一个工件的基本时间相同；图 6-21

（c）所示为平行顺序加工，是前两种方法的综合应用，适用于工件较小、批量较大的情况。

图6-19　多刀车削

图6-20　曲轴多砂轮磨削

1—砂轮；2—工件

（a）　　　　　　　　　（b）　　　　　　　　　（c）

图6-21　顺序多件、平行多件和平行顺序多件加工

（a）多件顺序加工；

1—工作台；2—工件；3—刨刀

（b）；平行多件加工；

1—工件；2—铣刀

（c）平行顺序加工；

1—工件；2—砂轮

④改变加工方法，采用新工艺、新技术。在大批量生产中用拉削、滚压代替铣、铰、磨削；在成批生产中用精刨、精磨或金刚镗代替刮研；难加工材料或复杂型面采用特种加工技术。毛坯制造时，采用冷挤压、粉末冶金、精密铸造、压力铸造、精密锻造等先进工艺提高毛坯制造精度，减少机械加工余量，以缩短基本时间，有时甚至无须再进行机械加工。

（2）缩短辅助时间

①直接缩减辅助时间。采用先进的高效夹具和各种上下料装置，如气动、液压及电动夹具或成组夹具等，可缩减装卸工件时间。采用主动检测装置或数显装置在加工过程中进行实时测量，可大大节省停机测量时间。

②使辅助时间和基本时间重合。采用多工位回转工作台机床或转位夹具加工，在大量生产中采用自动线等均可使装卸工件时间与基本时间重合，使生产率得到提高。如图6-22所示为在立式铣床上对工件进行连续加工的实例，工件装卸时间与加工时间完全重合。

（3）缩短布置工作地时间

布置工作地时间大部分消耗在更换（调整）刀具上，因此，主要采取减少换刀次数，并缩短换刀时间的工艺措施：提高刀具或砂轮的寿命减少换刀次数、采用刀具微调装置、专用

图6-22　连续铣削加工实例

1—工件；2—铣刀

对刀样板或对刀块、使用不重磨刀片等来减少刀具的调整、装卸、连接和夹紧等工作所需的时间。

（4）缩短准备与终结时间

缩短准备与终结时间主要是减少调整机床、刀具和夹具的时间，缩短数控编程时间和调试时间等。工艺措施有：

①通过零件标准化、通用化或采用成组技术扩大产品生产批量，以相对减少分摊到每个零件上的准备与终结时间。

②直接减少准备与终结时间。采用可换刀架或刀夹在机外将刀具预先调整好；采用刀具微调和快调机构减少调整时间；预先编制好数控程序或采用数控加工过程虚拟仿真技术等在机外预先调整、修改的方法，以减少机内调试时间。

（5）进行高效及自动化加工

大批大量生产，可采用专用自动机床、组合机床和自动线；中小批量的加工，主要零件用加工中心；中型零件用数控机床、流水线或非强制节拍的自动线；小型零件则视情况不同，可用电—液控制自动机及简易程控机床，也可实行成组工艺，最大限度地实现自动化加工。

五、工艺方案的技术经济分析

某一零件的机械加工工艺规程，在同样满足加工精度和表面质量的情况下，可以有多种不同的工艺方案来实现，因而得到不同的经济效果。为了选取在给定的生产条件下最经济合理的方案，必须对不同的工艺方案进行技术经济分析，即通过比较不同工艺方案的生产成本，选出其中最经济的工艺方案。

1. 工艺成本的组成

生产成本是制造一个零件或一台产品所必需的一切费用的总和。这种制造费用可分为两大类：一类是与工艺过程直接相关的费用，称为工艺成本，约占生产成本的70%～75%；另一类是与工艺工程无关的费用，如行政人员工资、厂房折旧、照明取暖等。由于在同一生产条件下与工艺工程无关的费用基本上相等，因此对工艺方案进行经济分析时，只要分析与工艺工程直接有关的工艺成本即可。

工艺成本按性质不同可分成可变费用和不变费用。可变费用与零件（或产品）年产量有关，如材料费、工人工资、通用机床、通用夹具折旧费和修理费、刀具损耗等；不变费用与零件（或产品）年生产量没有直接关系，是相对固定的费用，如专用机床、专用夹具及刀具等的折旧费和修理费、调整维修工人的工资等，因为专用机床、专用夹具及刀具专为加工某一零件所用，不能加工其他零件，而设备及工艺装备的折旧年限是一定的，企业也必须要有一定数量和技术水平的调整维修工人，这种费用基本上保持不变，与年产量无关。

零件（或一道工序）的全年工艺成本 S_n 与单件工艺成本 S_d，可用下式表示：

$$S_n = VN + C_n \tag{6-8}$$

$$S_d = V + \frac{C_n}{N} \tag{6-9}$$

式中　V——每件零件的可变费用，元/件；

　　　N——零件年生产纲领，件；

C_n——全年的不变费用，元。

从式（6-8）和式（6-9）可知，全年工艺成本与生产纲领成线性正比关系，而单件工艺成本与生产纲领成双曲线关系，即当 C_n 值（主要是专用设备费用）一定时，N 若很小，C_n/N 与 V 相比在成本中所占比例就较大，由于设备负荷很低，单件工艺成本会很高，此时 N 略有变化，会使成本变化很大，这种情况相当于单件小批生产；当 N 超过一定范围，C_n/N 所占比例已很小，此时就需采用生产效率更高的方案，使 V 减小，才能获得好的经济效果，这就相当于大批大量生产的情况。

2. 工艺方案的经济评价

对于工艺方案进行经济性评价时，可分为下面两种情况：

①当评比两种基本投资相近或均采用现有设备，只有少数工序不同的工艺方案时，可按式（6-9）对两种方案的单件工艺成本进行比较，即

$$S_{d1} = V_1 + \frac{C_{n1}}{N}$$

$$S_{d2} = V_2 + \frac{C_{n2}}{N}$$

当产量 N 一定时，根据上面两式可直接算出 S_{d1} 和 S_{d2}，数值小的方案经济性更好。

当产量 N 为一变量时，则可根据上述方程式作出曲线进行比较，如图6-23所示，图中 N_K 为两曲线交点，称为临界产量，可见，当 $N < N_K$ 时，$S_{d2} < S_{d1}$，第二方案经济性较好；当 $N > N_K$ 时，$S_{d1} < S_{d2}$，则采取第一方案较好。

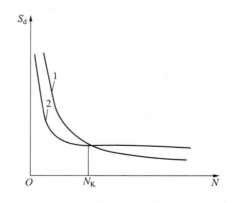

②当两种工艺方案的基本投资差额较大时，这通常是某工艺方案中采用了高生产率的设备或工艺装备，使单件工艺成本下降，此时，只比较其工艺成本难以全面评定两种方案的经济性，还要考虑基本投资差额的回收期限，回收期越短则经济效果越好。

图6-23 两种方案单件工艺成本的比较

投资回收期 T 可用下式求得：

$$T = \frac{K_1 - K_2}{S_{n2} - S_{n1}} = \frac{\Delta K}{\Delta S_n} \tag{6-10}$$

式中　K_1——第一种方案的投资额，较大，元；

　　　K_2——第二种方案的投资额，较小，元；

　　　ΔK——基本投资差额，元；

　　　ΔS_n——全年工艺成本节约额，元；

投资回收期必须满足以下要求：

a. 回收期限应小于所采用设备或工艺装备的使用年限。

b. 回收期限应小于该产品由于结构性或市场需求因素决定的市场寿命。

c. 回收期限应小于国家所规定的标准回收期，如采用专用工艺装备的标准回收期为2～3年，采用专用机床的标准回收期为4～6年。

在决定工艺方案的取舍时，不能简单的比较投资额和单件工艺成本，如某一方案投资额和单件工艺成本均相对较高，但若能使产品上市快，工厂从中取得较大的经济收益，从整体经济效益来看，该工艺方案仍然是可行的。

提要：本节是按照工序设计所需要完成的工作进行编排的，工艺尺寸链因计算很多，且非常重要，所以单独列于下节。待这些工作都完成后，就可以填写机械加工工序卡等工艺文件。

第四节 工艺尺寸链

尺寸链原理是分析和计算工序尺寸的有效工具，在制订机械加工工艺规程和保证装配精度中都有很大的作用，对其基本概念和计算方法应该很好地掌握。

一、尺寸链的基本概念

1. 尺寸链的定义和特征

尺寸链是零件加工或机器装配过程中，由互相联系且按一定顺序排列的尺寸组成的封闭尺寸组合。图 6-24（a）所示的工件，先以 A 面定位加工 C 面，得尺寸 A_1；然后仍以 A 面定位加工台阶面 B，得尺寸 A_2；要求保证 B 面和 C 面之间的距离为 A_0；A_1、A_2、A_0 这三个尺寸就构成了一个尺寸链，如图 6-24（b）所示。

图 6-24 尺寸链示例

（a）工件；（b）尺寸链

必须特别注意，此时尺寸 A_1、A_2 是加工过程中直接获得的，而尺寸 A_0 是间接保证的。尺寸链的主要特征是：

（1）封闭性

尺寸链必须是一组有关尺寸首尾相接构成封闭形式的尺寸，其中，应包含一个间接保证的尺寸和若干个对此有影响的直接获得的尺寸。

（2）关联性

尺寸链中间接保证的尺寸的大小和变化（即精度），受这些直接获得的尺寸的精度所支配，彼此间具有特定的函数关系，并且间接保证的尺寸精度必然低于直接获得的尺寸精度。

2. 尺寸链的组成

环是指尺寸链中的每一个工艺尺寸。它可分为封闭环和组成环。

（1）封闭环

在零件加工或装配过程中最终形成或间接得到的环。

（2）组成环

尺寸链中对封闭环有影响的其余各环。这些环中任一环的变动必然引起封闭环的变动。组成环按其对封闭环的影响又分为增环和减环。

①增环。本身的变动引起封闭环同向变动，即该环增大（其余组成环不变）时，封闭环增大；反之，该环减小时封闭环也减小。

②减环。本身的变化引起封闭环反向变动，即该环增大时封闭环减小或该环减小时封闭环增大。

在图 6 – 24 的工艺尺寸链中，A_0 间接获得，为封闭环，A_1、A_2 为组成环，根据与封闭环关系可知，A_1 为增环，A_2 为减环。

提要： 尺寸链的建立及各环性质判别十分重要。封闭环是间接获得的尺寸，是尺寸链中最后形成的一个环，并且对于直线尺寸链，一个尺寸链中有且只有一个封闭环，工序尺寸均为组成环。

环数较少时，可以根据定义判别增、减环；环较多时通常先给封闭环任定一个方向画上箭头，然后沿此方向环绕尺寸链依此给每一个组成环画出箭头，凡是组成环箭头方向与封闭环箭头相同的，为减环，相反的为增环。如图 6 – 25 所示，A_1、A_2、A_4、A_5、A_7、A_8 为增环，A_3、A_6、A_9、A_{10} 为减环。

图 6 – 25　增、减环的判别

3. 尺寸链的分类

按尺寸链的形成与应用范围，可分为工艺尺寸链和装配尺寸链：

按链中各环所处的空间位置及几何特征分成以下四类：

（1）直线尺寸链

尺寸链全部尺寸位于同一平面，且相互平行，如图 6 – 24、图 6 – 25 中所示的尺寸链。

（2）平面尺寸链

尺寸链全部尺寸位于同一平面内，但其中有一个或几个尺寸不平行。

（3）空间尺寸链

尺寸链的全部尺寸位于几个不平行的平面内。

（4）角度尺寸链

尺寸链的全部环均为角度。

尺寸链中最常见是直线尺寸链，平面尺寸链和空间尺寸链可以用投影的方法分解为直线尺寸链来进行计算。此处只介绍直线尺寸链的计算方法。

二、尺寸链的计算

尺寸链的计算有正计算、反计算和中间计算三种类型。已知组成环尺寸、公差，求封闭环尺寸、公差的计算方式，称作正计算，主要用于设计图纸审核及工序尺寸验算；已知封闭环尺寸、公差，求组成环尺寸、公差，称作反计算，主要用于将封闭环公差合理分配给各组成环；已知封闭环尺寸、公差及部分组成环的尺寸、公差，求其余的一个或几个组成环的尺寸、公差，称作中间计算，主要用于工序尺寸计算。计算方法又有两种：

①极值法。极值法是按尺寸链各环均处于极值条件来求解封闭环尺寸与组成环尺寸之间关系的。此法简便、可靠，通常情况下优先选用，但当封闭环公差小、组成环数较多时，会使组成环的公差过于严格，增加制造难度。

②概率法。概率法是运用概率论理论来求解封闭环尺寸与组成环尺寸之间关系的。此法在尺寸链环数较多，以及大批大量自动化生产中采用，允许组成环的公差比极值法时的公差大一些，易于加工，但会出现极少量废品。

1. 极值法求尺寸链计算公式

$$A_0 = \sum_{i=1}^{k} \vec{A}_i - \sum_{i=k+1}^{m} \overleftarrow{A}_i \tag{6-11}$$

$$A_{0\max} = \sum_{i=1}^{k} \vec{A}_{i\max} - \sum_{i=k+1}^{m} \overleftarrow{A}_{i\min} \tag{6-12}$$

$$A_{0\min} = \sum_{i=1}^{k} \vec{A}_{i\min} - \sum_{i=k+1}^{m} \overleftarrow{A}_{i\max} \tag{6-13}$$

$$ES_0 = \sum_{i=1}^{k} ES(\vec{A}_i) - \sum_{i=k+1}^{m} EI(\overleftarrow{A}_i) \tag{6-14}$$

$$EI_0 = \sum_{i=1}^{k} EI(\vec{A}_i) - \sum_{i=k+1}^{m} ES(\overleftarrow{A}_i) \tag{6-15}$$

$$T_0 = \sum_{i=1}^{m} T_i \tag{6-16}$$

式中　A_0，$A_{0\max}$和$A_{0\min}$——封闭环的基本尺寸、最大极限尺寸、最小极限尺寸；

$\vec{A}_i$，$\vec{A}_{i\max}$和$\vec{A}_{i\min}$——组成环中增环的基本尺寸、最大极限尺寸、最小极限尺寸；

$\overleftarrow{A}_i$，$\overleftarrow{A}_{i\max}$和$\overleftarrow{A}_{i\min}$——组成环中减环的基本尺寸、最大极限尺寸、最小极限尺寸；

ES_0，$ES(\vec{A}_i)$和$ES(\overleftarrow{A}_i)$——封闭环、增环和减环的上偏差；

EI_0，$EI(\vec{A}_i)$和$EI(\overleftarrow{A}_i)$——封闭环、增环和减环的下偏差；

T_0，T_i——封闭环、组成环的公差；

k——增环数；

m——尺寸链中的组成环数。

2. 概率法求尺寸链计算公式

机械制造中尺寸分布若为正态分布（大多数是），可用下述方法求解（非正态分布可参考相关手册计算）：

将工艺尺寸链中各环的基本尺寸改用平均尺寸标注，且公差变为对称分布的形式。这时组成环的平均尺寸为

$$A_{iM} = \frac{A_{i\max} + A_{i\min}}{2} = A_i + \frac{ES_i + EI_i}{2} \qquad (6-17)$$

封闭环的平均尺寸为

$$A_{0M} = \frac{A_{0\max} + A_{0\min}}{2} = A_0 + \frac{ES_0 + EI_0}{2} = \sum_{i=1}^{k} \vec{A}_{iM} - \sum_{i=k+1}^{m} \overleftarrow{A}_{iM} \qquad (6-18)$$

式中 $\vec{A}_{iM}$，$\overleftarrow{A}_{iM}$——增环、减环的平均尺寸。

封闭环的公差为

$$T_0 = \sqrt{\sum_{i=1}^{m} T_i^2} \qquad (6-19)$$

采用概率法，各环尺寸及偏差可标注如下形式：

$$A_0 = A_{0M} \pm \frac{T_0}{2} \qquad (6-20)$$

$$A_i = A_{iM} \pm \frac{T_i}{2} \qquad (6-21)$$

三、工序尺寸及其公差的计算实例

正确地分析和计算工艺尺寸链，合理确定工序尺寸，是制订工艺规程不可缺少的重要内容，也有助于分析工艺路线拟定的合理性。下面介绍几种利用尺寸链原理计算工序尺寸及其公差的常见情况。

1. 基准不重合时工序尺寸的计算

（1）定位基准与设计基准不重合时的工序尺寸计算

例 6-2 如图 6-26（a）所示零件，1 面已加工好，现以 1 面定位加工 2 面和 3 面，其工序简图如图 6-26（b）所示。试求工序尺寸 A_1 和 A_2。

图 6-26 定位基准与设计基准不重合时的工序尺寸计算

（a）零件；（b）尺寸链

解　加工 3 面时的定位基准与设计基准重合（均为 1 面），因此工序尺寸 A_1 即为设计尺寸，$A_1 = 60_{-0.12}^{0}$ mm。

加工 2 面时，对要保证的设计尺寸 $25_{0}^{+0.22}$ mm 而言，设计基准（3 面）和定位基准（1 面）不重合，工序尺寸 A_2 由如图 6 – 26（b）所示的尺寸链计算。其中，A_0 为最后间接保证的尺寸，属于封闭环，A_1 是增环，A_2 是减环。

由式（6 – 11）可知：
$$A_0 = A_1 - A_2$$

所以
$$A_2 = A_1 - A_0 = (60 - 25) \text{ mm} = 35 \text{ mm}$$

由式（6 – 14）可知：
$$ES_0 = ES_1 - EI_2$$

所以
$$EI_2 = ES_1 - ES_0 = (0 - 0.22) \text{ mm} = -0.22 \text{ mm}$$

由式（6 – 15）可知：
$$EI_0 = EI_1 - ES_2$$

所以
$$ES_2 = EI_1 - EI_0 = (-0.12) - 0 \text{ mm} = -0.12 \text{ mm}$$

即
$$A_2 = 35_{-0.22}^{-0.12} \text{ mm}$$

（2）测量基准与设计基准不重合时的工序尺寸计算

例 6 – 3　如图 6 – 27（a）所示的套筒零件，零件图上轴线方向上标注了 $10_{-0.36}^{0}$ mm 和 $50_{-0.17}^{0}$ mm 两个尺寸，但 $10_{-0.36}^{0}$ mm 尺寸不便测量，而是从右侧用深度尺测量，试求大孔的深度尺寸。

解　在实际加工中，尺寸 $10_{-0.36}^{0}$ mm 不便测量，用测量大孔深度来代替，大孔深度 A_1 作为工序尺寸直接获得。因此，在工艺尺寸链图 6 – 27（b）中，尺寸 $10_{-0.36}^{0}$ mm 间接保证，为封闭环。按前面的公式，可以求得 A_1 等于 $40_{0}^{+0.19}$ mm（计算过程略）。

比较上述情况，可以看出：

①按设计尺寸为 $10_{-0.36}^{0}$ mm，但改用大孔深度进行测量时，工序尺寸为

**图 6 – 27　测量基准与设计基准不重合时
的工序尺寸计算**

（a）套筒零件；（b）尺寸链

$40_{0}^{+0.19}$ mm，尺寸公差减少 0.17 mm，正好等于基准不重合误差。

②当工序尺寸不满足 $40_{0}^{+0.19}$ mm，但仍满足设计要求值 $40_{-0.17}^{+0.36}$ mm 时，会出现假废品问题，如大孔深度为 40.36 mm，此时套筒尺寸也为最大，即 50 mm，则小孔长度为 9.64 mm，仍满足要求。

提要：从该例可见，出现基准不重合情况时，会出现提高零件加工精度及假废品问题。为此应对该零件各有关尺寸进行复检和验算，以免将实际合格的零件报废而导致浪费。假废品的出现，给生产质量管理带来诸多麻烦，因此，除非不得已，不要出现基准不重合现象。

2. 多尺寸保证时工序尺寸的计算

（1）工序基准是尚需加工的表面

例 6 – 4　图 6 – 28（a）所示为一带键槽的内孔，加工工艺路线为：

工序 1　镗内孔至 $\phi 39.6^{+0.1}_{0}$ mm；

工序 2　插键槽至尺寸 A；

工序 3　热处理：淬火；

工序 4　磨内孔至 $\phi 40^{+0.05}_{0}$ mm，间接保证键槽深度 $43.6^{+0.34}_{0}$ mm。

试确定工序尺寸 A 及其公差（为简化计算，不考虑热处理引起的内孔变形误差）。

解：键槽设计尺寸 $43.6^{+0.34}_{0}$ mm 的设计基准是内孔，而所求工序尺寸 A 的工序基准是尚未磨削的内孔。在磨内孔工序中，一方面要直接保证内孔设计尺寸 $\phi 40^{+0.05}_{0}$ mm，另一方面还需间接保证键槽设计尺寸 $43.6^{+0.34}_{0}$ mm。

由于镗孔直径和磨孔直径之间通过彼此的中心线发生位置联系，故分别以半径尺寸表示，根据尺寸关系，可以建立整体尺寸链如图 6－28（b）所示，其中 $43.6^{+0.34}_{0}$ mm 是封闭环。A 和 $20^{+0.025}_{0}$ mm（内孔半径）为增环，$19.8^{+0.05}_{0}$ mm（镗孔 $\phi 39.6^{+0.10}_{0}$ mm 的半径）为减环。则

图6－28　工序基准是尚需加工的表面的工序尺寸计算

（a）带键槽的内孔零件；（b）尺寸链

$$A = (43.6 + 19.8 - 20)\ \text{mm} = 43.4\ \text{mm}$$

$$ES(A) = (0.34 - 0.025)\ \text{mm} = 0.315\ \text{mm}$$

$$EI(A) = (0 + 0.05)\ \text{mm} = 0.05\ \text{mm}$$

所以 $A = 43.4^{+0.315}_{+0.050}$ mm $= 43.45^{+0.265}_{0}$ mm。

（2）主要设计基准是最后加工表面

例 6－5　图 6－29（a）所示的轴套零件，其加工工艺路线如图 6－29（b）所示，B 面是轴向的主要基准，有两个设计尺寸 $10^{0}_{-0.2}$ mm、(15 ± 0.2) mm 与之有关，试校验工序尺寸标注是否合理。

解　从图 6－29（b）可知，设计尺寸 $50^{0}_{-0.34}$ mm 的 A、C 两端面在工序 1 和 2 后就不再加工，因而在工序 2 时就要求达到设计尺寸 $50^{0}_{-0.34}$ mm；在最终工序 4 磨外圆及台阶面时，不但要保证零件设计尺寸 $10^{0}_{-0.2}$ mm，而且要保证设计尺寸 (15 ± 0.2) mm。因尺寸 $10^{0}_{-0.2}$ mm 的要求比尺寸 (15 ± 0.2) mm 的要求高，故该工序应直接保证 $10^{0}_{-0.2}$ mm，而尺寸 (15 ± 0.2) mm 只能间接保证，根据其加工工艺，可作出其工艺尺寸链如图 6－30（a）所

示。其中（15 ± 0.2）mm 为封闭环，即为 A_0，$10.4_{-0.3}^{0}$ mm、（14.6 ± 0.2）mm 为增环，$10_{-0.2}^{0}$ mm 为减环。

图 6 - 29 主要设计基准是最后加工表面时的工序尺寸计算

（a）轴套零件图；（b）工序图

$$A_0 = (10.4 + 14.6 - 10) \text{ mm} = 15 \text{ mm}$$
$$ES(A_0) = [(0 + 0.2) - (-0.3)] \text{ mm} = 0.5 \text{ mm}$$
$$EI(A_0) = [(-0.2 - 0.2) - 0] \text{ mm} = -0.4 \text{ mm}$$

所以 $A_0 = 15_{-0.4}^{+0.5}$ mm。

从上面的计算看出，实际的加工误差大大超过了零件图要求的（15 ± 0.2）mm，极易产生废品，说明标注不合理或工艺路线有问题，可用以下方法解决：一是改变工艺路线，将工序 3 放在工序 4 后面，避免多尺寸保证现象；二是仍然按上述工艺路线进行，但必须压缩有关工序尺寸的公差。现将工序尺寸的公差压缩，取如图 6 - 30（b）所示的数值，并作校验：

$$A_0 = (10.4 + 14.6 - 10) \text{ mm} = 15 \text{ mm}$$
$$ES(A_0) = [(0 + 0.1) - (-0.1)] \text{ mm} = 0.2 \text{ mm}$$
$$EI(A_0) = [(-0.1 - 0.1) - 0] \text{ mm} = -0.2 \text{ mm}$$

所以 $A_0 = 15_{-0.2}^{+0.2}$ mm。

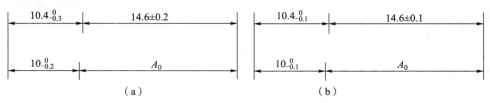

图 6 - 30 主要设计基准最后加工时的多尺寸保证工艺尺寸链

（a）尺寸链；（b）改进后的尺寸链

表明符合图纸要求，但这增加了制造的难度。

3. 零件进行表面处理时的工序尺寸计算

（1）零件表面进行电镀类处理

例 6 - 6　如图 6 - 31（a）所示圆环，表面镀铬，镀层双边厚度为 0.05 ~ 0.08 mm（即 $0.08_{-0.03}^{0}$ mm），镀前进行磨削加工。试确定镀前工序尺寸 A 及其偏差。

解　根据题意，零件设计尺寸 $\phi28_{-0.045}^{0}$ mm 镀后间接保证，为封闭环，建立尺寸链如图 6 - 31（b）所示。解尺寸链得

$$A = (28 - 0.08)\,\text{mm} = 27.92\,\text{mm}$$

$$ES(A) = (0 - 0)\,\text{mm} = 0\,\text{mm}$$

$$EI(A) = [\,-0.045 - (-0.03)\,] = -0.015\,\text{mm}$$

所以，镀前工序尺寸为

$$A = \phi27.92_{-0.015}^{0}\,\text{mm}$$

图 6 - 31　电镀类处理的工序尺寸计算
（a）圆环零件；（b）尺寸链

提要： 表面处理后一般不再进行机械加工，可通过控制电镀时的工艺参数来控制镀层厚度（即为图样上的镀层厚度），因此，镀层厚度为组成环，而镀后零件的设计尺寸是间接保证的，是封闭环。此时，应该按照组成环、封闭环的定义来计算，不要拘泥于增、减环的有无问题（该例就没有减环）。但需要注意的是，某些镀层处理零件，只是为了装饰或防锈，而无尺寸精度要求，就不存在工序尺寸换算问题。

（2）零件表面进行渗入类（渗碳、渗氮等）处理

例 6 - 7　如图 6 - 32（a）所示轴颈衬套零件，内孔 $\phi148_{0}^{+0.04}$ mm 的表面要求渗氮，要求渗层厚度为 0.3 ~ 0.5 mm。渗氮前内孔直径为 $\phi147.76_{0}^{+0.04}$ mm，渗氮后磨内孔至 $\phi148_{0}^{+0.04}$ mm，并保证剩余渗氮层厚度达到规定要求。求渗氮工序的渗氮层厚度 δ（不计渗氮变形）。

解　零件表面经渗氮处理后还需要进一步加工以达到零件图的设计尺寸，同时保证渗氮层厚度要求，此时图纸上的渗氮层厚度应为封闭环。

建立尺寸链如图 6 - 32（b）所示，因渗氮层厚度是单边的，故图中内孔尺寸以半径的平均值表示，所有尺寸改写成对称公差形式，渗层厚度 0.4 ± 0.1 mm 是封闭环，经计算可得

$$\delta = (74.01 + 0.4 - 73.89)\,\text{mm} = 0.52\,\text{mm}$$

$$T(\delta) = (0.2 - 0.02 - 0.02)\,\text{mm} = 0.16\,\text{mm}$$

所以渗氮工序的渗层厚度为

$$\delta = (0.52 \pm 0.08)\,\text{mm} = 0.44 \sim 0.60\,\text{mm}$$

提要： 对一些对称表面，如计算厚度或深度等尺寸，要注意往往会将问题化为单边情况来计算。

图 6 - 32　渗入类处理的工序尺寸计算
（a）轴颈衬套零件；（b）尺寸链

4. 精加工余量校核的尺寸计算

在以工序余量为封闭环的工艺尺寸链中，如果组成环数目较多，由于误差累积原因，有可能使工序的余量过大或过小，因此必须对余量（因精加工余量较小，一般仅对精加工余量）进行校核。

例 6－8　图 6－33（a）所示小轴的加工过程为：

①车端面 A；②车肩面 B，保证与 A 距离为 $49.5^{+0.3}_{0}$ mm；③车端面 C，保证总长 $80^{0}_{-0.2}$ mm；④以端面 C 定位，磨肩面 B，工序尺寸 $30^{0}_{-0.14}$ mm。试校核端面 B 的磨削余量。

解　由于余量 Z 是在加工中间接获得的，因此是封闭环。建立如图 6－33（b）所示的尺寸链，$80^{0}_{-0.2}$ mm 为增环，$49.5^{+0.3}_{0}$ mm、$30^{0}_{-0.14}$ mm 为减环，按尺寸链计算公式得

$$Z = A_3 - (A_1 + A_2) = [80 - (30 + 49.5)] \text{ mm} = 0.5 \text{ mm}$$
$$ES(Z) = [0 - (-0.14 + 0)] \text{ mm} = 0.14 \text{ mm}$$
$$EI(Z) = [-0.2 - (0.3 + 0)] \text{ mm} = -0.5 \text{ mm}$$

所以 $Z = 0.5^{+0.14}_{-0.50}$ mm $= 0 \sim 0.64$ mm，可以看出 $Z_{min} = 0$ mm。这样，在磨台阶面 B 时，有的零件因磨削余量不足而难以达到加工要求。因此，必须加大 Z_{min}。若 $Z_{min} = 0.1$ mm，则其他尺寸就要发生变化，因 A_1 和 A_3 为设计尺寸，必须要加以保证，所以减少 A_2，经过计算，得 $A_2 = 49.5^{+0.2}_{0}$ mm。

（a）

（b）

图 6－33　精加工余量校核的工艺尺寸计算
（a）小轴零件；（b）尺寸链

5. 工艺尺寸跟踪图表法确定工序尺寸

若工件形状复杂、工序多、工艺基准多次变换、工艺尺寸链环数较多时，工序尺寸公差就很复杂烦琐，且容易出错。采用工艺尺寸跟踪图表法将加工过程中的尺寸关系直观地列在一张图表上，可以帮助工程技术人员查找、建立尺寸链。这是一种整体联系计算的方法，将全部工序尺寸和工序余量画在一张图表上，根据加工经济精度确定工序加工精度和工序余量，建立全部工序尺寸间的联系，并依此计算工序尺寸和工序余量。

例 6－9　在图 6－34 中，套筒零件轴向有关表面的加工工序如下：

工序 1：以 D 面定位，粗车 A 面，然后以 A 面定位，粗车 C 面，保证工序尺寸 A_1 和 A_2；

工序 2：以 A 面定位，粗、精车 B 面，保证工序尺寸 A_3；粗车 D 面，保证工序尺寸 A_4；

工序 3：以 B 面定位，精车 A 面，保证工序尺寸 A_5；精车 C 面，保证工序尺寸 A_6；

工序 4：热处理。

工序 5：用靠火花磨削法磨 B 面，控制磨削余量 Z_7。

解　（1）工艺尺寸跟踪图表的格式

工艺尺寸跟踪图表的格式如图 6－35 所示，其绘制过程如下：

①在图表上方画出零件毛坯图（当零件为对称形状时，可以只画出它的一半），标出有

图 6－34　套筒零件简图

关的轴向设计尺寸，并从有关表面向下引出表面线（加工表面）。

②按加工顺序自上而下地填入工序号和加工内容。

③按图 6 - 35 所规定的符号标出工序基准（定位基准或测量基准）、加工余量、工序尺寸及设计尺寸。

工序号	工序内容		工序尺寸公差 $\pm\dfrac{TA_i}{2}$	余量公差 $\pm\dfrac{TZ_i}{2}$	最小余量 $Z_{i\min}$	最大余量 $Z_{i\max}$	平均尺寸 A_{iM}
		$32_{-0.62}^{0}$ $27_{0}^{+0.14}$ 6 ± 0.1 图示					
1	粗车A面，保证A_1； 粗车C面，保证A_2		±0.3 ±0.2	毛坯 毛坯	1.2 1.2		33.8 26.8
2	粗精车B面，保证A_3； 精车D面，保证A_4		±0.1 ±0.23	毛坯 ±0.63	1.2 1	2.26	6.58 25.59
3	精车A面，保证A_5； 精车C面，保证A_6		±0.08 ±0.07	±0.18 ±0.45	0.3 0.3	0.66 1.2	6.1 27.07
4	靠磨B面； 控制余量Z		±0.02	±0.02	±0.08	0.12	
设计尺寸	6 ± 0.1 27.07 ± 0.07 31.69 ± 0.31		按工序尺寸尺寸链或按经济加工精度确定	按余量尺寸链确定	按经验选取		

注：图中"——→"表示工序尺寸；"⌐"表示定位基准；"●——"表示封闭环；"♦"表示测量基准；

"▨"表示工序余量；"——▏"表示加工表面。

图 6 - 35　工艺尺寸跟踪图

用余量符号隔开的上方竖线为该次加工前的待加工面，余量符号按"入体"原则标注，与确定工序尺寸无关的粗加工余量（如 Z_1）一般不必标出（这是因为总余量通常由查表法或经验比较法确定，也就可确定对应的毛坯尺寸）。

工序尺寸箭头指向加工后的已加工表面，应注意同一工序内的所有工序尺寸，要按加工或尺寸调整的先后顺序依次列出；

④为方便计算，将有关设计尺寸的公差换算成平均尺寸和双向对称偏差$\left(\pm\dfrac{TA_i}{2}\right)$的形式，标于结果尺寸栏内，即逐项初步确定各工序尺寸的公差（可参阅工艺人员手册中有关"尺寸偏差的经济精度"来确定），按对称标注形式自下而上填入"$\pm\dfrac{TA_i}{2}$"栏内。

（2）用跟踪图表法列工艺尺寸链

①一般情况下，设计要求和加工余量（除直接控制余量的加工方式外）往往是封闭环，所以应查找出以所有的设计要求和加工余量为封闭环的工艺尺寸链。查找规则是：从封闭环的两端开始一起向上找箭头，找到箭头就拐弯到该工序尺寸起点，然后继续向上找箭头，一直到两路跟踪线汇合封闭为止。各组成环的公差可按等公差或等精度法将设计尺寸的公差按极值法分配给各组成环。当设计尺寸精度较高（封闭环公差很小）组成环又较多时，为了使每个工序尺寸尽可能公差大一些，也可以用概率法去分配设计尺寸的公差。

如设计尺寸 $A_7 = 6 \pm 0.1$ mm 的尺寸链为 $A_7—Z_7—A_5$，若靠磨量 $Z_7 \pm \dfrac{TZ_7}{2} = 0.1 \pm 0.02$ mm，则 $TA_5 = TA_7 - TZ_7 = (0.2 - 0.04)$ mm $= 0.16$ mm，填入表中。又如设计尺寸 $A_9 = 31.69 \pm 0.31$ mm，其尺寸链为 $A_9—A_5—A_4$，则 $TA_4 = TA_9 - TA_5 = (0.62 - 0.16)$ mm $= 0.46$ mm。

如以待定公差的余量 $\pm \dfrac{TZ_i}{2}$ 做封闭环。根据封闭环公差与组成环公差的关系可知，该余量的公差等于各组成环公差之和。

如余量 Z_6 的尺寸链为 $Z_6—A_8—A_5—A_3—A_2$，$TZ_6 = TA_8 + TA_5 + TA_3 + TA_2 = (0.14 + 0.16 + 0.2 + 0.4)$ mm $= 0.9$ mm，则 $\pm \dfrac{TZ_6}{2} = \pm 0.45$ mm。

又如余量 Z_4 的尺寸链为 $Z_4—A_4—A_3—A_1$，则

$$\pm \frac{TZ_4}{2} = \pm \left(\frac{TA_4}{2} + \frac{TA_3}{2} + \frac{TA_1}{2} \right) = \pm (0.23 + 0.1 + 0.3) \text{ mm} = \pm 0.63 \text{ mm}$$

②不进入尺寸链计算的工序尺寸公差，可按经济加工精度或工厂经验值确定，如粗车：0.3 ~ 0.6 mm，精车：0.1 ~ 0.3 mm，磨削：0.02 ~ 0.10 mm。

没有进入尺寸链关系的余量多系由毛坯切除得到，余量公差较大，可不必填写。

③最小余量 Z_{imin} 和最大余量 Z_{imax} 的填写。最小余量 Z_{imin} 可以按照工厂实际加工情况经验取值，如粗车：0.8 ~ 1.56 mm，精车：0.1 ~ 0.3 mm，磨削：0.08 ~ 0.12 mm。

最大余量 Z_{imax} 可以通过计算得到，即

$$Z_{iimax} = Z_{imin} + TZ_i$$

④计算各工序的平均尺寸。从待求尺寸两端沿竖线上、下寻找，看它由哪些已知的工序尺寸、设计尺寸、加工余量叠加而成，如 $A_{4M} = A_{9M} - A_{5M} = (31.69 - 6.1)$ mm $= 25.59$ mm。

最后将工序尺寸改写成"入体"分布形式 A_i，如 $A_1 = 34.1_{-0.6}^{\ 0}$ mm，$A_6 = 27_{\ 0}^{+0.14}$ mm 等。

将计算得到的有关数据及结果填入工艺尺寸跟踪图表中。

提要： 本节计算内容很多，且形式多样，与生产实际结合较紧，需举一反三，多加练习。

第五节 典型零件的加工工艺

机械产品零件要实现不同功能，很少是由单一形状表面所构成，而往往是由一些典型表面组合而成，其加工方法是各类表面加工方法的综合应用。同类型零件的加工工艺具有一定

的共性。分析典型零件的加工工艺，找出这类零件的加工工艺，就可以指导同类零件的工艺设计工作。下面主要介绍轴类、箱体类和齿轮零件的加工工艺。

一、轴类零件加工工艺

1. 概述

（1）轴类零件的功用及结构特点

轴类零件是机器中最常见的一类零件，它主要用来支承传动零件、传递运动和扭矩。轴类零件是回转体零件，主要由内外圆柱面、圆锥面以及螺纹、花键、键槽、横向孔、沟槽等组成。按其结构形状特点，可将轴分为光滑轴、阶梯轴、空心轴和异形轴（包括曲轴、凸轮轴、偏心轴和十字轴等）。

（2）轴类零件的主要技术要求

①尺寸精度。轴颈是轴类零件的主要表面。轴颈尺寸精度按照配合关系确定，一类是与轴承内圈配合的支承轴颈，尺寸精度要求较高，通常为 IT7 ~ IT5；另一类是与各类传动件配合的轴颈，即配合轴颈，通常为 IT9 ~ IT5；轴上非配合表面及长度方向的尺寸要求不高，通常只规定其基本尺寸。

②几何形状精度。几何形状精度主要是指轴颈表面、外圆锥面、锥孔等重要表面的圆度、圆柱度。这些误差将影响其与配合件的接触质量。一般轴颈的几何形状精度应限制在尺寸公差范围之内，对几何形状精度要求较高时，要在零件图上另行规定形状公差。

③相互位置精度。相互位置精度包括内、外表面及重要轴线的同轴度、圆柱面的径向圆跳动、定位端面与轴心线的垂直度等。如普通精度的轴，配合轴颈对支承轴颈的径向圆跳动一般为 $0.01 \sim 0.03$ mm，高精度轴为 $0.001 \sim 0.005$ mm。

④表面粗糙度。支承轴颈比其他轴颈要求严格，取 $Ra = 0.63 \sim 0.16$ μm，其他轴颈取 $Ra = 2.5 \sim 0.63$ μm。

2. 轴类零件的工艺方案分析

（1）轴类零件的材料、毛坯及热处理

轴类零件材料有碳钢、合金钢及球墨铸铁。一般轴常用 45 号钢，并根据其工作条件采用不同的热处理工艺，以获得较好的切削性能和综合力学性能。对中等精度、转速较高的轴类零件，可选用 40Cr 等合金结构钢，经调质和表面油冷淬火处理后，具有较高的综合机械性能。精度较高的轴可选用轴承钢 GCr15、弹簧钢 65Mn 及低变形的 CrMn 或 CrWMn 等材料，通过调质和表面高频感应淬火及其他冷热处理，具有更高的耐磨、耐疲劳或结构稳定性能。对于高速、重载荷等条件下工作的轴可选用 20CrMnTi、20Mn2B、20Cr 等低合金钢，经渗碳淬火处理后，具有很高的表面硬度、耐冲击韧性及心部强度。高精度、高转速的轴可选用 38CrMoAl 氮化钢，经调质和表面氮化后，具有很高的心部强度，优良的耐磨性能及耐疲劳强度。大型轴或结构复杂的轴，如曲轴等，可选用铸钢或球墨铸铁。

轴类零件最常用的毛坯是轧制圆棒料和锻件，某些大型的、结构复杂的轴采用铸件。因毛坯经过加热锻造后，能使金属内部纤维组织沿表面均匀分布，获得较高的抗拉、抗弯及扭转强度，所以除光轴、直径相差不大的阶梯轴可使用圆棒料外，一般比较重要的轴大都采用锻件毛坯。锻造毛坯在机械加工前需进行正火或退火处理，以使晶粒细化、消除锻造内应力、降低硬度和改善切削加工性能。

（2）轴类零件的一般加工工艺路线

轴类零件的加工路线主要围绕轴颈表面来安排，常用如下路线。

渗碳钢轴类零件：锻造→正火→钻中心孔→粗车→半精车、精车→渗碳（或碳氮共渗）→淬火、低温回火→粗磨→次要表面加工→精磨。

一般精度调质钢轴类零件：锻造→正火（退火）→钻中心孔→粗车→调质→半精车、精车→表面淬火、回火→粗磨→次要表面加工→精磨。

精密氮化钢轴类零件：锻造→正火（退火）→钻中心孔→粗车→调质→半精车、精车→低温时效→粗磨→氮化处理→次要表面加工→精磨→光磨。

整体淬火轴类零件：锻造→正火（退火）→钻中心孔→粗车→调质→半精车、精车→次要表面加工→整体淬火→粗磨→低温时效→精磨。

3. 轴类零件加工工艺的拟订

CA6140 车床主轴的加工工艺在轴类零件中具有代表性，现以其为例加以说明。

（1）主轴加工工艺过程分析

分析前面的图 6−1 可知，主轴的支承轴颈 A、B 为装配基准，圆度公差为 0.005 mm，径向圆跳动公差为 0.005 mm，表面粗糙度 $Ra0.4\ \mu m$，要求很高；主轴莫氏 6 号锥孔为顶尖、工具锥柄的安装面，必须与支承轴颈的中心线严格同轴；主轴前端圆锥面 C 和端面 D 是安装卡盘的定位表面，对支承轴颈 A、B 径向圆跳动公差为 0.005 mm，表面粗糙度 $Ra0.4\ \mu m$，即要保证同轴度和垂直度要求。此外，配合轴颈及螺纹也应与支承轴颈同轴。

①定位基准选择与转换。按照基准统一的原则，选择两顶尖孔为定位基准进行加工，所以主轴在粗车之前应先加工中心孔。主轴钻通孔后，以锥堵或锥套芯轴代替作为定位基准。

②加工阶段划分。安排工序应粗、精加工分开，以调质处理为分界点，次要表面加工及热处理工序适当穿插其中，作为主要表面的支承轴颈和锥孔精加工最后进行。

③加工顺序安排。按照先粗后精、基面先行原则，在各阶段先加工基准，后加工其他面，热处理根据零件技术要求和自身特点合理安排，淬硬表面上孔、槽加工应在淬火之前完成，非淬硬表面上的孔、槽尽可能往后安排，一般在外圆精车（或粗磨）之后，精磨加工之前进行。深孔加工属粗加工，余量大、发热多，变形也大，故不能放到最后，一般安排在外圆粗车或半精车之后（之前作为基准），以便有一个较为精确的轴颈作定位基准。

（2）工艺的制订

主轴成批生产的加工工艺过程见表 6−8。

二、箱体类零件加工工艺

1. 概述

（1）箱体类零件功用及结构特点

箱体类零件是机器的基础件之一，将机器部件中的轴、轴承、套和齿轮等零件装配在一起，按规定的传动关系协调地运动，保持正确的相互位置关系。箱体类零件结构复杂，呈封闭或半封闭状，壁薄且不均匀，加工部位多，加工难度大，以平面和孔的加工为主。

表 6 – 8　CA6140 车床主轴加工工艺过程

序号	工序名称	工序内容	加工设备	序号	工序名称	工序内容	加工设备
1	精锻		立式精锻机	13	精车	精车外圆各段并切槽	数控车床
2	热处理	正火		14	粗磨	粗磨 A、B 外圆	外圆磨床
3	铣端面，打中心孔	控制总长 872 mm	专用机床	15	粗磨	粗磨小头工艺内锥孔（重配锥堵）	内圆磨床
4	粗车	车各外圆面	卧式车床	16	粗磨	粗磨大头莫氏锥孔（重配锥堵）	内圆磨床
5	热处理	调质		17	铣	粗、精铣花键	花键铣床
6	车	车大头各台阶面	卧式车床	18	铣	铣 12f9 键槽	铣床
7	车	仿形车小头各台阶面	仿形车床	19	车	车大端内侧面及三段螺纹	卧式车床
8	钻	钻中心通孔深孔	深孔钻床	20	磨	粗、精磨各外圆及两定位端面	外圆磨床
9	车	车小端内锥孔	卧式车床	21	磨	组合磨三圆锥面及短锥端面	组合磨床
10	车	车大端内锥孔、外短锥及端面	卧式车床	22	精磨	精磨莫氏锥孔	主轴锥孔磨床
11	钻	钻、锪大端端面各孔	立式钻床	23	钳工	端面孔去锐边倒角、去毛刺	
12	热处理	高频淬火 $\phi75h5$、$\phi90g6$，莫氏 6 号锥孔及短锥		24	检查	按图纸要求检查	

（2）箱体类零件的技术要求

下面以图 6 – 36 所示某车床主轴箱体为例介绍箱体类零件的技术要求。

①支承孔的尺寸精度、几何形状精度及表面粗糙度。主轴箱体轴孔的公差、形状精度、粗糙度都要求较高，它们对轴承的配合质量有很大影响，尤其以主轴孔要求为最高。主轴支承孔的尺寸精度为 IT6 级，表面粗糙度 Ra 为 0.8 ~ 0.4 μm；其他各支承孔的尺寸精度为 IT7 ~ IT6 级，表面粗糙度 Ra 为 1.6 ~ 0.8 μm；孔的几何形状精度（如圆度、圆柱度）一般不超过孔径公差的一半。

②支承孔的相互位置精度。各支承孔的孔距公差 < ±0.1 mm，中心线的不平行度大多是：在 300 mm 长度上公差是 0.03 mm，同中心线上的支承孔的同轴度公差为其中最小孔径公差值的一半。

③主要平面的形状精度、相互位置精度和表面粗糙度。主要平面（箱体底面、顶面及侧面）的平面度公差为 0.03 mm，表面粗糙度 $Ra \leqslant 1.6$ μm；主要平面间的垂直度公差为 0.02 mm/100 mm。

图 6 – 36　某车床主轴箱箱体

④孔与平面间的相互位置精度。主轴孔轴线对装配基面的平行度允差为 0.03 mm/650 mm，且只允许主轴前端向上和向前。

2. 箱体类零件的工艺方案分析

（1）箱体类零件的材料及热处理

多数箱体采用铸铁制造，一般为 HT200 或 HT250 灰铸铁；当载荷较大时，可采用 HT300、HT350 高强度灰铸铁。对于承受较大或冲击载荷的箱体，可选用 ZG230 - 450、ZG270 - 500 铸钢件。某些简易箱体或单件小批情况，为了缩短生产周期，箱体也可采用铸—焊、铸—锻—焊、锻—焊、型材焊接等结构。

结构特点决定了箱体类零件在铸造时会产生较大的残余应力，通常在毛坯未进行机械加工之前，对铸铁件、铸钢件、焊接结构件须进行人工时效处理。对大型毛坯和易变形、精度要求高的箱体，在粗加工后还要安排一次时效处理。

（2）箱体类零件的加工工艺路线

通常箱体类零件平面的加工精度容易保证，而一系列孔的精度较难保证，所以，在制订加工工艺过程时，应以如何保证孔系的精度、孔与面之间位置精度为重点，同时要注意批量的大小和工厂的条件。

中小批量生产：毛坯铸造→时效→油漆→划线→粗、精加工基准面→粗、精加工各平面→粗、半精加工各主要孔→精加工各主要孔→粗、精加工各次要孔→加工各螺孔、紧固孔、油孔等→去毛刺→清洗→检验。

大批量生产：毛坯铸造→时效→油漆→粗、半精加工精基准→粗、半精加工各平面→精加工精基准→粗、半精加工各主要孔→精加工各主要孔→粗、精加工各次要孔（螺孔、紧固孔、油孔等）→精加工各平面→去毛刺→清洗→检验。

3. 箱体类零件的加工工艺

（1）箱体类零件的加工工艺过程分析

①精基准选择。应尽可能选择设计基准作为精基准，使基准重合，并作为其他表面加工的基准，做到基准统一。常见的方案有两种。一是以箱体底面和导向面作为精基准。这种方案符合基准重合和基准统一原则，定位稳定可靠，同时在加工各孔时，由于箱口朝上，观察和测量，更换导向套、安装和调整刀具也较方便。但箱体中间壁孔需要镗削，必须设置导向支承板以提高刚度，因箱口朝上，中间导向支承板只能放在夹具上，做成悬挂结构，刚度差，安装误差大，且装卸不便。这种方案只适用于中小批量的生产，如图 6 - 37 所示。另一方案采用主轴箱顶面及两定位销孔作为定位精基准，符合基准统一原则。但由于基准不重合，需进行工艺尺寸换算。加工时箱体口朝下，中间导向支承架可以紧固在夹具座体上，观察、测量及调整刀具困难，需采用定径尺寸镗刀加工。这种方案适合大批大量生产，如图 6 - 38 所示。

②粗基准的选择。粗基准选择时，应能保证主轴支承孔（箱体中要求最高的孔）的加工余量均匀；应保证装入箱体中的零件与箱体内壁各表面间有足够的间隙（主要是齿轮），应保证所有轴孔都有适当的加工余量和孔壁厚度，保证底面和导向面有足够的加工余量。

为此，通常选择主轴孔和与主轴孔相距较远的一个轴孔（Ⅰ轴孔）作为粗基准。生产批量小时采用划线工序，生产批量较大时采用夹具，生产率高。

悬挂式导向支承架

镗模板

中间导向支承板

图6-37　悬挂式中间导向支承架　　　图6-38　用"一面两孔"定位

③粗、精分开，先粗后精。对精度要求高的加工表面，为减少或消除粗加工对加工精度的影响，一般应尽可能把粗精加工分开，并分别在不同的机床上进行。至于要求不高的平面、孔则可以在同一工序完成粗精加工，以提高工效。

④先面后孔。平面加工总是先于平面上孔的加工。选为精基准的平面加工后就可以作为后续工序的精基准，其他平面加工也可以改善孔的加工条件，减少钻孔时钻头偏斜，扩、铰、镗时刀具崩刃等。

⑤热处理工序安排。为了消除内应力，减少变形，保证箱体的尺寸稳定性，根据精度要求，需要安排一次、二次或多次的时效处理。

⑥加工方法选择。箱体加工主要是平面和孔的加工。平面加工时，粗、半精加工多采用铣削；精加工批量小时，采用精刨（少量手工刮研），批量大时，采用磨削。孔的精加工时，常采用精铰（直径较小孔）和精镗（直径较大孔）。

（2）车床箱体工艺过程

以图6-36所示的某车床主轴箱体为例加以编制。按照生产类型的不同，可以分成两种不同的工艺方案，分别见表6-9和表6-10。

表6-9　中小批量生产某车床主轴箱体的工艺过程

序号	工序内容	定位基准	序号	工序内容	定位基准
1	铸造		11	划线，划出各轴孔加工线	
2	时效		12	粗、半精加工各纵向孔	底面 G
3	漆底漆		13	粗、半精加工各横向孔	底面 G
4	划线，各面加工、找正线	主轴孔轴线	14	时效	
5	粗、半精加工顶面 B	按划线找正，支承底面 G	15	精加工各纵向孔	底面 G
6	粗、半精加工底面 G 及侧面 F、精铣 D 面	支承顶面 B 并校正主轴孔的中心线	16	精加工各横向孔	底面 G
7	磨定位面 D 面及 E 面	支承顶面 B，找正 E 面	17	精加工主轴孔	底面 G
8	粗、半精加工端面 A、C	底面 G	18	加工螺孔及紧固孔	
9	精加工顶面 B	底面 G	19	清洗	
10	精加工底面 G	顶面 B	20	检验	

表6-10 大批大量生产某车床主轴箱体的工艺过程

序号	工序内容	定位基准	序号	工序内容	定位基准
1	铸造		9	时效	
2	时效		10	精镗各纵向孔	顶面 B 及两工艺孔
3	漆底漆		11	半精、精镗主轴三孔	顶面 B 及两工艺孔
4	铣顶面 B	Ⅵ轴和 I 轴铸孔	12	加工各横向孔	顶面 B 及两工艺孔
5	钻、扩、铰顶面两定位工艺孔,加工固定螺孔	顶面 B、Ⅵ轴孔及内壁一端	13	钻、锪、攻螺纹各平面上的孔	
			14	滚压主轴支承孔	顶面 B 及两工艺孔
6	铣底面 G 及各平面	顶面 B 及两工艺孔	15	磨底面、侧面及端面	
7	磨顶面 B	底面及侧面	16	钳工去毛刺	
			17	清洗	
8	粗镗各纵向孔	顶面 B 及两工艺孔	18	检验	

三、齿轮加工工艺

1. 概述

（1）齿轮的功用与结构特点

齿轮是机械工业的标志性零件,其功用是按规定的速比传递运动和动力,在各类机械中得到了广泛应用。

齿轮结构形状由于使用场合和要求不同可大致分为盘形齿轮、套筒齿轮、齿轮轴、内齿轮、扇形齿轮和齿条等,其中以盘形齿轮应用最广。

（2）圆柱齿轮的技术要求

国家标准 GB/T 10095.1—2008 和 GB/T 10095.2—2008 将平行传动的圆柱齿轮各项公差分成三组,规定 13 个等级。其中 0~2 级为待开发的精度等级,3~4 级为超精密级,5~6 级为精密级,7~8 级为普通级,8 级以下为低精度级。齿轮传动精度包括四个方面,即运动精度（传递运动的准确性）、工作平稳性、齿面接触精度（载荷分布的均匀性）及适当的齿侧间隙。

2. 工艺方案分析

（1）齿轮的材料、热处理及毛坯

齿轮材料根据齿轮的工作条件和失效形式确定。低速、轻载或中载的普通精度齿轮,常用中碳结构钢（如 45 钢）进行调质或表面淬火;速度较高、载荷较大、精度较高的齿轮,可用中碳合金结构钢（如 40Cr）进行调质或表面淬火。高速、中载或具有冲击载荷的齿轮可用渗碳钢（如 20Cr、20CrMnTi 等）制造,渗碳钢经渗碳后淬火,齿面硬度可达 58~63HRC,而心部又有较好的韧性,既耐磨又能承受冲击载荷。高速传动的齿轮可用氮化钢（如 38CrMoAlA）制造,氮化钢经氮化处理后,比渗碳淬火齿轮具有更高的耐磨性与耐蚀性,变形又小,可以不用磨齿。轻载荷的传动齿轮可用铸铁及其他非金属材料（如胶木与尼龙等）制造,这些材料强度低,容易加工。

齿轮毛坯形式有轧钢件、锻件和铸件,取决于齿轮的材料、结构形状、尺寸大小、使用条件及生产类型等因素。轧制棒料一般用于尺寸较小、结构简单而且对强度要求不高的钢制齿轮；锻钢件多用于强度、耐磨性和耐冲击性要求较高的齿轮；铸钢毛坯多用于结构复杂的齿轮，其中小尺寸的齿轮常采用精密铸造或压铸方法制造毛坯。

（2）齿轮加工工艺路线

齿轮根据其结构、精度等级及生产批量的不同，工艺路线有所不同，但基本工艺路线大致相同，即：备料→毛坯制造→毛坯热处理→齿坯加工→齿形加工→齿部淬火→精基准修正→齿形精加工→终检。渗碳钢齿轮淬火前做渗碳处理。

3. 齿轮零件加工工艺

（1）齿轮加工工艺过程分析

①定位基准选择。齿形加工时，定位基准的选择因结构形状不同而有所差异，主要遵循基准重合和自为基准原则，应选择齿轮的装配基准和测量基准作为定位基准，而且尽可能在整个加工过程中保持基准的统一。轴齿轮主要采用顶尖定位，孔径大时则采用锥堵；带孔齿轮，一般选择内孔和端面联合定位，基准端面相对内孔的端面圆跳动应符合规定要求。

②齿形加工方法选择。齿形的加工是整个齿轮加工的核心和关键。齿形加工按原理分为成形法和展成法两大类。常见齿形加工方法见表6-11。

表6-11　常见齿形加工方法和使用范围

齿形加工方法		齿轮精度等级	齿面粗糙度 $Ra/\mu m$	适用范围
成形法	铣齿	IT9 以下	6.3~3.2	单件修配生产中加工低精度的齿轮
	拉齿	IT7	1.6~0.4	大批量生产 IT7 级内齿轮，外齿轮拉刀制造复杂，使用较少
展成法	滚齿	IT8~IT6	3.2~1.6	各种批量生产中，加工中等精度的直齿、斜齿外圆柱齿轮及蜗轮
	插齿	IT8~IT6	1.6	各种批量生产中，加工中等精度的内、外圆柱齿轮扇形齿轮、齿条、多联齿轮
	剃齿	IT7~IT6	0.8~0.4	大批量生产中齿轮滚、插加工后，淬火前的精加工
	冷挤齿	IT8~IT6	1.6~0.4	多用于齿轮淬火前的精加工，以代替剃齿
	珩齿	IT7~IT6	0.8~0.4	多用于剃齿和高频淬火后，齿形的精加工
	磨齿	IT6~IT3	0.4~0.2	多用于齿形淬硬后的精密加工，生产率较低，成本较高

③齿轮热处理。一般包括齿坯热处理和齿面热处理。齿坯在粗加工前常安排正火作为预先热处理，以改善材料的可加工性，减少锻造引起的内应力；粗加工后常安排调质，以改善材料的综合机械性能。齿面热处理是根据齿轮的材料与技术要求，在齿形加工后，常安排高频感应加热淬火或渗碳淬火以提高齿面的硬度和耐磨性。

④齿轮加工工艺过程。图6-39所示为某一高精度齿轮的零件图。材料为40Cr，齿部高频淬火52HRC，小批生产。该齿轮加工工艺过程见表6-12。

$\sqrt{Ra\ 50}$（$\sqrt{\ }$）

模数	3.5
齿数	63
压力角	20°
精度等级	6-5-5
基节极限偏差	±0.006 5
周节累积公差	0.045
公法线平均长度	$80.58_{-0.22}^{-0.14}$
跨齿线	8
齿向公差	0.007
齿形公差	0.007

材料:40Cr;
齿部:高频淬火52HRC。

图 6 – 39　齿轮零件图

表 6 – 12　高精度齿轮加工工艺过程

序号	工序内容	定位基准
1	毛坯锻造	
2	正火	
3	粗车各部分,留加工余量 1.5 ~ 2 mm	外圆及端面
4	精车各部分,内孔至 ϕ84.8H7,总长留加工余量 0.2 mm,其余至尺寸	外圆及端面
5	检验	
6	滚齿（齿厚留磨削余量 0.10 ~ 0.15 mm）	内孔及端面 A
7	倒角	内孔及端面 A
8	插键槽	内孔及端面 A
9	钳工去毛刺	
10	齿部高频淬火,硬度 52HRC	
11	磨内孔至 ϕ85H5	分度圆和端面 A
12	靠磨大端 A 面	内孔
13	平面磨 B 面至总长尺寸	端面 A
14	磨齿	内孔及端面 A
15	检验	

第六节　计算机辅助工艺规程设计

一、概述

前面介绍的工艺规程设计方法还是由工艺人员凭经验、查手册等手段进行,设计质量因人而异,效率低下。计算机辅助工艺规程设计（Computer Aided Process Planning,CAPP）是指工艺人员利用计算机及其软件,将零件设计信息转换成工艺信息的先进工艺设计手段。

CAPP 还是联系 CAD 与 CAM 系统之间的桥梁，也是生产管理调度部门的信息来源之一。与传统的工艺设计方法相比，CAPP 具有以下明显的优点：

①CAPP 的运用可以将工艺人员从烦琐、重复的工作中摆脱出来，集中精力去从事新工艺的开发研究，提高工艺水平和产品质量。

②可以大大缩短工艺准备周期，提高编制工效，提高了产品对市场的快速响应能力。

③保证工艺文件的一致性和工艺规程的精确性，可避免不必要的差错，有助于对工艺设计人员的宝贵经验进行总结和继承，使工艺准备工作达到最优化和标准化。

④可优化工艺过程，为实现制造业信息化、集成化创造条件。

目前，CAPP 的技术发展落后于 CAD、CAM 等技术的发展，主要原因也在于工艺设计影响因素多，设计过程具有不确定性（有些还依赖于经验），工艺理论尚未完全成熟等，因此，研究和开发 CAPP 技术和系统具有很重要的现实意义。

随着市场竞争日益加剧，产品更新速度越来越快，多品种、小批量生产已成为市场发展主流。据统计，世界上 75% ~ 80% 的机械产品是以中小批生产方式制造的。与大量生产相比，多品种、小批量生产必然会引起生产率低、成本高、生产周期长等弊端。如何用规模生产方式组织中小批量产品的生产，一直是国际生产工程界广为关注的重大研究课题，成组技术（Group Technology，GT）就是针对生产中的这种需求发展起来的一种先进制造技术，在CAPP 系统的开发中也占有非常重要的地位。

二、成组技术

1. 成组技术的概念

成组技术是充分利用事物之间的相似性，将许多具有相似信息的研究对象归并成组，并用大致相同的方法来解决这一组研究对象的生产技术问题的方法。这样就可以扩大同类零件的生产数量，发挥规模生产的优势，达到提高生产效率、降低生产成本的目的。

2. 零件的分类编码

将零件归并成组实施分类编码是推行成组技术的基础。零件编码就是用数字表示零件的形状特征，代表零件特征的每一个数字码称为特征码。迄今为止，世界上已有 70 多种分类编码系统，应用最广的是奥匹兹（Opitz）分类编码系统，很多国家以它为基础建立了各国的分类编码系统。我国于 1984 年由机械工业部组织制订了"机械零件编码系统（简称 JLBM – 1 系统）"。该系统是在分析德国奥匹兹系统和日本 KK 系统的基础上，根据我国机械产品设计的具体情况制订的。该系统采用主码和辅码分段的混合式结构，由名称类别码、形状及加工码、辅助码三部分共 15 个码位组成，如图 6 – 40 所示。前 9 位码是主码，后 6 位是辅码。该系统的特点是零件类别按名称类别矩阵划分，既便于检索，又具有足够的描述信息的容量。

3. 成组工艺

成组工艺是成组技术的核心，它把结构、材料、工艺相近的零件组成一个零件族（组），按零件族制订工艺进行加工，便于采用高效方法，提高生产率。

（1）划分零件族（组）

根据零件的编码划分零件族（组），可以用特征码位法（以加工相似性为出发点）、码域法（对特征码规定一定的码域）或特征位码域法（上述两种方法的综合）等三种不同的方法进行划分。

图 6-40　JLBM-1 系统

（2）拟订零件组的工艺过程

可采用综合零件法或综合工艺路线法来编制成组工艺规程。用综合零件法时，首先需设计一个能集中反映该组零件全部结构特征和工艺特征的综合零件，它可以是组内的一个真实零件，也可以是人为综合的"假想"零件。按综合零件制订的工艺规程，可加工组内的每一个零件，有的零件可能没有其中的一个工序（工步）或几个工序（工步）。综合零件法常用于编制形体比较简单的回转体类零件的成组加工工艺规程。图 6-41 所示为 6 个零件组成的零件组的综合零件及其成组工艺过程卡的示意图。

用综合工艺路线法时，以组内零件最长工艺路线为基础，适当补充组内其他零件工艺过程的某些特有工序，最终形成能加工全组零件的成组加工工艺规程。这种方法常用于编制形体比较复杂的回转体类零件和非回转体类零件的成组加工工艺规程。

（3）机床选择与布置

按照成组工艺要求选择机床，组织生产。机床应具有良好的精度和刚度，工艺范围应可调，并使机床负荷率达到规定的指标，若机床负荷不足或过高时，可适当调整零件组。常见形式有成组单机、成组制造单元、成组流水线和成组加工柔性制造系统。

三、计算机辅助工艺规程设计

1. CAPP 的基本方法

（1）派生法

派生法又叫样件法，设计流程如图 6-42 所示。在成组技术的基础上，将编码相同或相近的零件组成零件组（族），并设计一个能集中反映该组零件全部结构特征和工艺特征的主样件（综合零件），然后按主样件设计适合本厂生产条件的典型工艺规程。当需要设计某一零件的工艺规程时，根据该零件的编码，计算机会自动识别它所属的零件组（族），并检索出该组主样件的典型工艺文件，此时只要进一步输入零件的形面编码、尺寸公差和表面粗糙度要求等，对检索出的典型工艺规程通过人机对话方式进行修改和编辑，便可得到该零件的工艺规程。派生法系统简单，但要求工艺人员参与并进行决策。

零件简图	工步									综合零件
	1	2	3	4	5	6	7	8	9	
	切端面	车外圆	车外圆	钻孔	钻孔	镗锥孔	车外圆	倒角	切断	
（零件简图）	✓	✓	✓	✓	✓	✓	✓	✓	✓	
（零件简图）	✓	✓	✓			✓	✓		✓	
（零件简图）	✓	✓	✓	✓	✓	✓			✓	
（零件简图）	✓	✓							✓	
（零件简图）	✓	✓	✓	✓					✓	
（零件简图）	✓	✓	✓	✓					✓	

注：表面代号与工件代号一致

图 6 – 41 套筒类零件的成组工艺过程示例

图 6 – 42 派生法 CAPP 设计流程

（2）创成法

创成法只要求输入零件的图形和工艺信息（材料、毛坯、加工精度和表面质量要求等），计算机便会在没有人工干预情况下，利用逻辑算法语言（按工艺决策制定），自动生成工艺规程。其特点是自动化程度高，但系统复杂，技术上尚不成熟。目前利用创成法设计工艺规程还只局限于某一特定类型的零件，其通用系统尚待进一步研究开发。

（3）综合法

这是一种以派生法为主、创成法为辅的设计方法，综合法兼取两者之长，因此很有发展前途。

本章仅简要介绍派生法 CAPP 的基本原理与工艺规程的设计过程。

2. 派生法 CAPP 的基本原理

（1）工艺信息数字化

①零件编码矩阵化。为使零件按其编码输入计算机后能够找到相应的零件组（族），必须先将零件的编码转换为矩阵。例如图 6－43 所示零件按 JLBM－1 系统的编码为 252700300467679，图 6－44（a）所示为根据一定规则设计的反映图 6－43 所示零件结构特征和工艺特征的特征矩阵。

②零件组特征的矩阵化。按照上述由零件编码转换为特征矩阵的原理，将零件组内的所有零件都转换成各自的特征矩阵。将同组所有零件的特征矩阵叠加起来就得到了零件组的特征矩阵，如图 6－44（b）所示。

形面尺寸代号：D—直径，L—长度，K—锥度，W—槽宽或键宽，d—槽深，M—外螺纹外径，P—螺距，F—粗糙度等级；

形面编码：13—外锥面，15—外圆面，26—退刀槽，32—油槽，33—外螺纹，42—键槽

图 6－43　轴类零件组的主样件及其形面尺寸代号及编码

③综合零件设计。在图 6－44 所示特征矩阵图中交点上出现"1"与"0"的频数是各不相同的，频数大的特征必须反映到主样件中去，频数小的特征可以舍去，使综合零件既能反映零件组的多数特征，又不至于过分复杂。

④零件上各种形面的数字化。零件的编码只表示该零件的结构、工艺特征，而没有提供零件表面信息，因此必须对零件表面逐一编码以表示零件的表面构成，才能设计工艺规程。例如用 13 表示外锥面，用 15 表示外圆面，用 26 表示退刀槽，用 32 表示油槽，用 33 表示外螺纹，用 42 表示键槽等，使零件形面数字化。

⑤工序工步名称编码。为使计算机能按预定的方法调出工序和工步的名称，就要对所有工序、工步按其名称进行统一编码，编码以工步为单位，包括热处理、检验等非机械加工工序以及诸如装夹、调头等操作也要当作一个工步编码。假设某一 CAPP 系统有 99 个工步，就可用 1、2、3、4、…99 这 99 个数来表示这些工步的编码，例如用 32、33 分别表示粗车、

精车，44 表示磨削，1 表示装夹，5 表示检验，10 表示调头装夹等。

	0	1	2	3	4	5	6	7	8	9
1	0	0	1	0	0	0	0	0	0	0
2	0	0	0	0	0	1	0	0	0	0
3	0	0	1	0	0	0	0	0	0	0
4	0	0	0	0	0	0	0	1	0	0
5	1	0	0	0	0	0	0	0	0	0
6	1	0	0	0	0	0	0	0	0	0
7	0	0	0	1	0	0	0	0	0	0
8	1	0	0	0	0	0	0	0	0	0
9	1	0	0	0	0	0	0	0	0	0
10	0	0	0	0	1	0	0	0	0	0
11	0	0	0	0	0	0	1	0	0	0
12	0	0	0	0	0	1	0	0	0	0
13	0	0	0	0	0	1	0	0	0	0
14	0	0	0	0	0	0	0	0	0	0
15	0	0	0	0	0	0	0	0	0	1

（a）

	0	1	2	3	4	5	6	7	8	9
1	0	0	1	0	0	0	0	0	0	0
2	0	0	0	0	0	1	0	0	0	0
3	1	1	1	1	0	0	0	0	0	0
4	1	1	1	1	1	1	1	1	0	0
5	1	1	0	0	0	0	0	0	0	0
6	1	1	0	0	0	0	0	0	0	0
7	1	1	1	1	0	0	0	0	0	0
8	1	1	1	0	0	0	0	0	0	0
9	1	1	0	0	0	0	0	0	0	0
10	0	1	1	1	0	0	0	0	0	0
11	0	0	0	1	0	0	1	0	0	0
12	0	1	1	0	1	1	1	0	0	0
13	0	0	0	1	1	1	0	0	0	0
14	0	0	0	0	1	1	1	0	0	0
15	0	0	0	0	1	0	0	0	0	1

（b）

图 6-44　反映零件结构特征、工艺特征的特征矩阵

⑥综合加工工艺路线的数字化。有了零件各种形面和各种工步的编码之后，就可用一个 $(N \times 4)$ 的矩阵来表示零件的综合加工工艺路线，如图 6-45 所示。

⑦工序工步内容矩阵。对工序工步名称进行编码后，就可以用一个矩阵来描述工序工步的具体内容，如图 6-46 所示。

图 6-45　综合零件加工工艺路线矩阵　　　　**图 6-46　工序工步内容矩阵**

（2）派生法 CAPP 工艺规程的设计过程

编制某一零件工艺规程时，首先输入零件的编码代号（零件特征矩阵），计算机根据零件特征矩阵检索出对应零件组，并调出该零件组对应的综合工艺路线矩阵。接着，用户再将零件的形面编码及各有关表面的尺寸公差、表面粗糙度要求等数据输入计算机，计算机就可从已调出的综合工艺路线矩阵中选取该零件的加工工序及工步编码，从而得到由工序及工步编码组成的零件加工工艺路线。然后，计算机根据该零件的工序及工步编码，从工序、工步文件中逐一调出工序及工步具体内容，并根据机床、刀具的编码查找该工步使用的机床、刀具名称及型号，再根据输入的零件材料、尺寸等信息计算该工步的切削用量，计算切削力和功率，计算基本时间、单件时间、工序成本等。计算机将每次查到的工序或工步的具体内容都存在存储区内，最后形成一份完整的加工工艺规程，并以一定的格式打印出来。

第七节　机器装配工艺规程设计

一、装配的基本概念

无论多么复杂的机器都是由许多零件所组成的。根据规定的技术要求将零件或部件进行配合和连接，使之成为半成品或成品的工艺过程称为装配。装配是机器制造中的最后环节，它包括装配、调整、检验、试验等工作。装配过程使零件、部件间获得一定的相互位置关系，所以也是一种工艺过程。装配质量在很大程度上决定机器的最终质量。

为保证有效地进行装配工作，通常将机器划分为若干能进行独立装配的装配单元。装配单元通常分为五个等级：零件、套件（合件）、组件、部件和机器。零件是组成机器和装配的最小单元。如果在一个基准零件上装上一个或若干个零件，则构成套件，为此而进行的装配称为套装。在一个基准件上，装上若干零件和套件，则构成组件，为组件装配进行的工作称为组装，如车床的主轴组件就是以主轴为基准件装上若干齿轮、套、垫、轴承等零件组成的。在一个基准件上，装上若干组件、套件和零件而构成部件，为此而进行的装配工作称为部装，如车床主轴箱装配就是将箱体作为基准零件而进行的部装。在一个基准件上，装上若干部件、组件、套件和零件构成机器，这种将上述全部装配单元装配成最终产品的过程，称之为总装。

在设计装配工艺规程时，常用装配单元系统图表示零、部件的装配流程和零、部件间相互装配关系。图6-47~图6-49所示分别给出了组装、部装和总装的装配单元系统，图中每一个单元用一个长方形框表示，标明零件、套件、组件和部件的名称、编号及数量，在装配单元系统图上，装配工作由基准件开始沿水平线自左向右进行，一般将零件画在上方，套件、组件、部件画在下方，其排列次序就是装配工作的先后次序。

图6-47　组件装配单元系统　　　　图6-48　部件装配单元系统

图 6 – 49　总装的装配单元系统

在装配单元系统图上加注必要的工艺说明，如焊接、配钻、配刮、冷压、热压和检验等，就得到装配工艺系统图。它比较全面地反映了装配单元的划分、装配顺序和装配工艺方法。装配工艺系统图是装配工艺规程制订的主要文件，也是划分装配工序的依据。

二、装配精度与保证装配精度的方法

1. 装配精度

装配精度是产品设计时根据机器的使用性能要求规定的，装配时必须保证的质量指标，所包含的内容可根据机械的工作性能来确定，一般包括：

（1）相互位置精度

相互位置精度是指产品中相关零部件间的距离精度和相互位置精度，如机床主轴箱装配时，相关轴中心距尺寸精度和同轴度、平行度、垂直度等。

（2）相对运动精度

相对运动精度是指产品中有相对运动的零部件之间在运动方向和相对运动速度上的准确性。运动方向的准确性常表现为部件间相对运动的平行度和垂直度，如机床溜板移动轨迹对主轴中心线的平行度。相对运动速度的准确性即是传动精度，如滚齿机滚刀主轴与工作台的相对运动精度，它将直接影响滚齿机的加工精度。

（3）相互配合精度

相互配合精度包括配合表面间的配合质量和接触质量。配合质量是指零件配合表面之间达到规定的配合间隙或过盈的程度，它影响配合的性质，对机器工作过程中的磨损、发热等有很大影响。接触质量是指两配合或连接表面间达到规定的接触面积的大小和接触点分布的情况，它影响接触刚度，也影响配合质量。

提要：各装配精度间有密切的关系，相互位置精度是相对运动精度的基础，相互配合精度对相对位置精度和相对运动精度的实现有较大的影响。正确地规定机器的装配精度是机械产品设计所要解决的重要问题之一，它不仅关系到产品的质量，也关系到制造的难易和产品成本的高低。

2. 装配精度与零件精度的关系

机器是由众多零、部件组装而成，装配精度与相关零、部件制造精度直接相关，尤其是关键零、部件的精度。例如图 6 – 50 所示的车床主轴中心线与尾座套筒中心线对床身导轨等高度 A_0 的要求，这项装配精度主要取决于主轴箱、尾座及底板对应的 A_1、A_2 及 A_3 的尺寸精度。

图 6-50 车床主轴中心线与尾座套筒中心线等高示意图

(a) 车床结构示意图；(b) 装配尺寸链

1—主轴箱；2—尾座；3—底板；4—床身

其次，根据装配精度要求来设计机器零、部件尺寸及其精度时，还必须考虑装配方法的影响。如图 6-50 中等高度 A_0 的精度要求很高，如果靠控制尺寸 A_1、A_2 及 A_3 的精度来达到 A_0 的精度就很不经济。实际生产中常按经济精度来制造相关零部件尺寸 A_1、A_2 及 A_3，装配时则采用修配底板 3 的工艺措施保证等高度 A_0 的精度。装配中采用不同的工艺措施，会形成各种不同的装配方法。设计师可根据装配精度要求和所采用的装配方法，通过解算装配尺寸链来确定有关零、部件的尺寸精度和公差。

3. 保证装配精度的工艺方法

生产中常用的保证产品装配精度的方法有互换装配法、分组装配法、修配装配法及调整装配法。

互换装配法可分为完全互换装配法和不完全互换装配法。完全互换装配法指在全部产品中，所有零件无须挑选、修配或调整，装配后即能达到装配精度要求的装配方法。如果绝大多数产品装配后都能达到装配精度要求，少数产品存在不合格品的可能性，这种装配方法称为不完全互换装配法。

分组装配法是先将配合件中各零件的公差相对于互换装配法所要求之值放大，使其能经济地加工出来，然后各零件按其实际尺寸大小分成若干组，并按对应组进行互换装配，从而满足装配精度要求。

修配装配法是将各配合件中各零件的公差相对于互换装配法所求之值增大，使其能按该生产条件下较经济的公差加工，装配时将某一预先选定的零件去除部分材料，以满足装配精度要求。

调整装配法与修配装配法在原则上是相似的，但它是在其他零件均以加工经济精度制造的基础上，用一个可调整的零件，在装配时调整它在机器中的位置或增加一个定尺寸零件（如垫片、垫圈、套筒等）以达到装配精度要求。常用装配方法的特点及适用范围见表 6-13。装配方法的具体选择应根据机器的使用性能、结构特点和装配精度要求以及生产批量、现有生产技术条件等因素综合考虑。

表 6 – 13　常用装配方法的特点及适用范围

装配方法	工艺特点	适用范围	注意事项
完全互换法	1. 操作简单，对工人技术水平要求不高，质量稳定，生产率高。 2. 便于组织流水装配和自动化装配。 3. 备件供应方便，有利于维修工作。 4. 对零件的加工精度要求较高	适合大批量生产中装配精度要求高而零件数较少或批量较小、零件数较多而装配精度不高时，如汽车、拖拉机、中小型柴油机和缝纫机的部件装配，应用较广	一般情况下优先考虑
不完全互换法	零件加工公差较完全互换法放宽，仍具有完全互换法 1 ~ 3 项的特点，但有极少数超差产品	适用于批量大、零件数多、装配精度要求较高的机器结构。 完全互换法适用产品的其他一些部件的装配，并可以对超差进行补救	注意检查，对不合格的零件须退修或更换为能补偿偏差的零件
分组法	1. 各零件的加工公差按装配精度要求的允差放大数倍；或零件加工公差不变，而以选配来提高配合精度。 2. 增加了对零件的测量、分组以及贮存、运输工作。 3. 同组内的零件仍可以互换	适用于大批量生产中，零件数少、装配精度很高，又不便采用调整装置时，如中小型柴油机的活塞和活塞销、滚动轴承的内外圈与滚动体	一般以分成 2 ~ 4 组为宜。 对零件的组织管理工作要求严格。 配合件的表面粗糙度和形位公差要保持原设计要求
修配法	1. 依靠工人的技术水平，可获得很高的精度，但增加了装配过程中的手工修配或机械加工。 2. 在复杂、精密产品的部装或总装后作为整体，进行一次精加工修配，以消除其累积误差	一般用于单件小批生产、装配精度高、不便于组织流水作业的场合，如主轴箱底用加工或刮研除去一层金属，更换加大尺寸的新键，平面磨床工作台进行"自磨"。 特殊情况下也可用于大批生产	一般应选用易于拆装且修配面较小的零件为修配件。 应尽可能利用精密加工方法代替手工操作
调整法	1. 零件可按经济加工精度加工，仍有高的装配精度，但在一定程度上依赖工人技术水平。 2. 增加调整件或机构，易影响配合副的刚性、增加制造费用或增加机构体积	如喷油泵精密偶件的自动配磨或配研适用于零件较多、装配精度高而又不宜用分组装配时；易于保持或恢复调整精度。 可用于多种装配场合，如滚动轴承调整间隙的隔圈、锥齿轮调整啮合间隙的垫片、机床导轨的镶条等	采用可调件应考虑有防松措施

三、装配尺寸链

1. 装配尺寸链的概念

装配尺寸链是把与某项装配精度指标（或装配要求）有关的零件尺寸（或位置要求）依次排列，构成一组封闭的链形尺寸。其中该项装配精度（或装配要求）常作为封闭环，有关的尺寸都是组成环。

提要：装配尺寸链与工艺尺寸链有所不同。工艺尺寸链中所有尺寸都分布在同一个零件上，主要解决零件加工精度问题；而装配尺寸链中每一个尺寸都分布在不同零件上，每个零件的尺寸是一个组成环，有时两个零件之间的间隙也构成组成环，装配尺寸链主要解决装配精度问题。封闭环不是一个零件或一个部件上的尺寸，而是不同零件或部件的表面或轴心线之间的相对位置尺寸，是要保证的装配精度。装配尺寸链和工艺尺寸链都是尺寸链，有共同的形式和计算方法。

装配尺寸链同样可以按各环的几何特征和所处空间位置分为直线尺寸链、角度尺寸链、平面尺寸链及空间尺寸链。平面尺寸链可分解成直线尺寸链求解。

正确建立装配尺寸链，是进行尺寸链分析、计算的前提。建立尺寸链时，应遵循封闭及环数最少原则。

首先，应在装配图上找出封闭环，封闭环是在装配之后形成的，而且该环是具有装配精度要求的。组成环是对装配精度要求发生直接影响的那些零件或部件上的尺寸或角度，在进入装配时，各个零件的装配基准贴接（基准面相接，或在轴孔配合时轴心线重合）从而形成尺寸相接或角度相接的封闭图形。

其次，要遵循最短路线（最少环数）原则，要把无关的尺寸去掉，此时必须做到一个零件上只允许一个尺寸列入装配尺寸链中，即"一件一环"，这些尺寸就是零件图上应该标注的尺寸，即零件的设计尺寸，它们都有一定的精度要求。

2. 装配尺寸链的计算方法及应用

装配尺寸链的计算方法与工艺尺寸链相同，也分极值法和概率法两种。装配尺寸链的计算同样分正计算和反计算。正计算指已知与装配精度有关的各零部件的基本尺寸及其偏差，求解装配精度（封闭环）的基本尺寸及其偏差的过程；反计算是指已知装配精度（封闭环）的基本尺寸及其偏差，求解与该项装配精度有关的各零、部件（组成环）的基本尺寸及其偏差。因此，正计算用于对已设计的图样的校验，而反计算用于产品设计阶段，用来确定各零部件的尺寸及加工精度，并标注在零件图上，这是解尺寸链问题的重点。

装配尺寸链的具体计算方法与所采取的装配方法密切相关，同一项装配精度所用的装配方法不同，其装配尺寸链的计算方法也不相同。以下对各装配方法的具体解法进行说明。

（1）互换装配法

①完全互换装配法。采用完全互换装配法时，装配尺寸链采用极值法计算公式［即式（6-11）~式（6-16）］计算。在进行装配尺寸链反计算时，已知封闭环（装配精度）的公差 TA_0，则 m 个组成环的公差 TA_i 可按"等公差"原则（$TA_1 = TA_2 = \cdots = TA_m$）先确定它们的平均极值公差 T_{avA}。对于直线尺寸链，则

$$T_{avA} = \frac{TA_0}{m} \tag{6-22}$$

然后根据各组成环尺寸大小和加工的难易程度，对各组成环的公差进行适当的调整。在调整时可参照下列原则：

a. 组成环是标准件尺寸（如轴承或弹性挡圈厚度等）时，其公差值及其分布在相应标准中已有规定，应为确定值。

b. 组成环是几个尺寸链的公共环时，其公差值及其分布由其中要求最严格的尺寸链先行确定，对其余尺寸链则应成为确定值。

c. 尺寸相近、加工方法相同的组成环，其公差值相等。

d. 难加工或难测量的组成环，其公差可取较大数值；容易加工或测量的组成环，其公差取较小数值。

在确定各组成环极限偏差时，一般按"入体原则"标注，入体方向不明的长度尺寸，其极限偏差按"对称偏差"标注。

当不满足公差原则时，必须选择其中一环作为协调环，其公差与偏差分布最后确定，以便与其他组成环协调满足装配要求。标准件或公共环自然不能作为协调环，协调环的制造难度应与其他组成环加工的难度基本相当。选取易加工零件为协调环，其公差从严，难加工的零件公差从宽；选取难加工零件为协调环，其公差从宽，易加工的零件公差从严。

②不完全互换装配法（概率法）。不完全互换装配法相对于完全互换装配法，可以增加组成环公差，降低加工成本，但可能会出现少量不合格品。不完全互换装配法采用概率法计算公式［见式（6－17）~式(6－21)］，反计算方法与完全互换装配法相同。

对于正态分布的直线尺寸链，各组成环平均统计公差为

$$T_{avqA} = \frac{TA_0}{\sqrt{m}} \tag{6-23}$$

互换装配法的应用现举例说明如下：

例 6－10　如图 6－51 所示齿轮与轴组件装配，齿轮空套在轴上，要求齿轮与挡圈的轴向间隙为 0.10 ~ 0.35 mm。已知各相关零件的基本尺寸为：$A_1 = 30$ mm，$A_2 = 5$ mm，$A_3 = 43$ mm，$A_4 = 3_{-0.05}^{\ 0}$ mm（标准件），$A_5 = 5$ mm。试用完全互换装配法确定各组成环的偏差。

图 6－51　齿轮与轴组件装配
(a) 齿轮与轴装配；(b) 装配尺寸链

解　①按封闭和环数最少原则，确定各组成环，A_1、A_2、A_3、A_4、A_5 等 5 个尺寸都是对装配精度有影响的尺寸，画装配尺寸链如图 6－51（b）所示，校验各环基本尺寸。

依题意，轴向间隙为 0.10 ~ 0.35 mm，则封闭环 $A_0 = 0_{+0.10}^{+0.35}$ mm，封闭环公差 $TA_0 = 0.25$ mm。A_3 为增环，A_1、A_2、A_4、A_5 为减环。

$$A_0 = A_3 - (A_1 + A_2 + A_4 + A_5) = 0 \text{ mm}$$

由计算可知，各组成环基本尺寸无误。

②确定各组成环公差。

计算各组成环的平均极值公差 T_{avA}

$$T_{avA} = \frac{T_0}{m} = 0.05 \text{ mm}$$

以平均公差为基础，根据各组成环的尺寸、零件加工难以程度，确定各组成环公差。A_4 为标准件，$A_4 = 3_{-0.05}^{0}$ mm，$T_4 = 0.05$ mm，A_5 为一垫片，易于加工测量，故选 A_5 为协调环。其余组成环公差为：$T_1 = 0.06$ mm，$T_2 = 0.04$ mm，$T_3 = 0.07$ mm，公差等级约为 IT9。则

$$T_5 = T_0 - (T_1 + T_2 + T_3 + T_4) = 0.03 \text{ mm}$$

③确定各组成环的极限偏差。

除协调环外各组成环按"入体原则"标注为

$$A_1 = 30_{-0.06}^{0} \text{ mm}, \quad A_2 = 5_{-0.04}^{0} \text{ mm}, \quad A_3 = 43_{0}^{+0.07} \text{ mm}$$

由式（6-14）计算协调环的偏差

$$EI_5 = ES_3 - ES_0 - (EI_1 + EI_2 + EI_4) = -0.13 \text{ mm}$$

$$ES_5 = EI_5 + T_5 = -0.10 \text{ mm}$$

所以，协调环 $A_5 = 5_{-0.13}^{-0.10}$ mm。

例 6-11 如果上例改用不完全互换法装配，其他条件不变，试确定各组成环的偏差。

解 ①画装配尺寸链图，校验各环基本尺寸与上例相同。

②确定各组成环公差。

假定该产品大批量生产，工艺稳定，则各组成环尺寸正态分布，各组成环平均统计公差为

$$T_{avqA} = \frac{T_0}{\sqrt{m}} = \frac{0.25}{\sqrt{5}} \text{ mm} \approx 0.11 \text{ mm}$$

A_3 为包容（孔槽）尺寸，较其他零件难加工。现选 A_3 为协调环（其公差从宽），则应以平均统计公差为基础，参考各零件尺寸和加工难度，从严选取其余各组成环公差。

$T_1 = 0.14$ mm，$T_2 = T_5 = 0.08$ mm，其公差等级为 IT11。$A_4 = 3_{-0.05}^{0}$ mm（标准件），$T_4 = 0.05$ mm，则

$$T_3 = \sqrt{T_0^2 - (T_1^2 + T_2^2 + T_4^2 + T_5^2)} = 0.16 \text{ mm（只舍不进）}$$

③确定组成环的偏差。

除协调环外各组成环按"入体原则"标注为

$$A_1 = 30_{-0.14}^{0} \text{ mm}, \quad A_2 = 5_{-0.08}^{0} \text{ mm}, \quad A_5 = 5_{-0.08}^{0} \text{ mm}$$

由式（6-24）得

$$A_{3M} = A_{0M} + (A_{1M} + A_{2M} + A_{4M} + A_{5M}) = 43.05 \text{ mm}$$

所以

$$A_3 = (43.05 \pm 0.08) \text{ mm} = 43_{-0.03}^{+0.13} \text{ mm}$$

（2）分组装配法

当封闭环精度要求很高时，如果采用互换装配法，则各零件公差要求过严，甚至超过了加工工艺的现实可能性，此时就不易甚至不能只依靠零件的加工精度来保证装配精度，而可考虑采用选配法。其中，分组装配法是通过放大各零件公差（仍按经济精度制造），并将互配零件测量分组，对应组分别进行装配，以达到装配精度要求。应该满足如下条件：

①配合件的公差范围应相等，公差应同方向增加，增大的倍数就是分组数。满足这些条

件后，分组后相配零件相对于原配合零件只是基本尺寸同步增加或减少，才能在分组后按对应组装配而得到预定的配合性质（间隙或过盈）和配合精度。

②为保证零件分组装配中都能配套，应使配合件的尺寸分布为相同的对称分布（如正态分布），否则会造成一些零件的积压浪费。如果分布曲线不相同或为不对称分布曲线，可采取分组公差不等或专门加工一批零件来配套（积压一定量不配套件以后）等措施。

③配合件的表面粗糙度、相互位置精度和形状精度必须保持原设计要求。否则，分组装配后的配合性质和精度将受到影响。

④分组数不宜过多，以 3 – 5 组为宜，否则，会增加零件测量、分组、存贮工作量。

例 6 – 12　如图 6 – 52（a）所示为某一汽车发动机活塞销与活塞上销孔的装配关系，销子和孔的基本尺寸为 d、D 均为 $\phi28$ mm，在冷态装配时要求有 0.002 5 ~ 0.007 5 mm 的过盈量。试用分组装配法确定活塞销及销孔的公差及偏差。

解　①根据题意，装配精度（过盈量）的公差 $T_0 = $（0.007 5 – 0.002 5）mm = 0.005 0 mm。若按完全互换装配法，将 T_0 均等分配给活塞销及销孔，则尺寸分别为活塞销 $d = \phi28_{-0.002\,5}^{\;\;\;0}$ mm 和销孔 $D = \phi28_{-0.007\,5}^{-0.005\,0}$ mm，显然，制造很困难，也不经济。

②采用分组装配法，将活塞销及销孔原公差同方向放大 4 倍，销、孔尺寸分别为 $d = \phi28_{-0.010}^{\;\;\;0}$ mm，$D = \phi28_{-0.015}^{-0.005}$ mm；用精密量具逐一测量其实际尺寸，将活塞销及销孔按尺寸从小到大分成 4 组，分别用不同的颜色标记。装配时相同颜色标记的活塞销和销孔相配，使之达到产品图样规定的装配要求。图 6 – 52（b）所示给出了活塞销和销孔的分组公差带位置。具体分组情况见表 6 – 14。

图 6 – 52　活塞销与活塞上销孔的装配

（a）活塞销与销孔的装配；（b）分组公差带

1—活塞销；2—挡圈；3—活塞

（3）修配装配法

在单件、小批生产中装配那些装配精度要求高、组成环数又多的机器结构时，常用修配装配法装配。此时，各组成环公差按经济加工精度确定，装配时封闭环所累积的误差通过修配预先选取的某一组成环（修配环）来补偿，以保证装配精度。修配环应选取拆卸方便、易于修配的零件，不能取作为公共环的零件。

表 6－14　活塞销与活塞销孔直径分组　　　　　　　　　　mm

组别	标志颜色	活塞销直径 d	活塞销孔直径 D	配合情况	
		$28_{-0.010}^{0}$	$28_{-0.015}^{-0.005}$	最小过盈	最大过盈
I	红	$28_{-0.0025}^{0}$	$28_{-0.0075}^{-0.0050}$		
II	白	$28_{-0.0050}^{-0.0025}$	$28_{-0.0100}^{-0.0075}$	0.0025	0.0075
III	黄	$28_{-0.0075}^{-0.0050}$	$28_{-0.0125}^{-0.0100}$		
IV	黑	$28_{-0.0010}^{-0.0075}$	$28_{-0.0150}^{-0.0125}$		

采用修配法装配时，应认真校核各有关组成环的尺寸，保证修配量 $K_{\min}$ 足够且最小。一般取最小修磨量为 0.05 ~ 0.10 mm，取最小刮研量为 0.10 ~ 0.20 mm。如果最小修配量过大，则应适当调整组成环的公差。

下面以修配环修配时，封闭环尺寸变大情形为例说明采用修配装配法装配时尺寸链的计算步骤和方法。

例 6－13　图 6－53（a）所示为车床溜板箱齿轮与床身齿条的装配结构，要求溜板箱齿轮与固定在床身上的齿条间在垂直平面内必须保证有 0.17 ~ 0.28 mm 的啮合间隙。已知：$A_1 = 53$ mm，$A_2 = 25$ mm，$A_3 = 15.74$ mm，$A_4 = 71.74$ mm，$A_5 = 22$ mm。现采用修配装配法，试确定修配环尺寸并验算修配量。

（a）　　　　　　　　　　　　（b）
图 6－53　车床溜板箱齿轮与床身齿条装配及装配尺寸链
（a）溜板箱装配；（b）装配尺寸链

解　①经过分析，建立装配尺寸链，如图 6－53（b）所示。选择修配环，从方便修配考虑，选 A_2 为修配环。

②确定组成环公差及偏差。

按加工经济精度确定各组成环公差，并按"入体原则"标注确定极限偏差，得：$A_1 = 53\text{h}10 = 53_{-0.12}^{0}$ mm，$A_3 = 15.74\text{h}11 = 15.74_{-0.055}^{0}$ mm，$A_4 = 71.74\text{js}11 = (71.74 \pm 0.095)$ mm，$A_5 = 22\text{js}11 = (22 \pm 0.065)$ mm，并设 $A_2 = 25_{0}^{+0.13}$ mm。

③计算组成环放大后封闭环尺寸 A_0^*。

$$A'_{0max} = A_{4max} + A_{5max} - (A_{1min} + A_{2min} + A_{3min}) = [(71.74+0.095) + (22+0.065) - (53-0.12) -$$
$$25 - (15.74-0.055)] \text{ mm} = 0.335 \text{ mm}$$

$$A'_{0mix} = A_{4min} + A_{5min} - (A_{1max} + A_{2max} + A_{3max}) = [(71.74-0.095) + (22-0.065) - 53 -$$
$$(25+0.13) - 15.74] \text{ mm} = -0.290 \text{ mm}$$

由题可知：$A_0 = 0^{+0.335}_{-0.290}$ mm，$T_0 = 0.625$ mm

显然 A'_0 与 A_0 不符，需要通过修配修配环 A_2 来达到规定的装配精度。

④确定修配环尺寸 A_2。

如图 6-53 所示 A_0 与 A_0^* 比较可知，若装配后出现齿条相对于齿轮的啮合间隙大于 0.28 mm 时，则无法通过修配 A_2 达到装配精度要求。由尺寸链关系可知，适当增加修配环 A_2 基本尺寸，使 A'_{0max} 值从 0.335 mm 减少至 0.280 mm。令 $A'_{0max} = 0.280$ mm，反求 A_{2min} 得：$A_{2min} = 25.06$ mm，则 $A_2 = 25.06^{+0.13}_0$ mm。

⑤验算修配量。

图 6-53 中右侧方框线为修配环按 $A_2 = 25.06^{+0.130}_0$ mm 制造时，齿条相对于齿轮的啮合间隙 A_0 的最大值 0.280 mm 和最小值（$-0.290-0.060 = -0.350$ mm）。当出现最大值 0.28 mm 时，无须修配就可满足装配要求；当出现最小值 -0.35 mm 时，修配量最大，$K_{max} = (0.35+0.17)$ mm = 0.52 mm。修配量合理。

如果考虑最小修配量，$K_{min} = 0.10$ mm，则由尺寸关系可知，修配环基本尺寸及最大修配量各增加 0.10 mm，即 $A_2 = 25.16^{+0.130}_0$ mm，$K_{max} = 0.62$ mm。

（4）调整装配法

采用调整装配法装配时，各组成环零件公差按经济精度来确定，通过改变调整环零件（调整件）的相对位置或选用合适的调整件来达到装配精度要求。

最常见的调整方法有固定调整法、可动调整法、误差抵消调整法三种。

①可动调整法。如图 6-54（a）所示结构是靠转动螺钉来调整轴承外环相对于内环的位置，从而使滚动体与内环、外环间具有适当间隙或过盈的，螺钉调到位后，用螺母锁紧。如图 6-54（b）所示结构为丝杠螺母副间隙调整机构，丝杠螺母间隙不合适时，可拧动调节螺钉，调节楔块的上下位置，使左、右螺母分别靠紧丝杠的两个螺旋面，以减小丝杠与左、右螺母之间的间隙。

（a）　　　　　　　　　　　（b）

图 6-54　可动调整法装配

（a）调节内外环境；

1—调节螺钉；2—螺母；

（b）调节楔块位置

1—调节螺钉；2—螺母；3—模块；4—螺母；5—丝杠

②固定调整法。在装配时，选择某一零件为调整件，作为调整件的零件是按一定尺寸间隔制成的一组零件，装配时根据超差大小，从中选出某一尺寸等级适当的零件，以保证装配精度要求。常用的调整件有轴套、垫片、垫圈等。

采用固定调整法时，计算装配尺寸链的关键是确定调整环的组数和各组的尺寸。

a. 确定调整环的组数。首先确定补偿量 δ。由于放大了组成环公差，装配后的实际封闭环的公差 $T(A_0^*)$ 必然超出设计要求的公差 T_0，需用调整环补偿，该补偿量 δ 等于超差量。

$$\delta = T(A_0^*) - T_0 \tag{6-24}$$

其次，确定每一组调整环的补偿能力 α。若忽略调整环的制造公差 TA_k，则调整环的补偿能力 α 就等于封闭环公差 T_0；若考虑补偿调整环的公差 $T(A_k)$，则调整环的补偿能力为

$$\alpha = T_0 - T(A_k) \tag{6-25}$$

当某一组调整环无法满足补偿要求时，就需用相邻一组的调整环来补偿。所以，相邻组别调整环基本尺寸之差也应等于补偿能力 α。因此，分组数 Z 可用下式表示：

$$Z = \frac{\delta}{\alpha + 1} \tag{6-26}$$

计算所得分组数 Z 后，要用小数点进位法（不是四舍五入）圆整。

b. 计算各组调整环的尺寸。比较方便的办法是先求出调整环的中间尺寸，再求其他各组的尺寸，相邻组的调整环的基本尺寸之差等于补偿能力 α。

当 Z 为奇数时，求出的中间尺寸就是调整环中间一组尺寸的平均值。其余各组尺寸的平均值相应增加或减小 α 即可。

当 Z 为偶数时，求出的中间尺寸是调整环的对称中心，再根据 α 安排各组尺寸。

调整环的极限偏差也按"入体原则"标注。

例 6-14 将例 6-10 改为按固定调整法装配，其他条件不变；试确定调整环的组数及各组的尺寸。

解 ① 画装配尺寸链、校核各组成环基本尺寸与例 6-10 相同。

②选择调整件：A_5 为一垫圈，加工比较容易、装卸方便，故选择 A_5 为调整件。

③确定各组成环的公差和偏差。

按加工经济精度确定各组成环公差，并按"入体原则"标注确定极限偏差，得：$A_1 = 30_{-0.20}^{0}$ mm，$A_2 = 5_{-0.10}^{0}$ mm，$A_3 = 43_{0}^{+0.20}$ mm，$A_4 = 3_{-0.05}^{0}$ mm（根据题意），并取 $T_5 = 0.10$ mm，各零件公差约为 IT11，可以经济加工。

计算各环的中间偏差：

$$\Delta A_0 = +0.225 \text{ mm}, \quad \Delta A_1 = -0.10 \text{ mm}, \quad \Delta A_2 = -0.05 \text{ mm},$$
$$\Delta A_3 = +0.10 \text{ mm}, \quad \Delta A_4 = -0.025 \text{ mm}$$

④计算补偿量 F 和调整环的补偿能力 S。

$$F = T(A_0^*) - T_0 = (T_1 + T_2 + T_3 + T_4 + T_5) - T_0$$
$$= [(0.20 + 0.10 + 0.20 + 0.05 + 0.10) - 0.25] \text{ mm}$$
$$= 0.40 \text{ mm}$$

$$S = T_0 - T(A_k) = T_0 - T_5 = (0.25 - 0.10) \text{ mm} = 0.15 \text{ mm}$$

⑤确定调整环组数 Z。

$$Z = \frac{F}{S} + 1 = \frac{0.40}{0.15} + 1 = 3.66 \approx 4$$

⑥计算调整环的中间偏差和中间尺寸。

$$\Delta A_5 = \Delta A_3 - \Delta A_0 - (\Delta A_1 + \Delta A_2 + \Delta A_4)$$
$$= [0.10 - 0.225 - (-0.10 - 0.05 - 0.025)]\text{mm} = 0.05 \text{ mm}$$
$$A_{5M} = (5 + 0.05)\text{mm} = 5.05 \text{ mm}$$

⑦确定各组调整环的尺寸。因调整环的组数为偶数，故求得的 A_{5M} 就是调整环的对称中心，各组尺寸差 $S = 0.15$ mm。各组尺寸的平均值分别为 $(5.05 + 0.15 + 0.15/2)$ mm、$(5.05 + 0.15/2)$ mm、$(5.05 - 0.15/2)$ mm 及 $(5.05 - 0.15 - 0.15/2)$ mm，各组公差为 ± 0.05mm。因此，$A_5 = 5_{-0.225}^{-0.125}$、$5_{-0.075}^{+0.025}$、$5_{+0.075}^{+0.175}$、$5_{+0.225}^{+0.325}$ mm。

③误差抵消调整法。在机器装配中，通过调整两个或两个以上被装零件的相对位置，使各零件的加工误差相互抵消以提高装配精度，这种装配方法称为误差抵消调整法。这一方法在机床装配中应用较多。例如，在车床主轴装配中通过调整前后轴承的径向圆跳动来提高主轴的回转精度；在滚齿机工作台分度蜗轮装配中，采用调整蜗轮和轴承的偏心方向来抵消误差，以提高其同轴度。

四、装配工艺规程制订

装配工艺规程是用文件形式规定下来的装配工艺过程，是指导装配生产的主要技术文件，是指导装配生产计划和技术准备工作的主要依据。当前，大批大量生产的企业大多有完备的装配工艺规程，而单件小批生产的企业的装配工艺规程就比较简单，甚至没有。

1. 装配工艺规程制订的原则

①保证产品装配质量，以提高产品质量和延长产品的使用寿命。

②合理安排装配顺序和工序，尽量减少装配劳动量，缩短装配周期，提高装配效率。

③尽量减少装配所占车间面积，提高单位面积的生产率。

④尽量减少装配工作所占的成本。

2. 装配工艺规程制订的步骤和内容

（1）研究产品的装配图和装配技术条件

审核产品图样的完整性、正确性；分析产品的结构工艺性和装配工艺性；审核产品装配的技术条件和验收标准，分析与计算产品装配尺寸链。

机器的装配工艺性是指机器结构符合装配工艺上的要求，主要有以下三个方面：

①机器结构能被分解成若干独立的装配单元。如图 6 - 55（a）所示，齿轮顶圆直径大于箱体轴承孔孔径，轴上零件须依次逐一装到箱体中去；如图 6 - 55（b）所示，齿轮直径小于轴承孔径，轴上零件可以先组装成组件后，一次装入箱体。

②装配中的修配工作和机械加工工作应尽可能少。把图 6 - 56（a）所示活塞上配钻销孔的销钉连接改为图 6 - 56（b）所示的螺纹连接，装配就不需要机械加工。

③装配和拆卸方便。在图 6 - 57（a）中轴承拆卸难，图 6 - 57（b）中在箱体上与轴承外圆和相应的部位设 3 ~ 4 个螺孔，拆卸时用螺钉将轴承顶出。

图 6 - 55　两种传动轴结构比较

（a）依次装入；（b）一次装入

图 6 - 56　两种活塞连接结构

（a）销钉连接；（b）螺纹连接

图 6 - 57　便于拆卸

（a）不便拆卸；（b）拆卸方便

（2）确定装配方法与组织形式

装配的方法和组织形式的选择主要取决于产品的结构特点（包括质量、尺寸和复杂程度）、生产类型和现有生产条件。装配方法通常在设计阶段即应确定，并优先采用完全互换法。

装配的组织形式分为移动式和固定式两种，而移动式又有强迫节奏和自由节奏之分。

①移动式装配，即装配基准件沿装配路线从一个工作地向另一工作地移动，在各装配地点完成其中某一固定的装配工作。强迫节奏的节拍是固定的，各工位的装配工作必须在规定时间内完成。强迫节奏移动装配又可分为连续移动和断续移动两种形式。连续移动装配时，装配线做连续缓慢的移动，工人在装配时随装配线走动，一个工位的装配工作完毕后工人立即返回原地，这种方式不适合装配那些装配精度较高的产品；断续移动装配时，装配线在工人装配时不动，到规定时间，装配线带着被装配的对象移动到下一工位，工人不走动。自由节奏的节拍不固定，移动比较灵活，具有柔性，适合多品种装配。移动式装配流水线多用于大批大量生产，产品可大可小。

②固定式装配，即全部装配工作都在固定工作地点进行，多用于单件、小批生产或重型产品的成批生产。固定式装配又可分为集中式和分散式两种，前者所有装配工作都由一个或一组工人在一个地方集中完成，多用于单件小批生产；后者将整台产品的装配分为部装和总装，分别由几个或几组工人同时在不同地点分散完成，专业化程度较高，多用于成批生产结构比较复杂、工序数多的产品，如机床、汽轮机的装配。

3. 划分装配单元，确定装配顺序，绘制装配工艺系统图

将产品划分为套件、组件及部件等能进行独立装配的装配单元是制定装配工艺规程中最重要的一个步骤，这对大批大量生产中装配那些结构复杂的产品尤为重要。无论哪一级装配单元，都要选定某一应有较大的体积和质量零件或比它低一级的装配单元作为装配基准件（通常应是产品的基体或主干零、部件，有足够大的支承面），例如：床身部件是机床产品的装配基准件、床身组件是床身部件的装配基准件、床身零件是床身组件的装配基准件等。

接着就要安排装配顺序，并以装配工艺系统图的形式表示出来。安排装配顺序的原则一般是"先难后易、先内后外、先下后上，先精密后一般，预处理工序在前"。

图6-58所示为卧式车床床身的装配简图，图6-59所示为床身部件的装配工艺系统图。

图6-58　卧式车床床身的装配简图

图6-59　床身部件装配工艺系统图

4. 划分装配工序，进行工序设计

①划分装配工序，确定工序内容。

②确定各工序所需的设备和工具，如需专用夹具与设备，则应提交设计任务书。

③制定各工序装配操作规范，如过盈配合的压入力、装配温度以及拧紧固件的力矩等。

④规定各工序装配质量要求与检测方法。

⑤确定工序时间定额，平衡各工序节拍。

5. 编制装配工艺文件

单件、小批生产时，通常只绘制装配工艺系统图，装配时，按产品装配图及装配工艺系统图工作。成批生产时，通常还制订部装、总装的装配工艺卡，按工序写明工序次序、简要工序内容、设备名称、工夹具名称与编号、工人技术等级和时间定额等。在大批、大量生产中，除装配工艺卡外，还要编制装配工序卡，以直接指导工人进行产品装配。此外，还应按产品图样要求，制订装配检验卡、试验卡等工艺文件。

复习思考题

6-1 试简述工艺规程的设计原则、设计内容及设计步骤。

6-2 零件毛坯的常见形式有哪些？各应用于什么场合？

6-3 试指出如图 6-60 所示零件结构工艺性方面存在的问题，并提出改进意见。

(a)   (b)   (c)   (d)

(e)   (f)   (g)   (h)

图 6-60 题 6-3

6-4 什么是粗基准？什么是精基准？试简述粗、精基准的选择原则，为什么粗基准通常只允许用一次。

6-5 试选择如图 6-61 所示的零件加工时的粗、精基准（标有 $\sqrt{Ra}$ 符号的为加工面，其余的为非加工面），并简要说明理由。图（a）、（b）、（c）所示零件要求内外圆同轴，端面与孔轴线垂直，非加工面与加工面间尽可能保持壁厚均匀；图（d）所示零件毛坯孔已铸出，要求孔加工余量尽可能均匀。

6-6 试简述按工序集中原则、工序分散原则组织工艺过程的工艺特征，各用于什么场合。

6-7 工序顺序安排应遵循哪些原则？如何安排热处理工序？

6-8　为何要划分加工阶段？各阶段的主要作用是什么？

6-9　试分析影响工序余量的因素，为什么在计算本工序加工余量时必须考虑本工序装夹误差和上工序制造公差的影响？

图 6-61　题 6-5

6-10　如图 6-62 所示尺寸链中（图中 A_0、B_0、C_0、D_0 是封闭环），试判别其余各环的性质（增环还是减环）。

图 6-62　题 6-10

6-11　在 CA6140 车床上粗车、半精车一套筒的外圆，材料为 45 钢（调质），$R_m =$ 681 MPa，200~230 HBS，毛坯尺寸 $d_w \times l_w = \phi70$ mm $\times 300$ mm。车削后尺寸 $d = \phi65_{-0.25}^{0}$ mm，表面粗糙度均为 $Ra3.2$ mm，加工长度 $= 280$ mm。试选择刀具类型、材料、结构、几何参数及切削用量。

6-12　如图 6-63（a）所示为一轴套零件图，图 6-64（b）所示为车削工序简图，图 6-64（c）所示为钻孔工序三种不同定位方案的工序简图，均需保证图（a）所规定的位置尺寸（10 ± 0.1）mm 的要求，试分别计算工序尺寸 A_1、A_2、A_3 有关的轴向尺寸。

6-13　如图 6-64 所示工件，成批生产时以端面 B 定位加工 A 面，保证尺寸 $10_{0}^{+0.20}$ mm，试标注铣此缺口时的工序尺寸及公差。

6-14　如图 6-65 所示零件的部分工艺过程为：以端面 B 及外圆定位粗车端面 A，留精车余量 0.4 mm 镗内孔至 C 面，然后以尺寸 $60_{-0.05}^{0}$ mm 定距装刀精车 A。孔的深度要求为

（22±0.10）mm。试标出粗车端面 A 及镗内孔深度的工序尺寸 L_1、L_2 及其公差。

6−15　加工如图 6−66（a）所示零件端面，保证轴向尺寸 $50_{-0.10}^{0}$ mm，$25_{-0.30}^{0}$ mm 及 $5_{0}^{+0.4}$ mm，其有关工序如图 6−66（b）、（c）所示，试求工序尺寸 A_1、A_2、A_3 及其偏差。

图 6−63　题 6−12

图 6−64　题 6−13

图 6−65　题 6−14

图 6−66　题 6−15

6－16 什么是生产成本、工艺成本？什么是可变费用、不变费用？如何正确运用经济分析方法合理选择工艺方案？

6－17 试分析成组工艺的科学内涵和推广应用成组工艺的重要意义。

6－18 机械结构的装配工艺性包括哪些主要内容？试举例说明。

6－19 装配精度一般包括哪些内容？保证装配精度的方法有哪几种？各适用于什么装配场合？

6－20 试述装配工艺规程制订的主要内容及其步骤。

6－21 如何建立装配尺寸链？装配尺寸链与工艺尺寸链的主要区别是什么？

6－22 如图6－67所示，减速机中某轴上零件的尺寸为 $A_1 = 40$ mm，$A_2 = 36$ mm，$A_3 = 4$ mm。要求装配后的轴向间隙为 0.10 ~ 0.15 mm，试用完全互换法和不完全互换法分别确定这些尺寸的公差及偏差。

图6－67 题6－23

6－23 图6－68所示为车床溜板与床身导轨装配图，为保证溜板在床身导轨上准确移动，要求装配后配合间隙为 0.1 ~ 0.3 mm。试用修配法确定有关零件尺寸的公差及偏差。

图6－68 题6－23

6－24 在轴孔配合中，若轴径尺寸为 $\phi 80^{\ 0}_{-0.10}$ mm，孔径尺寸为 $\phi 80^{+0.20}_{\ 0}$ mm，设轴径与孔径的尺寸均按正态分布，且尺寸分布中心与公差带中心重合，试用完全互换法和不完全互换法分别计算轴孔配合间隙尺寸及其极偏差。

6－25 图6－69所示传动装置，要求轴承端面与端盖之间留有 $A_0 = 0.3 ~ 0.5$ mm 的间隙。已知：$A_1 = 42^{\ 0}_{-0.25}$ mm（标准件），$A_2 = 158^{\ 0}_{-0.08}$ mm，$A_3 = 40^{\ 0}_{-0.25}$ mm（标准件），$A_4 =$

$23^{+0.045}_{\ 0}$ mm，$A_5 = 250^{+0.09}_{\ 0}$ mm，$A_6 = 38^{+0.05}_{\ 0}$，$B = 5$ mm。如采用固定调整法装配，试确定固定调整环 B 的分组数和分组尺寸。

图 6 − 69　题 6 − 25

第七章　现代制造技术综述

本章知识要点：

1. 精密与超精密加工技术；

2. 增材制造技术的主要类型与原理；

3. 智能制造技术；

4. 绿色制造技术。

前期知识：

复习前面各章节的理论及实践知识。

导学：图7-1所示为某汽车公司提出的脑型齿轮组模型。用前面的传统加工方法是无法生产，更无法进一步组装。那么它是采用何种技术做出的？该技术又有哪些类型？它们的制造原理是什么？与传统制造方法有什么区别？还有哪些典型的先进制造技术？

图7-1　脑型齿轮组模型

第一节　精密与超精密加工

一、精密与超精密加工的概念

与普通精度加工相对而言，精密加工是指在一定的发展阶段，加工精度和表面质量达到较高程度的加工工艺，超精密加工则是指加工精度和表面质量达到最高程度的加工工艺。目前，精密加工一般指加工精度在 $0.1\ \mu m$ 以下，表面粗糙度 $Ra < 0.1\ \mu m$ 的加工技术，超精密加工是加工精度可控制到小于 $0.01\ \mu m$、表面粗糙度 $Ra < 0.01\ \mu m$ 的加工技术，也称为亚微米加工，并已发展到纳米加工的水平。

需要指出的是： 上述划分只具有相对意义，因为随着制造技术的不断发展，加工精度必定越来越高，现在属于精密加工的方法总有一天会变成普通加工方法。

精密与超精密加工是现代制造技术的重要组成部分之一，是发展其他高新技术的基础和关键，已成为衡量一个国家制造业水平的重要标志。例如，陀螺仪质量和红外线探测器反射镜的加工精度直接影响导弹的引爆距离和命中率，1 kg 的陀螺转子，如质量中心偏离其对称轴 0.000 5 μm，则会引起 100 m 的射程误差和 50 m 的轨道误差，红外线探测器抛物面反射镜要求形状精度为 1 μm，表面粗糙度为 $Ra0.01$ μm；喷气发动机转子的加工误差如从 60 μm 降到 12 μm，可使发动机的压缩效率从 89% 提高到 94%。

二、精密与超精密加工的方法及分类

根据加工成形的原理和特点，精密与超精密加工方法可分为去除加工（又称为分离加工，从工件上去除多余材料）、结合加工（加工过程中将不同材料结合在一起）和变形加工（又称为流动加工，利用力、热、分子运动等手段改变工件尺寸、形状和性能，加工过程中工件质量基本不变）。根据机理和使用能量，精密与超精密加工可分为力学加工（利用机械能去除材料）、物理加工（利用热能去除材料或使材料结合、变形）、化学和电化学加工（利用化学和电化学能去除材料或使材料结合、变形）和复合加工（上述加工方法的复合）。各种精密与超精密加工的分类与机理见表 7 – 1。

表 7 – 1　精密与超精密加工分类

分类	加工机理		主要加工方法
去除加工（分离加工）	物理加工	电物理加工	电火花加工（成形、线切割）
		热物理（蒸发、扩散、溶解）	电子束加工、激光加工
	力学加工		金刚石刀具精密切削、精密磨削、研磨、抛光、珩磨、超声波加工
	电化学加工、化学加工		电解加工、蚀刻、化学机械抛光
结合加工	附着加工	化学	化学镀覆、化学气相沉积
		电化学	电镀、电铸、电刷镀（涂镀）
		热熔化	真空蒸镀、熔化镀
	注入加工	化学	氧化、渗氮、化学气相沉积
		电化学	阳极氧化
		热熔化	掺杂、渗碳、烧结、晶体生长
		力物理	离子注入、离子束外延
	连接加工	热物理	激光焊接、快速成形加工
		化学	化学黏接
连接加工	热流动		精密锻造、电子束流动加工、激光流动加工
	黏滞流动		精密铸造、压铸、注塑
	分子定向		液晶定向

由表 7 – 1 可知，精密与超精密加工方法很多，有些是传统加工方法的精化和提高，如精密切削和磨削；有些是特种加工方法，利用机、电、光、声、热、化学、磁、原子能等能量来进行加工；也有些是传统加工方法和特种加工方法的复合。下面主要介绍金刚石刀具超精密切削和精密、超精密磨削。

1. 金刚石刀具超精密切削

使用精密的单晶天然金刚石刀具加工有色金属和非金属，直接加工出超光滑的加工表面，粗糙度 $Ra = 0.020 \sim 0.005\ \mu m$，加工精度 $< 0.01\ \mu m$。主要应用于单件大型超精密零件和大量生产中的中小型超精密零件的切削加工，比如陀螺仪、激光反射镜、天文望远镜的反射镜、红外反射镜和红外透镜、雷达的波导管内腔、计算机磁盘、激光打印机的多面棱镜、录像机的磁头、复印机的硒鼓等。

金刚石刀具超精密切削也是金属切削的一种，当然也服从金属切削的普遍规律，但因是超微量切削，故其机理与一般切削有较大的差别，其难度比常规的大尺寸去除技术要大得多。超精密切削时，其背吃刀量可能小于晶粒的大小，切削在晶粒内进行，即把晶粒当成一个个不连续体进行切削，切削力一定要超过晶体内部原子、分子的结合力，刀刃上所承受的应力就急剧增加。而且刀具和工件表面微观的弹性变形和塑性变形随机，工艺系统的刚度和热变形对加工精度也有很大影响，再加上晶粒内部大约 $1\ \mu m$ 的间隙内就有一个位错缺陷等因素的影响，导致精度难以控制。所以这已不再是单纯的技术方法，而是已发展成一门多学科交叉的综合性高新技术，成为精密与超精密加工系统工程。在具体实施过程中，要综合考虑以下几方面因素才能取得令人满意的效果：

①加工机理与工艺方法；

②加工工艺装备；

③加工工具；

④工件材料；

⑤精密测量与误差补偿技术；

⑥加工工作环境、条件等。

其中对机床和刀具需要提出不同于普通切削的要求。

超精密加工机床是超精密加工最重要、最基本的加工设备，对其应提出如下基本要求：

①高精度。包括高的静态精度和动态精度，比如高的几何精度、定位精度和重复定位精度以及分辨率等。

②高刚度。包括高的静刚度和动刚度，除自身刚度外，还要考虑接触刚度以及工艺系统刚度。

③高稳定性。要具有良好的耐磨性、抗振性等，能够在规定的工作环境和使用过程中长时间保持精度。

④高自动化。采用数控系统实现自动化以保证加工质量的一致性，减少人为因素的影响。

典型的超精密机床有：美国的大型 DTM – 3 型和 LODTM 大型超精密金刚石车床、英国的大型超精密机床 OAGM2500、日本的 AHNIO 型高效车削、磨削超精密机床以及我国的 JCS – 027 超精密车床、JCS – 031 超精密铣床（1985）、NAN – 800 纳米超精密机床（2001）等。

为实现超精密切削，刀具应具有如下性能：

①极高的硬度、耐磨性和弹性模量，以保证刀具有很高的尺寸耐用度。

②刃口能磨得极其锋锐，即刃口半径值极小，能实现超薄切削厚度。

③刀刃无缺陷，因切削时刃形将复制在被加工表面上，这样可得到超光滑的镜面。

④与工件材料的抗黏性好、化学亲和性小、摩擦系数低，以得到极好的加工表面完整性。

天然单晶金刚石是一种理想的、不可替代的超精密切削刀具材料，不仅具有很高的高温强度和红硬性，而且导热性能好，和有色金属摩擦因素低，能磨出极其锋锐的刀刃等，因此能够进行 $Ra0.050 \sim 0.008$ μm 的镜面切削。人造聚晶金刚石也可应用于超精密加工刀具，但其性能远不如天然金刚石。

金刚石刀具超精密切削是在高速、小背吃刀量、小进给量下进行，是高应力、高温切削，由于切屑极薄，切削速度高，不会波及工件内层，因此塑性变形小，可以获得高精度、低表面粗糙度值的加工表面。

同传统切削一样，金刚石刀具切削含碳铁金属材料时，因产生碳铁亲和作用而产生碳化磨损（扩散磨损），不仅易使刀具磨损，而且影响加工质量，所以不能用来加工黑色金属。

对于黑色金属、硬脆材料的精密与超精密加工，则主要是应用精密和超精密磨料加工，即利用细粒度的磨粒和微粉对黑色金属、硬脆材料等进行加工，以得到高加工精度和低表面粗糙度值。

2. 精密磨削

精密磨削主要靠砂轮的精细修整，使磨粒具有微刃性和等高性而实现的，精密磨削的机理可以归纳为：

（1）微刃的微切削作用

砂轮精细修整后，可得到如图 7 - 2 所示的微刃，相当于砂轮磨粒粒度变细，进行微量切削，形成小表面粗糙度值的表面。

图 7 - 2　磨粒的微刃性和等高性

（2）微刃的等高切削作用

分布在砂轮表层同一深度上的微刃数量多，等高性好，使加工表面的残留高度极小。

（3）微刃的滑挤、摩擦、抛光作用

锐利的微刃随着磨削时间的增加而逐渐钝化因而切削作用减弱，滑挤、摩擦、抛光作用加强。同时磨削区的高温使金属软化，钝化微刃的滑擦和挤压将工件表面凸峰碾平，降低了表面粗糙度值。

精密磨削一般用于机床主轴、轴承、液压滑阀、滚动导轨、量规等的精密加工。

3. 超精密磨削

超精密磨削是一种亚微米级的加工方法，并正逐步向纳米级发展。超精密磨削的机理可以用单颗粒的磨削过程加以说明，如图 7 - 3 所示。

图 7-3 单颗粒磨削过程

①磨粒可看成一颗具有弹性支承（结合剂）和大负前角切削刃的弹性体。

②磨粒切削刃的切入深度是从零开始逐渐增加，到达最大值后再逐渐减少，最后到零。

③磨粒磨削时与工件的接触过程依次是弹性区，塑性区、切削区，再回到塑性区，最后是弹性区。

④超精密磨削时有微切削作用、塑性流动和弹性破坏作用，同时还有滑擦作用，这与刀刃的锋利程度或磨削深度有关。

超精密磨削同样是一个系统工程，加工质量受到许多因素影响，如磨削机理、超精密磨床、被加工材料、工件的定位夹紧、检测及误差补偿、工作环境以及工人的操作水平等。

精密磨削和超精密磨削的质量与砂轮及其修整有很大关系，修整方法与磨料有很大关系。如果是刚玉类、碳化硅、碳化硼等普通磨料，常采用单粒金刚石修整、金刚石粉末烧结型修整器修整和金刚石超声波修整等方法，如图 7-4 所示，修整时砂轮与修整器的相对位置如图 7-5 所示，修整器安装在低于砂轮中心 0.5～1.5 mm 处，并向上倾斜 10°～15°，以减小受力。

图 7-4 精密磨削时砂轮修整

（a）单粒金刚石修整；（b）金刚石粉末烧结型修整器修整；（c）金刚石超声波修整

图 7-5　金刚石修整砂轮的安装位置

而对于金刚石和立方氮化硼这两种超硬磨料砂轮，因磨料本身硬度很高，砂轮的修整则要分为整形和修锐两个阶段。整形是使砂轮达到一定几何形状要求；修锐是去除磨粒间的结合剂，使磨粒突出结合剂一定高度，形成足够的切削刃和容屑空间。超硬磨料砂轮修整的方法很多，视不同的结合剂材料而不同，具体有：

（1）车削法

用单点、聚晶金刚石笔，修整片车削砂轮，修整精度和效率较高，但砂轮切削能力较低。

（2）磨削法

用普通磨料砂轮或砂块与超硬磨料砂轮对磨进行修整，普通磨料磨粒被破碎，切削超硬磨料砂轮上的树脂、陶瓷、金属结合剂，致使超硬磨粒脱落。修整质量好，效率较高，是目前最广泛采用的方法。

（3）电加工法

电加工法主要有电解修锐法、电火花修整法，用于金属结合剂砂轮修整，效果较好。其中电解修锐法已广泛地用于金刚石微粉砂轮的修锐，并易于实现在线修锐，其原理如图 7-6 所示。

（4）超声波振动修整法

用受激振动的簧片或超声波振动头驱动的幅板作为修整器，并在砂轮和修整器间放入游离磨料撞击砂轮的结合剂，使超硬磨粒突出结合剂。

超硬磨料砂轮主要用来加工各种高硬度、高脆性等难加工材料，如硬质合金、陶瓷、玻璃、半导体材料及石材等。其共同特点是：

①磨削能力强，耐磨性好、耐用度高，易于控制加工尺寸。

②磨削力小，磨削温度低，加工表面质

图 7-6　电解修锐法

1—工件；2—冷却液；3—超硬磨料砂轮；4—电刷；
5—支架；6—负电极；7—电解液

量好。

③磨削效率高。

④加工综合成本低。

三、精密与超精密加工的特点

与一般加工方法相比，精密与超精密加工具有如下特点：

1. "进化"加工原理

一般加工时机床的精度总是高于被加工零件的精度，而对于精密与超精密加工，可利用低于零件精度的设备、工具，通过特殊的工艺装备和手段，加工出精度高于加工机床的零件，也可借助这种原理先生产出第二代更高精度的机床，再以此机床加工零件，前者称为直接式进化加工，常用于单件、小批量生产；后者称为间接式进化加工，适用于批量生产。

2. "超越性"加工原理

一般加工时刀具的表面粗糙度数值会低于零件的表面粗糙度，而对于精密与超精密加工，可通过特殊的工艺方法，加工出表面粗糙度低于切削刀具表面粗糙度的零件，这称为"超越性"现象，这对表面质量要求很高的零件更为重要。

3. 微量切削机理

精密与超精密加工属于微量或超微量切削，背吃刀量一般小于晶粒大小，切削以晶粒团为单位，并在切应力作用下进行，必须克服分子与原子之间的结合力。

4. 综合制造工艺

精密与超精密加工中，为实现加工要求，需要综合考虑加工方法、设备与工具、检测手段（精密测量）、工作环境等多种因素。

5. 自动化

精密与超精密加工时，广泛采用计算机控制、自适应控制、在线自动检测与误差补偿技术等方法，以减少人为影响，提高加工质量。

6. 特种加工与复合加工

精密与超精密加工常采用特种加工与复合加工等新的加工方法，来克服传统切削和磨削的不足。具体请参见相关教材和资料。

四、纳米加工技术

纳米技术通常是指纳米尺度（0.1～100 nm）的材料、设计、制造、测量和控制技术，其涉及机械、电子、材料、物理、化学、生物、医学等多个领域，已经成为科技强国重点关注的重大领域之一。任何物质到了纳米量级，其物理与化学性质都会发生巨大的变化，纳米加工的物理实质必然和传统的切削、磨削有很大的区别。

欲得到 1 nm 的加工精度，加工的最小单位必然在亚微米级，接近原子间的距离 0.1～0.3 nm，纳米加工实际上已经接近加工精度的极限，此时，工件表面的一个个原子或分子将成为直接加工的对象。因此，纳米加工的物理实质就是要切断原子间的结合，以去除一个个原子或分子，需要的能量必须要超过原子间结合的能量，能量密度很大。

1. 纳米加工的精度

纳米加工的精度包括纳米级尺寸精度、纳米级几何形状精度、纳米级表面质量三方面，但对不同的加工对象，这几方面各有侧重。

（1）纳米级尺寸精度

①较大尺寸的绝对精度很难达到纳米级。零件材料的稳定性、内应力、变形等内部因素和环境变化、测量误差等都将会产生尺寸误差。

②较大尺寸的相对精度或重复精度达到纳米级，这在某些超精密加工中会出现，如某些高精度孔和轴的配合，某些精密机械零件的个别关键尺寸，超大规模集成电路制造要求的重复定位精度等。现在使用激光干涉测量和 X 射线干涉测量法都可以保证这部分的加工要求。

③微小尺寸加工达到纳米级精度，这在精密机械、微型机械和超微型机械中普遍存在，无论是加工或测量都需要进一步研究发展。

（2）纳米级几何形状精度

这在精密加工中经常出现，如精密孔和轴的圆度和圆柱度；陀螺球等精密球的球度；光学透镜和反射镜、要求非常高的平面度或是要求很严格的曲面形状；集成电路中的单晶硅片的平面度等。这些精密零件的几何形状精度直接影响其工作性能和工作效果。

（3）纳米级表面质量

此处的表面质量不仅仅指它的表面粗糙度，还应包含表面变质层、残余应力、组织缺陷等要求，即表面完整性。如集成电路中的单晶硅片，除要求有很高的平面度、很小的表面粗糙度和无划伤外，还要求无（或极小）表面变质层、无表面残余应力、无组织缺陷；高精度反射镜的表面粗糙度、变质层会影响其反射效率。

2. 纳米加工技术的分类

按照加工方式，纳米级加工可分为切削加工、磨料加工、特种加工和复合加工四大类。按照所用能量不同，也可以分为机械加工、化学腐蚀、能量束加工、复合加工、隧道扫描显微技术等多种方法。

（1）机械纳米加工

机械纳米加工即前面提到的单晶金刚石超精密切削、金刚石砂轮和立方氮化硼砂轮的超精密磨削以及研磨、抛光等。如借助于数控系统和高精度、高刚度车床，研磨金刚石刀具保证其锋锐程度，进行超精密切削，可实现平面、圆柱面和非球曲面的镜面加工，获得表面粗糙度 $0.002 \sim 0.020~\mu m$ 的镜面。

（2）能量束纳米加工

利用能量束可以对工件进行去除、添加和表面改性等加工。例如离子直径为 $0.1~nm$ 级，利用聚焦离子束技术可将离子束聚焦到亚微米甚至纳米级，进行微细图形的检测分析和纳米结构的无掩模加工，可得到纳米级的线条宽度和精确的器件形状；电子束可以聚焦成很小的束斑，可进行光刻、焊接、微米级和纳米级钻孔、表面改性等。属于能量束加工的方法还包括激光束、电火花加工、电化学加工、分子束外延等。

（3）扫描隧道显微加工技术

扫描隧道显微镜（Scanning Tunneling Microscope，STM），是一种利用量子理论中的隧道效应探测物质表面结构的仪器。它于 1981 年由 G. Binnig 及 H. Rohrer 在 IBM 苏黎世实验室发明，可用于观察 $0.1~nm$ 级的表面形貌。它在纳米科技中既是重要的测量工具又是加工工具。

STM 工作原理是基于量子力学的隧道效应，最初是用于测量试样表面纳米级形貌的，如图 7 - 7 所示。当两电极之间的距离缩小到 1 nm 时，由于粒子的波动性，电流会在外加电场作用下穿过绝缘势垒，从一个电极流向另一个电极，即产生隧道电流。当探针通过单个的原子，流过探针的电流量便有所不同，这些变化被记录下来，经过信号处理，可得到试件纳米级三维表面形貌。

STM 有两种测量模式：探针以不变高度在试件表面扫描，针尖与样品表面局部距离就会发生变化，通过隧道电流的变化而得到试件表面形貌信息，称等高测量法，如图 7 - 7（a）所示；利用一套电子反馈线路控制隧道电流，使其保持恒定，针尖与样品表面之间的局域高度也会保持不变，由探针移动直接描绘试件表面形貌，称恒电流测量法，如图 7 - 7（b）所示。

图 7 - 7　STM 工作原理

（a）等高测量法；（b）恒电流测量

进一步研究发现，当探针针尖对准试件表面某个原子并非常接近时，由于原子间的作用力，探针针尖可以带动该原子移动而不脱离试件表面，从而实现工件表面原子的搬迁，达到纳米加工的目的。这种工艺可以说是机械加工方法的延伸，探针取代了传统的机械切削刀具。STM 纳米加工技术可实现原子、分子的搬迁、去除、增添和排列重组，从而对器件表面实现原子级的精加工，如刻蚀、组装等，其加工精度比传统的光刻技术高得多。

第二节　增材制造技术

一、增材制造技术的概念

相对于传统的材料去除—切削加工技术、受迫成形—铸造、锻造、挤压成形等技术，增材制造（Additive Manufacturing，AM）技术是基于离散 - 堆积原理，由零件三维数据驱动直接制造零件，采用材料逐渐累加方法来制造实体零件的技术，是一种"自下而上"的制造方法。AM 技术 20 世纪 80 年代后期起源于美国，三十年来，取得了快速的发展，并有"快速原型制造（Rapid Prototyping）""3D 打印（3D Printing）""实体自由制造（Solid Free - form Fabrication）"之类各异的叫法，也分别从不同侧面表达了这一技术的特点。它综合了计算机的图形处理、数字化信息和控制、激光技术、机电技术和材料技术等多项高技术的优势，西方媒体把这种实体自由成形制造技术誉为将带来"第三次工业革命"的新技术。利用 AM 技术可以自动、快速、精确地将设计思想物化为具有一定功能的原形或直接制造零件，从而对产品设计进行快速评价、修改及功能实验，可有效地缩短产品的研发周期。

二、增材制造技术的工艺过程

AM 的基本过程如图 7-8 所示，首先由 CAD 软件设计出所需零件的计算机三维曲面（三维虚拟模型），然后根据工艺要求，按一定的厚度进行分层，将原来的三维模型转变为二维平面信息（即截面信息），将分层后的信息进行处理（离散过程）产生数控代码；数控系统以平面加工的方式，有序而连续地加工出每个薄层，并使它们自动黏结而成形（堆积过程）。这样就将一个复杂的物理实体的三维加工离散成一系列的层片加工，大大降低了加工难度。

三、增材制造技术的典型工艺

目前，大家耳熟能详的"3D 打印"技术实际上是一系列增材制造技术（也即快速原型成型技术）的统称，主要有以下几种典型工艺。

图 7-8　AM 的工艺过程

1. 立体光刻成形

立体光刻（Stereo - lithography Apparatus，SLA）基于液态光敏树脂的光聚合原理进行工作，也称光造型、立体平版印刷技术，最早是由美国 3D System 公司开发的，其工作原理如图 7-9 所示。由计算机传输来的三维实体数据文件，经机器的软件分层处理后，驱动一个扫描激光头，发出紫外激光束在液态紫外光敏树脂的表层进行扫描。受光束照射的液态树脂表层发生聚合反应形成固态。每一层的扫描完成之后，工作台下降一个凝固层的高度，已成形的层面上又布满一层新的液态树脂，刮平器将树脂液面刮平，再进行下一层的扫描，由此层层叠加，形成一个三维实体。

SLA 方法是目前技术上最为成熟的方法，成形的零件精度较高，可达 0.1 mm。这种成形方法的缺点是成形过程中需要支撑、树脂收缩导致精度下降、树脂本身也具有一定的毒性等。

2. 分层实体制造工艺

分层实体制造（Laminated Object Manufacturing，LOM）也称叠层实体制造，采用薄片材料如纸、塑料薄膜等，如图 7-10 所示。在 LOM 成形机器中，片材从一个供料卷拉出，胶面朝下平整地经过造型平台，由位于另一端的收料卷筒收卷起来。片材表面事先涂覆一层热熔胶，加工时，

图 7-9　SLA 工艺示意图

1—成形零件；2—紫外激光；3—光敏树脂；
4—液面；5—刮平器；6—升降台

热压辊热压片材，使之与下面已成形的工件粘接。这时激光束开始沿着当前层的轮廓进行切割。激光束经准确聚焦，使之刚好能切穿一层纸的厚度。在模型四周或内腔的纸则被激光束切割成细小的"碎片"，以便后期处理时可以除去这些材料。同时在成形过程中，这些碎片可以对模型的空腔和悬壁结构起支撑作用。一个薄层完成后，工作台带动已成形的工件下降，与带状片材（料带）分离，箔材已割离的四周剩余部分被收料筒卷起，并拉动连续的箔材进行

下一层的敷覆。如此反复直至零件的所有截面粘接、切割完，得到分层制造的实体零件。

图 7 - 10　LOM 工艺过程

　　LOM 工艺只需在片材上切割零件截面轮廓，而无须扫描整个截面，因此成形厚壁零件的速度较快，易于制造大型零件，工艺过程中不存在材料相变，因此不易产生翘曲变形，零件的成形精度较高（＜0.15 mm）。LOM 工艺也无须加支撑，因为工件外框与截面轮廓之间的多余材料在加工时起到了支撑作用。

3. 选择性激光烧结工艺

　　选择性激光烧结（Selective Laser Sintering，SLS）工艺的原理与 SLA 十分相似，主要的区别是 SLA 所用的材料是液态光敏树脂，而 SLS 是使用可熔粉状材料，如图 7 - 11 所示。和其他的 AM 技术一样，SLS 采用激光束对粉末状的材料进行分层扫描，受到激光束照射的粉末会固化在一起，并与下面已成形的部分烧结而构成零件的实体部分。当一层扫描烧结完成后，工作台下降一层的高度，敷料辊又在上面敷上一层均匀密实的粉末，直至完成整个烧结成形。此后去除多余未烧结的粉末，再经过打磨、烘干等后处理，便得到烧结后的物体原型或实体零件。

　　SLS 工艺最大的优点在于选材较广泛，目前可用于 SLS 技术的材料包括尼龙粉、蜡、ABS、聚碳酸脂粉、聚酰胺粉、金属和陶瓷粉等。另外，在成形过程中，未经烧结的粉末对模型的空腔和悬壁起支撑作用，因而无须考虑支撑系统。

4. 熔丝沉积造型工艺

　　熔丝沉积造型（Fused Deposition Modelling，FDM）通常使用热熔性材料，如腊、ABS、PC、尼龙等，并以丝状供料。FDM 加工原理如图 7 - 12 所示：首先将丝状的热熔性材料在喷头内加热熔化，喷头可以沿 x 轴方向移动，工作台则沿 y 轴方向移动，同时将熔化的材料挤出，材料迅速固化，并与周围的材料黏接。一层沉积完成后，工作台按预定的增量下降一个层的高度，再继续熔喷沉积，如此层层堆积直至完成整个实体造型。

　　由于 FDM 工艺的每一层片都是在上一层上堆积形成，上一层对当前层起定位和支承作用。随着高度增加，层片轮廓的面积和形状都会变化，当上层轮廓不能为当前层提供足够的定位、支承时，就需要设计一些辅助结构为后续层提供定位和支承，特别是对于有空腔和悬壁结构的工件。FDM 工艺不用激光器件，因此使用、维护简单，成本较低。用蜡成形的零件原形，可以直接用于失蜡铸造。用 ABS 制造的原形因具有较高强度而在产品设计、测试与评估等方面得到广泛应用。由于以 FDM 工艺为代表的熔融材料堆积成形工艺具有一些显著优点，该类工艺发展极为迅速。前面图 7 - 1 中的脑型齿轮组就是采用这种技术制造出来的。

图 7 - 11　SLS 工艺过程

1—激光束；2—扫描镜；3—激光器；4—平整辊；5—粉末

图 7 - 12　FDM 工艺过程

1—丝料；2—加热元件；3—零件原形

5. 三维打印黏结工艺

三维打印黏结工艺又可称为三维印刷工艺（Three Dimension Printing，3DP），工艺原理与 SLS 十分相似，也是使用粉末材料，如陶瓷粉末，金属粉末，用以制造铸造用的陶瓷壳体和芯子。主要区别在于 SLS 用激光烧结成形，而 3DP 采用喷墨打印的原理是将液态黏结剂（如硅胶）由打印头喷出，将零件的截面"印刷"在材料粉末上面。用黏结剂黏结的零件强度较低，还需后处理。先烧掉黏结剂，然后在高温下渗入金属，使零件致密化，提高强度，逐层黏结粉末材料成形，如图 7 - 13 所示。

图 7 - 13　3DP 工艺过程

6. 弹道微粒制造工艺

弹道微粒制造（Ballistic Particle Manufacturing，BPM）工艺的工作原理如图 7 - 14 所示。它用一个压电喷射（头）系统来沉积熔化了的热塑性塑料的微小颗粒，喷头安装在一个 5 轴的运动机构上，可在计算机的控制下按预定轨迹运动，从而将零件成形。对于零件中的悬臂部分，可以不加支承。而"不连通"的部分还要加支承。

四、增材制造技术的特点及应用

与传统成形方法相比，增材制造技术具有以下特点：

①系统柔性高，只需改变 CAD 模型就可成形各种不同形状的零件，特别适合于形状复杂的、不规则零件的制造。

②设计制造一体化，采用了离散/堆积分层制造的思想，能够很好地将 CAD/CAM 结合起来。

③快速性，与逆向工程（Reverse Engineering，RE）相结合，可快速开发新产品，且不需要专用的工艺装备，大大缩短了新产品的试制时间。

④具有广泛的材料适应性，且没有或极少废弃材料，是一种绿色制造技术。

⑤是一种自动化的成形过程，无须人员干预或较少干预；零件的复杂程度与制造成本关系不大。

鉴于以上特点，目前，增材制造技术主要应用于新产品开发、快速单件及小批量零件制造、复杂形状零件（原形）的制造、模具设计与制造等，在模具、家用电器、汽车、航空航天、军事装备、材料、玩具、轻工产品、工业造型、建筑模型、医疗器具、人体器官模型、电影制作等领域都得到了广泛应用，已成为先进制造技术的一个重要的发展方向。

图 7-14　BPM 工艺过程

1—支承；2—"不连通"部分；3—零件；
4—材料微粒；5—压电喷射头；
6—悬臂部分；7—升降台

第三节　智能制造

一、概述

1. 智能制造的概念

智能制造（Intelligent Manufacturing，IM）是在现代传感技术、网络技术、自动化技术、拟人化智能技术等先进技术的基础上，通过智能化的感知、人机交互、决策和执行技术，实现设计过程、制造过程和制造装备智能化，是信息技术和智能技术与装备制造过程自动化技术的深度融合和集成。智能制造日益成为未来制造业发展的重大趋势和核心内容，它把制造自动化的概念更新，扩展到柔性化、智能化和高度集成化，涵盖了以智能互联为特征的智能产品、以智能工厂为载体的智能生产、以信息物理系统为关键的智能管理以及以实时在线为特征的智能服务，包含了产品设计、生产规划、生产执行、售后服务等制造业的全部环节。

智能制造包括智能制造技术和智能制造系统两大关键组成要素。

智能制造技术（Intelligent Manufacturing Technology，IMT）是指利用计算机模拟制造专家的分析、判断、推理、构思和决策等智能活动，通过智能机器将其贯穿应用于整个制造企业的各个环节（如经营决策、采购、产品设计、生产计划、制造、装配、质量保证和市场销售等），以实现整个制造企业经营运作的高度柔性化和集成化。IMT 是当前先进自动化技术、传感技术、控制技术、数字制造技术等先进制造技术以及物联网、大数据、云计算等新一代信息技术高度融合的产物。

智能制造系统（Intelligent Manufacturing System，IMS）是一种由智能机器和人类专家共同组成的人机一体化智能系统，在制造过程中以一种高度柔性和高度集成的方式进行智能活动，旨在（部分）取代或延伸人类专家在制造过程中的脑力劳动，在国际标准化和互换性的基础上，使整个企业制造系统中的各个子系统分别智能化，并使制造系统形成由网络集成的、高度自动化的一种制造系统。IMS 是智能制造的核心，是智能技术集成应用的环境，也是智能制造模式展现的载体。

IM、IMT、IMS 这三个概念相互交叉、融合，很难严格区分。

2. 智能制造的特征

智能制造和传统的制造相比，智能制造系统具有以下特征：

（1）自律能力

拥有强有力的知识库和基于知识的模型，能监测与处理周围环境信息和自身作业状况信息，并进行分析判断和规划自身行为的能力。具有自律能力的设备称为"智能机器"，"智能机器"在一定程度上表现出独立性、自主性和个性，使整个系统具备抗干扰、自适应和容错等能力。

（2）人机一体化

IMS 起源于对"人工智能"研究，但已不是单纯的"人工智能"系统，而是人机一体化的智能系统，是一种混合智能。基于人工智能的智能机器只能进行机械式的推理、预测、判断，它只能具有逻辑思维（专家系统），最多做到形象思维（神经网络），完全做不到灵感（顿悟）思维。人机一体化一方面突出真正同时具备以上三种思维能力的人类专家在制造系统中的核心地位，同时在智能机器的配合下，将机器智能和人的智能真正地集成在一起，更好地发挥人的潜能。

（3）虚拟制造技术

虚拟制造（Virtual Manufacturing，VM）技术是实际制造过程在计算机上的本质实现，即采用计算机建模与仿真技术、虚拟现实（Virtual Reality，VR）技术或（及）可视化技术，在计算机网络环境下协同工作，虚拟展示整个制造过程和未来的产品等，以增强制造过程中各个层次或环节的正确决策和控制能力。这种人机结合的新一代智能界面，可以按照人们的意愿任意变化，是智能制造的一个显著特征。

（4）自组织与超柔性

自组织是 IMS 的一个重要标志，IMS 中的各组成单元能够依据工作任务的需要，自行组成一种最合适的结构，并按照最优的方式运行，完成任务后，该结构随即自行解散，以备在下一个任务中重新组合成新的结构。其柔性不仅表现在运行方式上，而且表现在结构形式上，所以称这种柔性为超柔性。

（5）学习能力与自我维护能力

IMS 能以原有的专家知识为基础，实践中不断地自学习，完善系统知识库，删除库中有误的知识，使知识库趋向最优。同时，在运行过程中能自行故障诊断，并具备对故障自行排除和修复的能力。这种特征使 IMS 能够自我优化并适应各种复杂的环境。

二、机床智能加工

由于智能制造涉及的内容广泛，需要的支承技术也很多，比如人工智能技术、虚拟制造技术、并行工程、网络信息技术等，每一个支承技术都是值得探讨和深入研究的重大课题。本章只介绍其中与制造直接相关的一个重要组成部分——机床智能加工的相关内容。1988年，Wright P. K 和 Bourne D. A 出版的智能制造领域的首本专著《Manufacturing Intelligence》中，就提出了智能机床的设想。它既与 IMS 有密切的联系，又自成一体。

机床智能加工的目的就是要解决加工过程中众多不确定的、要由人干预才能解决的问题，也就是要由计算机取代或延伸加工过程中人的部分脑力劳动，实现加工过程中的决策、监测与控制的自动化，其中关键是决策自动化。

1. 机床智能加工系统的基本结构

机床智能加工系统主要由过程模型、传感器集成、决策规划、控制等 4 个模块以及知识库和数据库组成，图 7 - 15 所示为其基本结构。

图 7 - 15　机床智能加工系统的基本结构

（1）过程模型模块

过程模型模块主要是从多个传感器中获取不同的加工过程信息，进行相应信息的特征提取，建立各自的过程模型，并作为输入信息输入多传感器信息集成模块。

（2）传感器集成模块

传感器集成模块主要将多个传感器信息进行集成，根据过程模型模块输入的加工状态情况，对合适的传感器加重"权"，为加工过程决策与规划提供更加准确、可靠的信息。

（3）决策规划模块

根据传感器集成模块提供的信息，针对加工过程中出现的各种不确定性问题，依据知识库和数据库作出相应的决策和对原控制操作做适当的修正，使机床处于最佳的工作状态。

（4）控制模块

依据决策规划的结果，确定合适的控制方法，产生控制信息，通过 NC 控制器，作用于加工过程，以达到最优控制，实现要求的加工任务。

（5）知识库与数据库

知识库主要存放有关加工过程的先验知识，提高加工质量的各种先验模型以及可知的各种影响加工质量的因素，加工质量与加工过程有关参数之间的关系等。数据库主要由一个静态数据库和一个动态数据库组成，前者主要记录每次工件检验的有关参数及结果，后者主要记录加工过程中各种信号的测量值以及控制加工的数值。

在此基础上，再加上智能工艺规划系统、在线测量系统以及 CAD，并将单台机床扩展为多台机床或换为加工中心，则可组成一个智能加工单元，如图 7 - 16 所示。

图 7-16　智能加工单元结构

2. 机床智能加工要解决的关键问题

智能加工关键要解决"监测—决策—控制"的问题，主要包括以下几方面内容：

（1）机床智能加工的感知——传感器集成技术

感知是具有智能的基础条件。传统的机床加工自动化，大多采用单个传感器来监测加工过程，因而所得的过程模型不能正确反映加工过程的复杂性。多传感器集成技术重点研究强干扰、多因素、非线性环境下的智能监测技术，具体包括多传感器信号的特征提取、信号集成方法与算法以及状态判别准则等，以确保加工过程及其系统的可靠性与适应性。

（2）机床智能加工的决策

重点研究基于传感器集成技术的加工过程决策模型的结构与算法，具体包括加工状态的分析，切削用量的合理选择及优劣评价的数据准则，基于判据值进行决策的决策规则以及支持上述分析、选择、判别与决策的知识库和数据库的建立方法等。

（3）机床智能加工的控制

机床智能加工的控制包括基于传感器集成的控制技术、基于知识及决策模型的控制技术（如适应控制、自学习控制、模糊控制技术等）以及智能控制的实时性研究。

（4）机床智能加工系统的自学习与自维护

智能活动必须包括以下两个方面：一是拥有知识；二是使用知识求解问题。前面几个方面的研究大多属于使用知识求解问题，而这个方面的研究内容就是如何拥有知识、研究系统如何自动学习获取知识并自动维护知识库的方法和技术。

三、有关智能制造的政府计划

业界普遍认为，全球正出现以信息网络、智能制造、新能源和新材料为代表的新一轮产业革命。作为一项实用和前沿技术，智能制造已受到各国政府、企业和科技界的广泛重视，各国政府制定的高科技发展计划都将智能制造列为核心、关键，如美国的"工业互联网"、德国的"工业 4.0"、我国的"中国制造 2025"等，下面介绍现在最热点的"工业 4.0"、"中国制造 2025"的相关内容。

1. "工业 4.0"

（1）"工业 4.0"简介

"工业 4.0"概念是德国政府提出的一个高科技战略计划，并在 2013 年 4 月的汉诺威工业博览会上正式推出，旨在提升制造业的智能化水平，利用物联信息系统（Cyber Physical System，CPS）将生产中的供应、制造、销售信息数据化、智慧化，最后达到快速、有效、个人化的产品供应。

德国学术界和产业界认为，"工业4.0"概念即是以智能制造为主导的第四次工业革命，或革命性的生产方法。德国政府提出"工业4.0"战略，其目的是提高德国工业的竞争力，在新一轮工业革命中占领先机。"工业4.0"，已迅速成为德国的另一个标签，并在全球范围内引发了新一轮的工业转型竞赛，现在已经在世界上几个工业大国开始实施，正在深刻影响今后的全球工业产业布局。

（2）"工业4.0"的研究主题

"工业4.0"主要分为三大研究主题：

一是"智能工厂"。智能工厂重点研究智能化生产系统及过程以及网络化分布生产设施的实现，利用物联网技术和监控技术加强信息管理和服务，提高生产过程可控性、减少生产线人工干预，并合理安排计划。同时集智能手段和智能系统等新兴技术于一体，构建高效、节能、绿色、环保、舒适的人性化工厂，其本质是人机有效交互。"智能工厂"是未来智能基础设施的关键组成部分。

二是"智能生产"。智能生产的侧重点在于将人机互动、智能物流管理、3D打印等先进技术应用于整个工业生产过程，从而形成高度灵活、个性化、网络化的产业链。该计划将特别注重吸引中小企业参与，力图使中小企业成为新一代智能化生产技术的使用者和受益者，同时也成为先进工业生产技术的创造者和供应者，工厂可以为单件小批量的单个客户提供个性化生产服务，而不是只能按照固定的生产流程生产。

三是"智能物流"。智能物流主要通过互联网、物联网、物流网，整合物流资源，充分发挥现有物流资源供应方的效率，而需求方，则能够快速获得服务匹配，得到物流支持。智能物流是利用集成智能化技术，通过智能物流系统的四个智能机理，即信息的智能获取技术，智能传递技术，智能处理技术，智能运用技术，使物流系统能模仿人的智能，具有思维，感知，学习，推理判断和自行解决物流中某些问题的能力。智能物流在功能上要实现6个"正确"，即正确的货物、正确的数量、正确的地点、正确的质量、正确的时间、正确的价格，在技术上要实现：物品识别、地点跟踪、物品溯源、物品监控、实时响应。

作为新的工业生产模式，德国"工业4.0"战略是信息化与工业化深度融合的产物，终极目的是使制造业脱离人工束缚，实现制造业竞争力的较大化。工业时代4.0这条路刚刚开始，但给了我们大概的方向，未来企业将会成为数据的企业、创新的企业、集成的企业、不断快速变化的企业。

（3）"工业4.0"的支柱技术

学术界和产业界认为，"工业4.0"需要9大技术支柱来支持，包括工业物联网、云计算、工业大数据、工业机器人、3D打印、知识工作自动化、工业网络安全、虚拟现实和人工智能。

①工业物联网。工业物联网是"工业4.0"的核心基础。在工业物联网中，无处不在的传感器进行互联以后形成大量数据，并将移动通信、智能分析等技术不断融入工业生产过程的各个环节。

②云计算。云计算是将互联网的核心硬件层、核心软件层和互联网信息层统一起来为互联网各系统提供支持和服务。在理想状态下，物联网的传感器和企业通过网络线路和计算机终端与云计算进行交互、向云计算提供数据，企业可根据需求访问计算机和存储系统。

③工业大数据。未来是一个从 IT（Information Technology）到 DT（Data Technology）转

变的时代，即数据科技时代，未来所有的企业都会变成数据企业。工业大数据是制造业转型的重要基础，工业数据会在云端保存，通过工业数据的搜集和特征分析，可以重新来分析机器的运行以及效率提升。

④工业机器人。在"工业 4.0"中的智能工厂里，全部生产活动由电子计算机进行控制，生产第一线配有机器人而无须配备工人。生产命令和原料进入工厂后，经过产品设计、工艺设计、生产加工和检验包装，得到最后的产品。所有工作都由计算机控制的机器人、数控机床、无人运输小车和自动化仓库来实现，机器人的"智能胜"也比传统的机器人要加强，要与人一起协同工作。

⑤3D 打印。3D 打印技术在"智能工厂"里将与新一代数控技术融合，将机器人具有的搜集信息、整理信息、分析信息、处理信息的这些优势与 3D 打印技术结合起来，3D 打印技术将变得更加智能化，将会进入智能 3D 打印时代，自动化程度也将显著提高。它将会按照设计好的图纸自行加工、配送原材料、自我校正、后处理、检测、包装。其后处理数字化流程将得到优化，一方面利用 3D 打印技术加工一些金属零部件，同时，利用数控技术进行后处理，将两种技术融合，集成在一个平台。

⑥知识工作自动化。在包括集成设计环境、任务流程数据集成系统、工程数据集成管理系统、知识集成应用系统、工程应用集成门户系统等构成的智能化平台体系上，通过建立统一的标准和方法，可以将工程设计、仿真、试制、试验过程中的各种工具和系统进行集成，同时将多项单一技术（如气动、结构、强度、电子、控制等）整合为综合技术，并通过智能语义分析，实现知识、工具流程化自动执行，最终实现知识工作自动化，使得知识工作者80% 的体力劳动由系统代替人来自动地完成。在智能系统的辅助下，设计人员可以不断地获得新知识，并在完成设计任务的过程中实现边干边学。

⑦工业网络安全。工业互联网是全球工业系统与高级计算、分析、感应技术以及互联网连接融合的结果。在"工业 4.0"技术里面，机器和机器互联，第一，存在接口兼容问题；第二，这些数据保存在云端，数据之间的安全防范性将变得更加重要，要求网络系统的硬件、软件及其系统中的数据再受到保护，不因偶然的或者恶意的原因而遭受到破坏、更改、泄露，系统要连续、可靠、正常地运行。

⑧虚拟现实。在工业上应用虚拟现实技术，利用计算机生成一种模拟环境，使用户沉浸到该环境中，实现多源信息融合的交互式的三维动态视景和实体行为，是真正意义上用于指导生产的仿真系统，对企业提高开发效率，加强数据采集、分析、处理能力，减少决策失误，降低企业风险起到了重要的作用，是实现虚拟制造的必备基础。

⑨人工智能。人工智能是计算机学科的一个分支，是研究人类智能活动的规律，构造具有一定智能的人工系统，研究如何让计算机去完成以往需要人的智力才能胜任的工作，也就是研究如何应用计算机的软硬件来模拟人类某些智能行为的基本理论、方法和技术。20 世纪 70 年代以来被称为世界三大尖端技术（空间技术、能源技术、人工智能）之一，也被认为是 21 世纪三大尖端技术（基因工程、纳米科学、人工智能）之一。智能化是"工业 4.0"之魂，智能工厂、智能生产、智能物流的实现必然离不开人工智能技术。

2. "中国制造 2025"

（1）"中国制造 2025"简介

"工业 4.0"对我国工业转型升级具有重要的启示意义。在新的国际、国内环境下，为改变中国制造业"大而不强"的局面，中国政府立足于国际产业变革大势，2015年5月8日，国务院正式印发《中国制造2025》，这是中国政府实施制造强国战略第一个十年的行动纲领。其根本目标在于通过10年的努力，使中国迈入制造强国行列，为到2045年将中国建成具有全球引领和影响力的制造强国奠定坚实基础。

不少专家学者认为，"中国制造2025"是中国版的"工业4.0"。所以，在《中国制造2025》中，最受关注的无疑是智能制造，推动智能制造是解决我国制造业由大变强的根本路径，也是主攻方向。为此，《中国制造2025》明确提出，着力发展智能装备和智能产品，推进生产过程智能化，培育新型生产方式，全面提升企业研发、生产、管理和服务的智能化水平。

为推动"中国制造2025"的实施进程，2015年9月29日，国家制造强国建设战略咨询委员会发布《"中国制造2025"重点领域技术路线图》（又称"中国制造2025"重点领域技术创新绿皮书）。受国家制造强国建设战略咨询委员会委托，中国工程院围绕"中国制造2025"提出了十大重点领域创新的方向和路径，并将其汇编成册。

（2）"中国制造2025"的总体结构

《中国制造2025》的总体结构可概括为"一、二、三、四、五五、十"。

"一"：从制造业大国向制造业强国转变，最终实现制造业强国的一个目标。

"二"：用信息化和工业化两化深度融合来引领和带动整个制造业的发展，这也是我国制造业所要占据的一个制高点。

"三"：即"三步走"战略，大体上每一步用十年左右的时间来实现我国从制造业大国向制造业强国转变的目标。第一步，到2025年迈入制造强国行列；第二步，到2035年中国制造业整体达到世界制造强国阵营中等水平；第三步，到2049年时，综合实力进入世界制造强国前列。

"四"：确定了四项原则。第一项原则是市场主导、政府引导。第二项原则是既立足当前，又着眼长远。第三项原则是全面推进、重点突破。第四项原则是自主发展和合作共赢。

"五五"：第一个"五"就是有五条方针，即创新驱动、质量为先、绿色发展、结构优化和人才为本；第二个"五"，就是实行五大工程，包括制造业创新中心建设工程、强化基础工程、智能制造工程、绿色制造工程和高端装备创新工程，实现长期制约制造业发展的关键共性技术突破，提升我国制造业的整体竞争力。

①制造业创新中心（工业技术研究基地）建设工程。围绕重点行业转型升级和新一代信息技术、智能制造、增材制造、新材料、生物医药等领域创新发展的重大共性需求，形成一批制造业创新中心（工业技术研究基地），重点开展行业基础和共性关键技术研发、成果产业化、人才培训等工作。制定完善制造业创新中心遴选、考核、管理的标准和程序。

②智能制造工程。紧密围绕重点制造领域关键环节，开展新一代信息技术与制造装备融合的集成创新和工程应用。支持政产学研用联合攻关，开发智能产品和自主可控的智能装置并实现产业化。依托优势企业，紧扣关键工序智能化、关键岗位机器人替代、生产过程智能优化控制、供应链优化，建设重点领域智能工厂/数字化车间。在基础条件好、需求迫切的重点地区、行业和企业中，分类实施流程制造、离散制造、智能装备和产品、新业态新模式、智能化管理、智能化服务等试点示范及应用推广。建立智能制造标准体系和信息安全保障系统，搭建智能制造网络系统平台。

③工业强基工程。开展示范应用，建立奖励和风险补偿机制，支持核心基础零部件（元器件）、先进基础工艺、关键基础材料的首批次或跨领域应用。组织重点突破，针对重大工程和重点装备的关键技术和产品急需，支持优势企业开展政产学研用联合攻关，突破关键基础材料、核心基础零部件的工程化、产业化瓶颈。强化平台支撑，布局和组建一批"四基"研究中心，创建一批公共服务平台，完善重点产业技术基础体系。

④绿色制造工程。组织实施传统制造业能效提升、清洁生产、节水治污、循环利用等专项技术改造。开展重大节能环保、资源综合利用、再制造、低碳技术产业化示范；实施重点区域、流域、行业清洁生产水平提升计划，扎实推进大气、水、土壤污染源头防治专项；制定绿色产品、绿色工厂、绿色园区、绿色企业标准体系，开展绿色评价。

⑤高端装备创新工程。组织实施大型飞机、航空发动机及燃气轮机、民用航天、智能绿色列车、节能与新能源汽车、海洋工程装备及高技术船舶、智能电网成套装备、高档数控机床、核电装备、高端诊疗设备等一批创新和产业化专项、重大工程。开发一批标志性、带动性强的重点产品和重大装备，提升自主设计水平和系统集成能力，突破共性关键技术与工程化、产业化瓶颈，组织开展应用试点和示范，提高创新发展能力和国际竞争力，抢占竞争制高点。

"十"：十个领域包括新一代信息技术产业、高档数控机床和机器人、航空航天装备、海洋工程装备及高技术船舶、先进轨道交通装备、节能与新能源汽车、电力装备、农机装备、新材料、生物医药及高性能医疗器械等十个重点领域。

（3）推进"中国制造2025"存在的主要问题

目前，我国绝大多数工厂还处于劳动密集的"规模化流水线"的"工业2.0"时代，尚未进入大规模自动化生产的"工业3.0"时代。在推进"中国制造2025"时，还存在着不少难题，有待尽快克服。

①制造业创新体系不完善。我国在国际分工中尚处于技术含量和附加值较低的"制造—加工—组装"环节，关键核心技术受制于人的局面仍然没有得到根本改变，大量的关键零部件、系统软件和高端装备基本都依赖进口。

②产品档次不高，缺乏世界知名品牌和跨国企业。

首先，我国产品质量和技术标准整体水平不高。为指导当前和未来一段时间内智能制造标准化工作，2015年12月，工信部与国家标准管理委员会联合发布了《国家智能制造标准体系建设指南（2015年版）》（以下简称"《建设指南》"）。其次，我国企业在品牌设计、品牌建设和品牌维护等方面投入严重不足。第三，标准体系整体水平不高。据统计，我国主导制定的国际标准占比不到0.5%，标准更新速度缓慢。第四，领军企业对工业增长的贡献远低于工业发达国家的平均水平。

③资源能源利用效率低，环境污染问题较为突出。

据英国BP公司统计，我国单位GDP能耗约为世界平均水平的1.9倍、美国的2.4倍、日本的3.65倍，同时高于巴西、墨西哥等发展中国家。要大力研发应用先进节能环保技术、工艺和装备，加快制造业绿色改造升级，提高制造业资源利用效率，建成高效、清洁、低碳、循环的绿色制造体系，推进资源利用方式向绿色低碳转变。

④产业结构不合理，高端装备和生产服务业发展滞后。

我国制造业中资源密集型产业比重过大，技术密集型产业偏低；生产服务业停留在批发零售、运输仓储等低端领域；集群发展方面，部分传统行业集中度相对偏低，产业集聚和集群发展水平不高。要推进传统产业向中高端迈进，优化制造业布局，逐步化解产能过剩，加快制造与服务的协同发展，推动我国制造业产业结构向高端化、服务化方向转变。

⑤信息化水平不高，与工业化融合深度不够。

信息基础设施建设和应用水平仍然滞后于发达国家，企业利用信息技术改造传统生产方式和工艺流程的意愿偏低，关系国家经济、社会安全的高端核心工业软件主要依赖进口，信息化与信息安全相关领域人才储备严重不足。我国工业企业需要补上从工业 2.0 到 3.0 的差距，才能实现 4.0 的方向发展。要加快推动新一代信息技术与制造技术融合发展，推动我国制造模式从"中国制造"向"中国智造"转变。

⑥产业国际化程度不高，全球化经营能力不足。

我国的工业企业"走出去"仍处于初级阶段。一是投资规模较小；二是产业类型上，主要集中在煤炭、钢铁、有色金属、石油等能源资源行业和劳动密集型产业，在电子信息、高端装备制造、新能源等高新技术领域还有很大的发展潜力；三是许多企业欠缺对外投资的长期发展战略与人才储备，缺乏大型投资管理和大型资本运作管理等方面的经验，对各个东道国的投资环境、法律体系、文化底蕴、外商投资政策点等总体上缺少深入了解；四是投资风险准备不足。

第四节　绿色制造技术

一、概述

1. 绿色制造技术的产生和发展

随着日趋严格的环境与资源约束，制造加工的绿色化越来越重要，而中国的资源、环境问题尤为突出。世界上已经掀起了一股"绿色浪潮"，环境问题已经成为世界各国关注的热点，并列入世界议事日程，从 20 世纪 90 年底起，国外不少国家的政府部门已推出了以保护环境为主题的"绿色计划"。作为消耗资源、制造产品、排放都占很大比重的制造业（据统计造成环境污染的排放物 70% 以上来自制造业），也必然要顺应形势，改变高投入、高消耗、高污染的粗放发展模式。在这种背景下，绿色制造技术应运而生，并必将成为制造业永恒的主题。

绿色制造（Green Manufacturing，GM），又称环境意识制造（Environmentally Conscious Manufacturing）、面向环境的制造（Manufacturing For Environment）等，是指在保证产品的功能、质量、成本的前提下，综合考虑环境影响和资源效率，使产品从设计、制造、使用到报废整个产品生命周期中节约资源和能源，不产生环境污染或使环境污染最小化，并使企业经济效益和社会效益协调优化的生产制造模式。绿色制造模式是一个闭环系统，即原料—工业生产—产品使用—报废—二次原料资源，从设计、制造、使用一直到产品报废回收整个寿命周期对环境影响最小，资源效率最高。

随着人们环保意识的不断加强，绿色制造受到越来越普遍的关注。特别是国际标准化组织提出了关于环境管理的 ISO14000 以来，绿色制造的研究与应用就更加活跃。可以预计，随着人们环保意识的增强，那些不推行绿色制造技术和不生产绿色产品的企业，将会在市场竞争中被淘汰。

2. 绿色制造技术的内容

联合国环境保护署对绿色制造技术的定义是："将综合预防的环境战略，持续应用于生产过程和产品中，以便减少对人类和环境的风险"，并提出绿色制造技术的三项基本原则是：

（1）"不断运用"原则

绿色制造技术持续不断运用到社会生产的全部领域和社会持续发展的整个过程。

（2）预防性原则

对环境影响因素从末端治理追溯到源头，采取一切措施最大限度地减少污染物的产生。

（3）一体化原则

将空气、水、土地等环境因素作为一个整体考虑，避免污染物在不同介质之间进行转移。

根据上述定义和原则，绿色制造包括制造过程和产品两大方面，应包括产品生命周期的各个阶段。L. Alting 提出将产品的生命周期划分为六个阶段：需求识别、设计开发、制造、运输、使用以及处置或回收。R. Zust 等人进一步将产品的生命周期划分为四个阶段：产品开发阶段，从概念设计到详细设计的设计过程中就要考虑产品整个生命周期的其他各个阶段；产品制造阶段（加工和装配）、产品使用阶段及最后的产品处置阶段（包括解体或拆卸、再使用、回收、开发、焚烧及掩埋）。

根据上述阶段，简单来讲，绿色制造技术主要由绿色设计、绿色制造、绿色处理三部分组成，就是要在在产品的生命周期过程中实现"4R"—减量化 Reduce、重用 Reuse、再生循环 Recycle、再制造 Remanufacturing，满足节能环保的要求。

二、绿色设计

设计阶段是产品生命周期的源头，在很大程度上决定了产品设计之后的其他过程的走向。如从源头实现废弃物的最小化或污染预防，这无疑是最有效的方法。

绿色设计又称为面向环境的设计（Design for the Environment，DFE），是在产品及其寿命的全过程的设计中充分考虑对资源和环境的影响，在充分考虑产品的功能、质量、开发周期和成本的同时，优化各有关设计因素，使得产品及其制造过程对环境的总体影响和资源消耗减到最小。在设计过程中使材料选择、结构设计、工艺设计、包装运输设计、使用维护设计、拆卸回收设计、报废处置设计等多个设计阶段同时进行、相互协调各阶段和整体设计方案、分析评价结果，及时进行信息交流和反馈，从而在其设计研发过程中及时改进，使产品设计达到最优化。

绿色设计主要研究以下内容：

（1）绿色产品设计理论和方法

从全生命周期角度对绿色产品的内涵进行全面系统的研究，提出绿色产品设计理论和方法。

（2）绿色产品的描述和建模技术

在上述基础上，对绿色产品进行描述，建立绿色产品评价体系，对所有与环境相关的过程输入输出进行量化和评价，并对产品生命周期中经济性和环境影响的关系进行综合评价，建立数学模型。

（3）绿色产品设计数据库

建立与绿色产品有关的材料、能源及空气、水、土、噪声排放的基础数据库，为绿色产品设计提供依据。

（4）典型产品绿色设计系统集成

针对具体产品，收集、整理绿色设计资料，形成指导设计的指南、准则，建立绿色产品系统设计工具平台，并与其他设计工具（如 CAD、CAE、CAPP 等）集成，形成集成的设计环境。

三、绿色制造

此处的绿色制造主要指绿色的产品制造阶段，是以过去传统的制造技术为基础，使用当代的先进制造技术和新的材料使得制造的产品质量高、成本低，对环境的污染小，并有利于资源循环利用。要从绿色材料、绿色工艺、绿色包装三个方面入手，并在绿色制造过程中加以实现。

绿色制造过程要实现前面三个方面的原则，减少制造过程中的资源消耗，避免或减少制造过程对环境的不利影响以及报废产品的再生与利用。为此，相应地要发展三个方面的制造技术，即节省资源的制造技术、环保型制造技术和再生制造技术。

1. 节省资源的制造技术

这主要从减少原材料消耗、减少制造过程中的能源消耗和减少制造过程中的其他消耗等方面入手来节省资源。

（1）减少原材料消耗

制造过程中使用的原材料越多，消耗的资源就越多，并会加大采购、运输、库存、毛坯制造等的工作量。减少制造过程中原材料消耗的主要措施如下：

①科学选用原材料，避免选用稀有、贵重、有毒、有害材料，尽量实现废弃材料的回收与再生。

②合理设计毛坯结构，尽量减少毛坯加工余量，并采用净成形、净终成形的先进毛坯制造工艺（如精密铸造、精密锻造、粉末冶金等）。

③优化排料、排样，尽可能减少边角余料等造成的浪费。

④采用冷挤压等少、无切屑加工技术代替切削加工；在可行的条件下，采用增材制造技术，避免传统的去除加工所带来的材料损耗。

（2）减少制造过程中的能源消耗

制造过程中耗费的能量除一部分转化为有用功之外，大部分都转化为其他能量而浪费并有可能带来其他不利影响，如普通机床用于切削的能量仅占总能量的 30%，其余 70% 的能量则消耗于空转、摩擦、发热、振动和噪声等。减少制造过程中能量消耗的措施如下：

①提高设备的传动效率，减少摩擦与磨损。例如采用电主轴以消除主传动链传动造成的能量损失，采用滚珠丝杠、滚动导轨代替普通丝杠和滑动导轨以减少摩擦损失；

②合理安排加工工艺与加工设备，优化切削用量，尽量使设备处于满负荷、高效率运行状态。例如，粗加工选用大功率设备，而精加工选用小功率设备等；

③优化产品结构工艺性和工艺规程，采用先进成形方法，减少制造过程中的能量消耗。

例如，零件设计尽量减少加工表面、采用净成形（无屑加工）制造技术以减少机械加工量；采用高速切削技术实现"以车代磨"等；

④合理确定加工过程的自动化程度，以减少机器设备结构的复杂性，从而避免消耗过多的能量。

（3）减少制造过程中的其他消耗

即减少其他辅料的消耗，如刀具消耗、液压油消耗、润滑油消耗、冷却液消耗、包装材料消耗等。

①减少刀具消耗的主要措施：选择合理的刀具材料、适当的刀具角度、确定合理的刀具寿命、采用机夹可转位不重磨刀具、选择合理的切削用量等。

②减少液压油与润滑油的主要措施：改进液压与润滑系统设计与制造确保不渗漏、使用良好的过滤与清洁装置以延长油的使用周期、在某些设备上可对润滑系统进行智能控制以减少润滑油的浪费等；

③减少冷却液消耗的主要措施：采用高速干式切削或微量润滑（Minimal Quantity Lubrication，MQL）技术，不使用或少使用冷却液、选择性能良好的高效冷却液和高效冷却方式、节省冷却液、选用良好的过滤和清洁装置，延长冷却液的使用周期等。

2. 环保型制造技术

指在制造过程中最大限度地减少环境污染，创造安全、宜人的工作环境。包括减少废料的产生；废料有序地排放；减少有毒有害物质的产生；有毒有害物质的适当处理；减小粉尘、振动与噪声；实行温度调节与空气净化；对废料的回收与再利用等。

（1）杜绝或减少有毒有害物质

最好方法是采用预防性原则，即对污水、废气的事后处理转变为事先预防。仅对机械加工中的冷却而言，目前已发展了多种新的加工工艺，如采用水蒸气冷却、液氮冷却、空气冷却以及采用干式切削等。近年来不用或少用冷却液、实现干切削、半干切削节能环保的机床不断出现，并在不断发展当中；采用生物降解性好的植物油、合成脂代替矿物油作为切削液，杜绝对人体的伤害和对环境的污染；

（2）减少粉尘、振动与噪声污染

粉尘、振动与噪声是毛坯制造车间和机械加工车间最常见的污染，它严重影响劳动者的身心健康及产品加工质量，必须严格控制，主要措施如下：

①选用先进的制造工艺及设备，如采用金属型铸造代替砂型铸造，可显著减少粉尘污染、采用压力机锻压代替锻锤锻压，可使噪声大幅下降、采用增材制造技术代替去除加工，可减少机械加工噪声、提高机床或整个工艺系统的刚度和阻尼，采用减振装置等以防止和消除振动等；

②优化机械结构设计，采用低噪声材料，最大限度降低工作设备的噪声；

③优化工艺参数，如在机械加工中，选择合理的切削用量来有效地防止切削振动和切削噪声；

④采用封闭式加工单元结构，利用抽风或隔音、降噪技术，可以有效地防止粉尘扩散和噪声传播。

（3）设计环保型工作环境

设计环保型工作环境即创造安全、宜人的工作环境。

安全环境包括各种必要的保护措施和操作规程，以防止工作设备在工作过程中对操作者可能造成的伤害。

舒适宜人的工作环境包括作业空间足够宽大、作业面布置井然有序、工作场地温度与湿度适中、空气流畅清新、没有明显的振动与噪声、各种控制操纵机构位置合适、工作环境照明良好、色彩协调等。

3. 再制造技术

再制造的含义是指产品报废后，对其进行拆卸和清洗，对其中的某些零件采用表面工程或其他加工技术进行翻新和再加工，使零件的形状、尺寸和性能得到恢复和再利用，实现产品的绿色处理。

再制造技术是一项对产品全寿命周期进行统筹规划的系统工程，一方面，设计之初就要考虑产品的材料和结构设计，如采用面向拆卸的设计方法、模块化的设计方法等。另一方面，产品报废后进行再制造时，需要研究：产品的概念描述；再制造策略研究和环境分析；产品失效分析和寿命评估；回收与拆卸方法研究；再制造设计、质量保证与控制、成本分析；再制造综合评价等。

四、绿色产品

绿色产品主要是指产品在制造过程中要节省资源；在使用中要节省能源、无污染；产品报废后要便于回收和再利用。

1. 节省资源

绿色产品应是节省资源的产品，即在完成同样功能的条件下，产品消耗资源数量要少，例如采用机夹式不重磨刀具代替焊接式刀具，就可大量节省刀柄材料；结构工艺性好的零件可采用标准刀具，尽可能减少刀具种类，节约设计和制造资源。

2. 节省能源

绿色产品应是节能产品，这是节能环保的象征，利用最少的能源消耗为人类做更多的贡献。在能源日趋紧张的今天，节能产品越来越受到重视，许多国家明确规定节能产品既要符合"节能产品认证"要求，又符合环保减排的要求。例如采用变频调速装置，可使产品在低功率下工作时节省电能；空调使用节能型制冷剂，既节电又可减少氟利昂排放。

3. 减少污染

减少污染包括减少对环境的污染和对使用者危害两个方面。绿色产品首先应该选用无毒、无害材料制造，严格限制产品有害排放物的产生和排放数量等以减少对环境的污染，产品设计应符合人机工程学的要求以减少对使用者的危害等。

4. 绿色包装

绿色包装指的是在产品的包装材料以及包装工艺应该符合节能环保的要求。不仅要保证产品包装精美、质量优良，也要考虑到包装材料的成本以及是否具有可降解性、可回收性。在产品的包装阶段要考虑到包装材料环保性、耐用性，选择循环利用率高、节能环保的可多次循环利用并自行降解的高科技绿色包装材料。当今世界主要工业国要求包装应做到"3R1D"（Reduce、Reuse、Recycle、Degradable）原则。

5. 报废后的回收与再利用

绿色产品要充分考虑产品报废后的处理、回收和再利用，将产品设计、制造、销售、使用、报废作为一个系统，融为一体，形成一个闭环系统。寿命终了的产品最终通过回收又进入下一个生命周期的循环之中，使产品具有多生命周期的属性。

提要：对这几大类典型现代制造技术的分类、工作原理、应用范围等内容有所了解，需要搜集相关资料，以便正确把握现代制造技术今后的发展趋势。

复习思考题

7-1　什么叫作精密与超精密加工？它与普通的精加工有何不同？

7-2　金刚石刀具为何可进行超精密与高速切削？主要用于什么材料的超精密（高速）切削加工？

7-3　什么叫作 AM？AM 的工艺主要有哪些？其原理是什么？

7-4　机床智能加工系统的体系结构是什么？要解决的关键问题有哪些？

7-5　简述"工业 4.0"的研究主题及主要支承技术。

7-6　"中国制造 2025"的总体结构是什么？

7-7　什么是绿色制造？绿色制造的内容包括哪些方面？

7-8　你所见到的制造哪些是属于绿色制造？哪些不属绿色制造？不属绿色制造的工艺应如何改进？

参 考 文 献

[1]黄健求.机械制造技术基础[M].北京:机械工业出版社,2011.

[2]李益民,金卫东.机械制造技术[M].北京:机械工业出版社,2012.

[3]杜素梅.机械制造基础[M].北京:国防工业出版社,2012.

[4]陈日曜.金属切削原理[M].北京:机械工业出版社,2005.

[5]周泽华.金属切削原理[M].北京:机械工业出版社,2005.

[6]陆剑中.金属切削原理与刀具[M].北京:机械工业出版社,2011.

[7]卢秉恒.机械制造技术基础[M].北京:机械工业出版社,2013.

[8]戴曙.金属切削机床[M].北京:机械工业出版社,2013.

[9]贾亚洲.金属切削机床概论[M].吉林:吉林工业大学出版社,2010.

[10]张俊生.金属切削机床与数控机床[M].北京:机械工业出版社,2011.

[11]顾维邦.金属切削机床概论[M].北京:机械工业出版社,2010.

[12]张伯霖.高速切削技术及应用[M].北京:机械工业出版社,2002.

[13]艾兴,等.高速切削加工技术[M].北京:国防工业出版社,2003.

[14]吴玉厚.数控机床电主轴单元技术[M].北京:机械工业出版社,2006.

[15]刘战强,等.先进切削加工技术及应用[M].北京:国防工业出版社,2005.

[16]张曙,U. Heisel.并联运动机床[M].北京:国防工业出版社,2003.

[17][德]Herbert Schulz,[德]Eberhard Abele,何宁.高速加工理论与应用[M].北京:科学出版社,2010.

[18]顾锋,汪通悦,康志军,等.并联机床的研究与技术进展历程[J].机床与液压,Vol. 30,2002(6):14 – 16.

[19]李长河,蔡光起.并联机床发展与国内外研究现状[J].青岛理工大学学报,Vol. 29,2008(1):7 – 14.

[20]王正刚.机械制造装备及其设计[M].南京:南京大学出版社,2012.

[21]韩洪涛.机械加工设备与工装[M].北京:高等教育出版社,2010.

[22]张鹏,孙有亮.机械制造技术基础[M].北京:北京大学出版社,2009.

[23]王先逵.机械制造工艺学[M].北京:机械工业出版社,2015.

[24]任家隆.机械制造技术[M].北京:机械工业出版社,2012.

[25]于俊一,邹青.机械制造技术基础[M].北京:机械工业出版社,2009.

[26]曾志新,刘旺玉.机械制造技术基础[M].北京:高等教育出版社,2011.

[27]冯之敬.机械制造工程原理[M].北京:清华大学出版社,2015.

[28]唐宗军.机械制造基础[M].北京:机械工业出版社,2005.

[29]李华.机械制造技术[M].北京:高等教育出版社,2009.

[30]王启平.机械制造工艺学[M].哈尔滨:哈尔滨工业大学出版社,2005.

［31］王启平.机床夹具设计［M］.哈尔滨:哈尔滨工业大学出版社,2005.

［32］刘守勇.机械制造工艺与机床夹具［M］.北京:机械工业出版社,2010.

［33］吴拓.机床夹具设计集锦［M］.北京:机械工业出版社,2012.

［34］蔡光起.机械制造技术基础［M］.沈阳:东北大学出版社,2002.

［35］关慧珍,冯辛安.机械制造装备设计［M］.北京:机械工业出版社,2010.

［36］张世昌,李旦,高航.机械制造技术基础［M］.北京:高等教育出版社,2007.

［37］郑修本.机械制造工艺学［M］.北京:机械工业出版社,2012.

［38］黄鹤汀,吴善元.机械制造技术［M］.北京:机械工业出版社,2004.

［39］袁绩乾,李文贵.机械制造技术基础［M］.北京:机械工业出版社,2009.

［40］吉卫喜.机械制造技术基础［M］.北京:高等教育出版社,2008.

［41］卢小平.现代制造技术［M］.北京:清华大学出版社,2011.

［42］张茂.机械制造技术基础［M］.北京:机械工业出版社,2008.

［43］蔡安江.机械制造技术基础［M］.北京:机械工业出版社,2007.

［44］韩秋实,王红军.机械制造技术基础［M］.北京:机械工业出版社,2010.

［45］杨斌久,李长河.机械制造技术基础［M］.北京:机械工业出版社,2010.

［46］梁建成,李圣怡,温熙森,等.机床智能加工的体系结构［J］.国防科技大学学报,1994(2):24-28.

［47］唐立新,杨叔子,林奕鸿.先进制造技术与系统第二讲:智能制造—21世纪的制造技术［J］.机械与电子,1996(2):33-36(转42).

［48］雷鸣,杨叔子.智能加工机器［J］.科学,1995(5):24-27.

［49］夏妍娜,赵胜.工业4.0:正在发生的未来［M］.机械工业出版社,2015.

［50］工信部.《中国制造2025》解读,中华人民共和国工业和信息化部网站,http://www.miit.gov.cn/

［51］王喜文.工业4.0:最后一次工业革命［M］.北京:电子工业出版社,2015.

［52］王喜文.中国制造2025解读:从工业大国到工业强国［M］.北京:机械工业出版社,2015.

［53］王先逵.广义制造论［J］.机械工程学报,2013(10):86-94.